軟體工程師
的晉升之路

Gergely Orosz 著・沈佩誼 譯

.ıl The Pragmatic Engineer

Copyright © 2023 by Gergely Orosz.

Authorized Traditional Chinese language edition of the English original: "The Software Engineer's Guidebook", ISBN 9789083381824 © 2023.

This translation is published and sold with the permission of Pragmatic Engineer BV, who owns and controls all rights to publish and sell the original title.

跟上科技產業的節奏

這本書的撰寫我花了四年時間,並試圖在書中捕捉那些經得起時間考驗的觀察和建議。這意味著科技產業中瞬息萬變的部分(比如就業市場、新創企業的募資規模以及新興技術)都不會納入本書討論範圍。不過,作為〈The Pragmatic Engineer Newsletter〉的作者,我每週都會針對相關時事撰寫電子報。

〈**The Pragmatic Engineer Newsletter**〉是最受歡迎的線上科技電子報之一,並且是 Substack 上名列第一的科技電子報。這份週報提供對大型科技公司及新創企業的深入觀察,及時跟上科技市場的脈動。這份電子報對軟體工程師、工程經理以及任何科技從業人員都息息相關。

彭博新聞(Bloomberg)如此描述我的電子報[1]:

> 「在他的電子報中,[Gergely Orosz] 秉持內行知識與具有原創性的想法探討科技業界。〈The Pragmatic Engineer Newsletter〉涵蓋了很多領域,包括對科技巨頭的業態分析、科技業裁員情形,到員工應該如何準備績效評估等內容。」

訂閱本電子報:pragmaticurl.com/newsletter

希望你喜歡這本書,並感到這對跟上科技產業的節奏有所幫助,包括這份電子報在內。

—— Gergely

---

[1] https://pragmaticurl.com/bloomberg

目錄

序		vii
導論		ix

PART I　軟體開發者的職業基礎　　1

1	職涯發展路徑	3
2	成為職涯的主宰	25
3	績效評估	39
4	升職	53
5	在不同環境下茁壯	67
6	換工作	83

PART II　稱職的軟體開發者　　103

7	完成任務	105
8	寫程式	125
9	軟體開發	137
10	高效工程師的工具	149

PART III　全面發展的資深工程師　　161

11	完成任務	165
12	協作與團隊合作	181
13	軟體工程	201
14	測試	217
15	軟體架構	231

PART IV	**務實的技術負責人**	**243**
16	專案管理	245
17	發布到生產環境	265
18	利益相關者管理	281
19	團隊結構	291
20	團隊氛圍	299

PART V	**成為榜樣的專家與首席工程師**	**311**
21	理解業務	315
22	協作	333
23	軟體工程	349
24	可靠的軟體系統	371
25	軟體架構	393

PART VI	**結論**	**415**
26	終身學習	417
27	延伸閱讀	429

致謝	431
索引	433

序

我曾經做了將近十年的軟體工程師，再加上五年的管理經驗。在我作為軟體開發者的最初幾年裡，我幾乎沒有接受過專業指導。但我並不介意，因為我認為只要努力工作終究會帶來進展。

然而，過了幾年，我認為自己已準備好升職到資深工程師（Senior Engineer），結果卻無疾而終時，原先的想法才發生了變化。不僅如此，當我向主管請教如何才能升職時，他們並沒有給出任何具體的建議。那時我決定，如果有朝一日我成為了經理，我將盡我所能提供有助團隊成員成長的建言。

在 Uber 工作時，我成為了一名工程經理。那時我已經是一名經驗豐富的工程師，而我仍然記得早年我對自己許下的承諾。因此，我盡力支持我的團隊成員在專業上持續進步，獲得他們應得的升職，並在我認為同事還未準備好進入下一個職級時，給出明確可行的建議回饋。

隨著團隊規模越來越大，我開始管理間接下屬，越來越少有時間深入指導團隊成員。我也開始在我所給出的回饋中辨識出一些常見的模式，於是我開始發表部落格文章，這些文章是我發現自己一再給出的建議，比如如何寫出好程式、做好程式碼審查等等。這些文章大受歡迎，閱讀量及分享量遠遠超過我的預期。這是我開始寫作這本書的契機。

在寫作過程的第二年，我有了一個可準備出版的草稿。那時我也開始編寫〈The Pragmatic Engineer Newsletter〉，這份電子報旨在掌握當今科技市場的脈動，加上定期深入探討國際知名公司的營運方式、軟體工程趨勢，以及偶爾與有趣的科技人物進行訪談。編寫這份電子報使我意識到書稿仍存在許多「缺口」。於是在過去兩年間，我一章接著一章地重寫和打磨內容。

經過整整四年的寫作，我可以堅定地說，本書與〈The Pragmatic Engineer Newsletter〉是兩相互補的資源，即便兩者內容幾乎沒有重疊之處。

創作這本書幫助我開啟了電子報業務，因為顯而易見地，有很多具時效性的軟體工程話題可作為素材，這些話題如果被寫進比電子週報生命週期更長的出版書中是不太合理的。電子報也幫助我改進本書內容；我學到了許多有趣的趨勢和新工具，感覺這些工具會持續存在十年甚至更久，例如 AI 程式助理、雲端開發環境和開發人員入口網站。這些技術僅在本書中稍加引用，具體細節遠不及在電子報中所介紹的那樣詳盡。

英語對我的職業生涯之重要性不可言喻——對軟體工程職涯來說也是如此。我生長於匈牙利，我的第一份工作是在一家匈牙利科技公司，我們都講匈牙利語。但即使在那時，為了進行程式碼偵錯，我不得不閱讀以英文寫作的文章。在編寫程式碼時，我的程式碼都是以使用英語詞彙的程式語言寫的。英語是軟體工程的主流語言，也是軟體工程社群所用的語言。所有主要的國際科技公司都使用這種語言進行溝通。英語讓我有機會移居荷蘭，進入 Uber 工作——在工作中只會用到英語，並與來自數十個其他國家的開發者共事合作。

我最初猶豫是否要將這本書翻譯成其他語言版本，因為英語對於在軟體行業發展個人職涯至關重要。然而，由於英語的強勢地位，使得坊間少有優秀的非英語書籍來談論優秀的軟體工程和成功的開發者職涯。翻譯使所有這些資訊更容易被理解與吸收。掌握英語，是成為軟體工程師的基本條件，也是幫助你拿到在國際公司工作機會的門票——包括在你的國家。請花時間好好精通這門語言。

我希望你在這本書中發現有用的想法，並期許這些想法對未來的你有所幫助。

導論

這是我希望在職涯早期就能讀到的一本書；尤其是在我加入一家大型科技公司，並因此獲得可觀薪酬時，我發現這裡的工程文化截然不同，且出乎意料地缺乏指導，讓我難以適應新的環境。

這本書的架構遵循軟體工程師的「典型」職涯發展路徑，從一名初出茅廬的軟體工程師開始，到成為同儕榜樣的資深工程師或技術負責人（Tech Lead），一直到躋身專家（Staff）／首席（Principal）／傑出（Distinguished）工程師。本書總結了我作為軟體開發者的所知所學，以及我在不同階段指導工程師的方法。

本書涵蓋了隨著你越來越資深而日益重要的「軟」實力，以及實務工作中的「硬」實力，比如軟體工程概念和方法，幫助你在專業上取得成長。

各公司的職等名稱及相應能力預期可能（並且確實）有所不同。一家公司在業界的「等級」越高，通常對工程師的期望越高。例如，相對於其他中小型科技公司，Google 和 Meta 對於要能勝任「資深工程師」這一職等（L5 或 E5）的能力預期有著眾所皆知的極高標準。如果你服務於一家頂尖科技公司，除了你目前感興趣的職等以外，閱讀更高職等的相關章節可能會對你有所幫助。

職稱和職等可能因公司而異，而能夠使一名工程師成為優秀人才，在個人、團隊和組織層面上發揮影響力的原則始終如一。無論你處於職業生涯的哪個階段，我希望這本書能為你提供新的視角，以及如何作為工程師持續成長的新想法。

如何閱讀這本書

這本書由六個獨立的部分組成，每一部包含數個章節：

- 第一部：軟體開發者的職業基礎
- 第二部：稱職的軟體開發者
- 第三部：全面發展的資深工程師
- 第四部：務實的技術負責人
- 第五部：成為榜樣的專家與首席工程師
- 第六部：結論

第一部和第六部內容適合所有工程師，不論是初級工程師、首席工程師或更高職等。第二部、第三部、第四部和第五部則依序涵蓋越來越資深的工程師職等，並將討論主題聚焦於各章節，例如「軟體工程」、「協作」、「完成任務」等。

這是一本你可以在職業生涯中成長時反覆閱讀的參考書。 我建議將閱讀重點放在你正在努力克服或應對的主題，或你視為目標的下一職等。請記住，不同公司之間的期望可能存在很大差異。

在這本書中，我將主題、職等定義對應那些科技巨頭及成長階段公司的期望。此外，也有一些在較低職等中同樣實用的主題，我們會在本書後段深入探討。例如，第 24 章〈可靠的軟體系統〉中涵蓋了日誌紀錄、監控和值班待命，了解專家工程師職等之下的工作實務不僅有用，而且往往是必須的！建議讀者參考本書目錄，按主題及職等來決定優先閱讀哪些章節。

現在，就讓我們開始吧……

PART 軟體開發者的職業基礎

在我從事軟體開發的前幾年,我並沒有太在意和職涯發展有關的事情。我認為,只要好好努力工作,交付優質的成果,獎勵自然會隨之而來。在開發代理商,升職機會不多,職涯發展機會也相當受限,但在我工作的最初幾個地方,當我的職稱和職等保持不變時,我並不覺得自己錯過了什麼。

在我轉職到像摩根大通(JP Morgan)和微軟(Microsoft)這樣的大公司時,我意識到,那些最勤奮工作或交付最佳品質成果的人,並不總能獲得最豐厚的獎金,或是爭取到備受矚目的升職。當我在 Uber 成為一名工程經理後,我管理著一個工程師團隊,需要定期給予績效回饋和專業成長支持,比如幫助工程師升職到下一個職等。

本章總結了對不同公司運作方式的觀察,以及我給予團隊中工程師的職業建議。

如果可以重來,我希望我能更早地清楚認識到,身為一位軟體開發者,你可以在哪些類型的公司工作——從眾所周知的大型科技巨頭,到新創公司,一直到更傳統的企業、顧問公司和學術界等等。關鍵是,想在不同類型的公司之間轉換工作,這件事可能會變得越來越困難——這大概是在同一個領域工作十年後並不令人樂見的驚喜。

我錯過的另一件事是要如何掌握你的職業生涯。只有當我成為經理後,我才意識到當一位軟體開發者是否「掌握」其職涯發展路徑的擁有權所帶來的巨大差異——這同時也大大有助於主管在升職會議為他們發聲。

我認識的大多數工程師認為他們的經理會處理大部分與職涯發展相關的事情,並相信出色的績效評估和升職會憑空出現。或許在一些小公司和新創公司,這可能真的會發生,但在大型科技公司,你還需要額外多加努力,才有機會在職涯中獲得認可。在大多數情況下,這並不需要太多額外的「工作」;只是許多工程師不知道需要做哪些額外的活動。

本章中的觀察、概念和方法適用於所有職等，從初級工程師，到專家工程師及以上職等。

CHAPTER

1 職涯發展路徑

談到職業生涯,每個人走的路都是不同的。有些職業要素很容易具體化,比如你工作的地方、你的職稱和總薪酬。然而,還有許多其他重要的事情難以衡量,例如與同事合作的感受、專業成長的機會以及工作與生活的平衡。

職涯發展路徑相當多樣化,並沒有一種簡單的方法可以定義什麼是「好」的職涯發展路徑,畢竟這種事情因人而異。你唯一能做的是找出哪條職涯發展路徑對你來說既有趣又可以實踐。

人們進入軟體工程的途徑也各不相同;一些常見的方式比如從大學畢業獲得與資訊工程相關的學位,也有自學成才的工程師和轉職者。我曾與一位同事合作,他先是做了二十年的化學工程師,後來自學程式設計並成為軟體開發者。

本章將涵蓋以下與職涯發展相關的主題:

1. 科技公司的類型
2. 典型的軟體工程師職涯發展路徑
3. 薪酬與公司「等級」
4. 成本中心、利潤中心
5. 思考職涯進展的替代方式

1. 公司類型

從軟體工程師的角度來看,儘管沒有辦法以明確指標對各種公司進行分類,但它們確實有一些共同特徵。常見的公司類型包括:

科技巨頭

大型上市科技公司，比如蘋果、Google、微軟和亞馬遜。這些公司通常僱用數以萬計的軟體工程師，其市值可達數十億美元。

科技巨頭的工程師職缺通常最令人趨之若鶩，因為它們提供頂級薪酬、超越專家工程師職等的職涯成長機會，以及工作內容擁有影響數億客戶的影響力規模。在這裡工作，還可能有機會與行業內最優秀的同事合作。

中大型科技公司

以軟體工程為業務核心，以技術為優先的科技公司。這些公司規模小於科技巨頭，可能僱用數百到數千名軟體工程師，例如 Atlassian、Dropbox、Shopify、Snap 和 Uber。

這些公司通常會提供與科技巨頭相似的薪酬和專家工程師職等以上的發展機會。它們的使用者基礎通常較小，但工程師的工作仍可能影響數千萬客戶。

成長階段公司

獲得風險投資，處於新創發展後期的公司，已達到產品市場媒合期，正在全力擴展規模。這些企業可能會選擇刻意虧損，以便搶佔市場份額。例子如 Airtable、Klarna 和 Notion。

這些公司的步調極快，通常處於拓展業務的極高壓力，以便證明估值的合理性、爭取未來幾輪融資，或準備公開上市。

成長階段公司的其中一個子集是「獨角獸」：指私有估值達到 10 億美元或以上的企業。在 2010 年代，獨角獸公司數量相對較少，成為一家獨角獸公司意味著成為業界拭目以待的「下一個大事件」。今日，獨角獸公司更加普遍，因此成為其中一員的獨特性較低。

新創公司

獲得風險投資的公司，募得了較小規模的資金，並致力迎接產品市場媒合期。這涉及打造一個能夠吸引顧客需求的合適產品。

新創公司在本質上具有高風險；它們經常缺乏有意義的收入，日常營運必須仰賴募集新一輪資金——因此需要打造出契合市場需求的產品。

一個成功從新創公司進展到成長階段公司的例子是 2011 年的 Airbnb。成立於 2008 年，該公司從 Y Combinator 獲得了種子輪投資。到了 2010 年，Airbnb 的產品獲得了市場關注，在 A 輪融資成功募集了 720 萬美元。2011 年，投資者看見 Airbnb 的潛力，該公司在 B 輪融資中繼續募得了 1.12 億美元。

一個未能闖過新創階段的例子是 Secret，這是一個匿名的分享應用程式。成立於 2013 年，Secret 允許使用者以匿名方式分享祕密。這家公司獲得了良好的關注度，並在兩年內募集了 3,500 萬美元的資金。然而，在 2015 年，它宣布停止營運，部分資金被退還給投資者。

新創公司通常為軟體工程師提供最大的自由度，但同時也是最不穩定的。這些公司不見得能讓人在工作與生活之間取得良好平衡，因為它們的存續仰賴在資金燒光之前成功抵達產品市場契合期。與此同時，創始人本身會極大影響新創公司的環境。有些人推崇「努力工作，痛快玩樂」的文化，而其他人則專注於可持續的工作文化。新創公司提供最多樣的工作、勞動力和成長機會。

發放股權給員工的新創公司是高風險與高回報的地方。如果一家新創公司有幸持續成長，最終公開上市或被其他企業收購，擁有大量股票的早期員工將在財務上再無後顧之憂。這在 Airbnb 於 2020 年以市值 860 億美元上市時發生過，在 Adobe 於 2022 年以 200 億美元收購設計協作工具 Figma 時也發生過。

傳統非科技公司中的技術部門

這些地方擁有與技術關係不大的核心業務，技術團隊只是其中一個部門。有些公司歷史悠久，已經成立 50 年以上，早在軟體開發時代來臨之前就存在。其他公司所在的行業中，技術不是主要的價值來源。

這類公司的例子包括 IKEA（家居裝修）、摩根大通（金融服務）、輝瑞（製藥）、豐田（汽車）和沃爾瑪（零售）。

許多這類公司展開了數位轉型，旨在使軟體開發對公司業務更具有戰略性。然而，實際情況是，在這些地方，技術本身更接近於成本中心而非利潤中心，這類公司提供的薪酬通常低於科技巨頭和許多成長階段公司。

另一方面，傳統公司通常提供比大多數科技優先公司更高的工作穩定性，以及更好的工作與生活平衡。對於軟體工程師來說，服務於這類公司的缺點通常是職涯發展選項比在科技巨頭和成長階段公司要來得少，且職等高於專家工程師的職涯發展路徑也很罕見。

傳統但技術密集的企業

傳統企業的其中一個有趣的子集是那些技術在其產品中處於核心地位的公司，無論是硬體、軟體服務還是兩者兼有。這些公司在早期通常是出色的成功案例，並且現在已成為成熟、可靠且盈利的企業。然而，隨著公司年紀漸增，且成長速度放緩，組織結構變得更加嚴謹固化，不同於年輕的科技公司。

這類公司的例子包括博通、思科、英特爾、諾基亞、愛立信、賓士和紳寶汽車（Saab）。在這一類型的企業中，以硬體為主的企業以及汽車企業相當常見。

這些公司通常被認為不如科技巨頭或成長階段公司那樣令人趨之若鶩。在薪酬方面，它們幾乎總是低於科技巨頭給出的薪酬，通常也不會像年輕公司那樣迅速採用新的工作方式。

與此同時，這些公司確實提供了複雜的工程挑戰，這對工程師來說可能非常很有成就感，你的工作影響力可能近似於在科技巨頭中工作。它們通常也非常穩定，通常會提供比科技巨頭或成長階段公司更可預測的工作與生活平衡。此外，這些公司的軟體工程師的任期也可能出奇地悠長，提高了工作的可預測性和穩定性，這在年輕公司中相當罕見。

非創投注資的小型公司

自籌資金的公司、家族企業和生活方式企業（提供企業創始人追求特殊生活方式的機會），都是沒有風險投資注資的小公司的例子。

這意味著兩件事：

1. 沒有投資者壓力，不必不惜一切代價追求成長
2. 需要盈利，否則企業將面臨失敗

這些特點意味著這類小公司很少出現高成長，並且在人員招聘和商業模式上較為保守。然而，由於工作節奏舒適、具有盈利能力，以及許多人選擇持續待在穩定的公司而不是工作節奏更繁忙的地方，這些小公司可被視為友好、穩定的工作場所。

公部門

政府有著軟體開發的持續需求，並且確實在做這方面的投資。

在公共部門工作的好處是穩定性，而且薪酬通常非常明確，遵循一定的計算公式。許多職位在休假和福利方面也有相當不錯的待遇。

缺點可能包括流程緩慢、官僚主義，以及需要支援難以改動的古老系統。在某些國家，從政府單位轉職到民間企業可能更加困難。

英國數位服務部門是一個擁有良好聲譽的政府機構，它建立並維護了許多政府網站。其模範工作方式具有借鑑意義；例如，該機構在 GitHub 上公開大量工作（https://github.com/alphagov）。另一個具有良好工程文化的公部門組織是英國廣播公司（BBC）。

非營利組織

這些組織的存在是為了服務公共社會。例子包括 Code.org、Khan Academy 和維基媒體基金會（Wikimedia Foundation）。

非營利組織所提供的薪酬通常低於一般獲創投注資的公司，但相對地，它們有著不同於為投資者和擁有者創造回報或利潤的使命。工作環境各不相同；一些是技術人員的絕佳工作場所，但技術部門通常被視為成本中心。

顧問公司、外包公司及開發代理商

到目前為止，我們介紹了那些打造產品和服務的公司，因此這些公司需要僱用軟體工程師。然而，透過代理商或外包公司「租用」擁有軟體工程專業知識的人員，這類需求也相當大。

外包公司根據客戶的需求提供相應數量的軟體工程師，由客戶決定如何在其業務中分配這些人員。顧問公司則與客戶簽約，負責從頭到尾打造複雜專案，並提供軟體工程師來進行實際工作。顧問公司通常會負責整個專案的設計、執行與交付。

顧問公司和外包公司的例子包括埃森哲（Accenture）、凱捷管理顧問公司（Capgemini）、EPAM、Infosys、Thoughtworks 和 Wipro。

開發代理商通常是中小型公司，承接規模較小的專案，比如為客戶架設網站、開發應用程式及類似專案。它們也可以處理客戶的服務維護需求。顧問工程師通常按日或按小時向客戶收費，同時是開發代理商的全職員工。

對於軟體工程師來說，顧問公司、外包公司和開發代理商的優勢是，它們通常是最容易被僱用的地方，特別是當你的工作經驗較少的話。這是因為這些公司經常有很高的人才需求，其提供的薪酬低於其他類型的公司。

其他優點包括，這類公司經常會提供教育訓練資源，讓經驗較少的工程師有機會參與多種專案，並以約聘人員的角色一窺各式各樣的工作場所。

在顧問公司工作也有缺點。最常見的包括：

- 在職涯發展方面，這些公司通常不提供專家工程師職等以上的職涯發展路徑，這是高於資深工程師之上的職等。
- 工作範圍限於客戶設定的內容。顧問公司通常被聘用來執行客戶認為不屬於其核心能力的專案。
- 不太注重良好的軟體工程實踐。客戶為短期成果支付費用，而不是讓軟體開發者從事如減少技術債之類的長期工作。

- 之後可能難以轉到以產品為中心的公司。建造產品的公司，如科技巨頭、新創公司和成長階段公司有著截然不同的工作文化，其中「可維護性」很重要，「主動性」也很重要。在顧問公司工作過久可能會使人轉職到這些地方變得更加困難。

學術機構與研究實驗室

這些機構通常是大學院校的一部分，或與大學緊密合作，從事長期專案研究。有些專注於應用研究，而其他則進行基礎研究。

在研究實驗室工作的優點是將你的技能應用於尚待探索的新領域，以及待在沒有或少有商業壓力的環境中的穩定性。

哪一類公司最符合你的職涯目標？

如我們所見，有許多類型的公司和組織可供軟體工程師選擇。那麼，哪一個最適合你呢？

在上面列出的總共十類公司，不太可能同時出現工作機會。因此，根據你的情況，將這份清單刪減到更符合現實考量的選項。如果可能的話，與朋友、家人和你認識的工程師聊一聊會很有幫助。去了解他們對其工作場所的看法，以及他們工作的實際情況。

不要忘記，即便隸屬同一類別，各家公司之間也可能存在巨大差異，同一間公司裡的不同團隊也可能有顯著不同的氛圍與文化。在傳統企業的技術部門，待在一個出色團隊的人，可能比在科技巨頭裡一個苦苦掙扎的團隊中的人過得更好。

2. 典型的軟體工程師職涯發展路徑

軟體工程師在一家公司內的職涯發展路徑相當簡單。最常見的職涯發展路徑有兩種：單軌制和雙軌制。

單軌制

作為個人貢獻者（IC）和經理人的單軌職涯發展路徑通常是這樣的：

職等	個人貢獻者	經理人
1	軟體工程師	
2	資深工程師	
3	專家／首席工程師	經理（Manager）
4		處長（Director）
5		工程副總（VP of Engineering）
6		技術長（CTO）

▲ 典型的單軌制職涯發展路徑。薪酬與期望隨著升遷而增加。

在較小型和非技術優先的公司，軟體工程師的職業天花板是第 3 級（Level 3），也就是專家／首席工程師，如果想要繼續升遷，只能透過轉往管理職來實現。

轉換跑道的其中一個缺點是，許多工程師認為管理工作不適合他們，因此選擇離職，換到其他公司任職，這意味著雇主會失去一些優質的工程師人才，這些人轉向管理職或因不喜歡管理工作而完全離開公司。

雙軌制

在工程團隊規模增加到 30 至 50 人以上，或是思維更加前瞻的公司中，經常會採行雙軌制職涯階梯，讓工程師避免在這道難題中做出抉擇：究竟是待在與直屬主管相似薪酬的職等，或是成為一位經理。雙軌制通常是這樣的：

職等	個人貢獻者階梯	經理人階梯
1	軟體工程師	
2	資深工程師（Senior）	
3	專家工程師（Staff）	經理
4	資深專家工程師（Senior Staff）	處長
5	首席工程師（Principal）	資深處長
6	傑出工程師（Distinguished）	工程副總
7	Fellow	資深工程副總
8		技術長

▲ 典型的雙軌制職涯發展路徑：同樣地，薪酬與期望隨著升遷而增加

在採行雙軌制的公司，工程師有幾種不同的升遷模式：

1. 個人貢獻者：從軟體工程師升到資深工程師，再成長為工作難度越來越具挑戰性的個人貢獻者（IC）。
2. 工程經理：從資深或專家工程師轉為工程經理，然後沿著管理軌道一路升遷。運氣好的話，有望升遷到處長及以上職位。
3. 在 IC 和管理軌道之間切換：在擔任管理職之後重返工程師角色，未來可能還會重複這一過程。在一些公司中，這種模式也許比你預期的更加常見。

所有職涯都是獨一無二的

實際上，許多科技業從業人員經常變換工作。我認識的大多數軟體工程師每隔幾年就會換工作，因而改變了他們的職涯軌跡。這種變動創造了多樣化的職涯發展路徑，你可以在許多經驗豐富的前軟體工程師的 LinkedIn 個人檔案中見證這一點。以下是一些例子。

《Staff 工程師之路》的作者 Tanya Reilly[1]，她的二十年職業生涯相當線性，並且持續走在軟體工程師之路：

---

[1] https://www.linkedin.com/in/tanyareilly

- 系統管理員（Fujitsu、Eircom）
  - 軟體工程師（Google）
  - 資深工程師（Google）
  - 專家系統工程師（Google）
  - 首席工程師（Squarespace）
  - 資深首席工程師（Squarespace）

Nicky Wrightson[2] 的二十年職業生涯中，起初很長時間走在軟體工程師之路，後來轉往領導層。在本書出版時，時任工程總監。

- 軟體工程師（顧問公司）
  - 顧問專員與開發者（電信公司）
  - 開發者（BNP Paribas、JP Morgan、Morgan Stanley）
  - 六個月有薪休假
  - 首席工程師（Financial Times、River Island、Skyscanner）
  - 兼任技術長（創投公司 Blenheim Chalcot）
  - 工程總監（topi）

Mark Tsimelzon[3] 的職涯在過去三十年間幾經變動，從軟體工程師開始，在創業、打造產品以及擔任領導職位之間變換，在本書出版時他是 WhatsApp 的工程總監。

- 軟體工程師
  - 工程經理
  - 創始人（公司後來被 Akamai 收購）
  - 產品經理（Akamai）
  - 創始人（公司被 Sybase 收購）

---

[2] https://www.linkedin.com/in/nickywrightson
[3] https://www.linkedin.com/in/marktsimelzon

- ➡ 工程總監（Yahoo）
- ➡ 駐點創業家（創投公司）
- ➡ 工程副總（被 Yahoo 收購的新創公司）
- ➡ 資深工程總監（Yahoo）
- ➡ 工程副總（Syapse）
- ➡ 首席工程長（Babylon Health）
- ➡ 工程總監（Meta）

常見的職涯發展路徑

軟體工程這一行業瞬息萬變，因此軟體工程師有許多機會透過抓住來自各方的橄欖枝來塑造自己的職業生涯，這一點不足為奇。我觀察到至少有十二條「常見」的職涯發展路徑：

1. **終身軟體工程師**：一位始終是軟體工程師的工程師，逐漸升職（例如升上資深工程師、專家或首席工程師），並在不同公司間跳槽。他們經常更新技術堆疊，並在每個新職位上豐富自己的技能組合。

2. **成為領域專家的軟體工程師**：一位專精於特定領域（如原生行動端或後端）的開發人員，並在持續在該領域工作。

3. **通才／專才擺盪**：一位專門從事某技術的工程師，然後在更通才的職位上工作一段時間。在職涯選擇中重複這個通才／專才擺盪。

4. **專注於小眾領域的軟體工程師**：例如，一位轉型為網站可靠性工程師或資料工程師的軟體工程師，他們會做一些程式編寫工作，但大部分工作內容並不像軟體工程。

5. **轉型為約聘職／自由職業者的軟體工程師**：在資歷達到資深工程師程度後，此人成為約聘職或自由職業者，通常收入更高，較少擔心公司內部政治和職涯發展。

6. **成為技術負責人的軟體工程師**：一位開始領導團隊的軟體開發者，不一定執行管理任務。即使他們換工作，最終也會回到技術負責人（Tech lead）的職位。

7. **轉型為工程經理的軟體工程師**：一位成為工程經理，然後沿著管理職升遷制度一路升職的開發人員。
8. **成為創始人／企業經營者的軟體工程師**：在作為軟體工程師的職業生涯之後，此人創辦或共同創辦一家企業。
9. **成為非軟體工程師的人**：一個轉向其他技術領域（如開發者關係、產品管理、技術專案管理、技術招募等）的人。先前擔任軟體工程師的相關經驗，有助於他們去探索自己感興趣的領域。
10. **軟體工程師／經理擺盪**：一位成為工程經理的軟體工程師，後來又回到工程師身分，在職涯中經常重複幾次這種擺盪。首席技術長 Charity Majors 在〈Engineer/Manager Pendulum〉[4] 一文中描述了這條逐漸變得常見的職涯發展路徑。
11. **上述路徑的組合**：例如，一位軟體工程師轉型為工程經理，再轉型為產品經理，然後成為創始人，或其他任何可能的組合。
12. **非線性的職涯發展路徑**：例如，一位成為工程經理的軟體工程師，然後離開職場一段時間，經營家庭或追求不同的職業生涯。他們以工程總監的身分回歸職場。非線性的職涯發展路徑的發展方式因人而異。

在這本書中，我們會探索了在一家公司內更為典型的職涯發展路徑，也就是如何從初級工程師升到專家工程師及以上職等。儘管這樣的職涯發展路徑對於在公司內一路升職的個人貢獻者來說是典型模式，但不見得對所有軟體工程師來說都是如此。本書透過詳細介紹從軟體工程師起步的各種職涯發展路徑，我希望展現出的是，這個世界上沒有一條所謂「最好」的路線。機會和偏好見仁見智，你有權利另闢蹊徑，走上一條最適合自己的路。

3. 薪酬與公司「等級」

想要鉅細靡遺地衡量一份工作的方方面面、專業難度、靈活性，以及工作與生活的平衡相當不容易。

---

[4] https://charity.wtf/2017/05/11/the-engineer-manager-pendulum

比較容易量化的一項指標是總薪酬——然而需要注意的是，私人公司的股權方案可能也較難量化。根據我作為用人經理（Hiring Manager）的經驗，我觀察到薪酬方案似乎呈三峰分佈，並透過分析 TechPays.com 的數千個由使用者自行提供的資料點確認了這一分佈的存在——TechPays.com 是我在出版這本書之前建立的網站。以下是分佈情況：

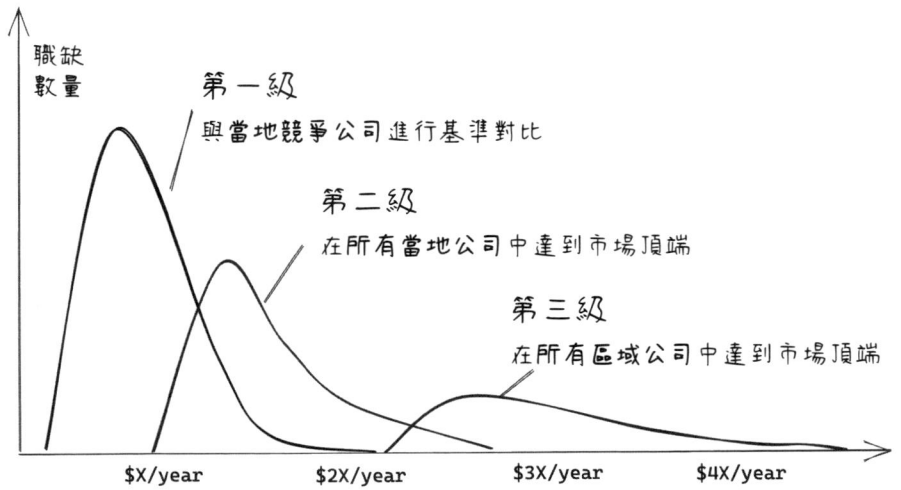

軟體工程師薪酬的三峰分佈：同一職位的薪酬差異可能存在天壤之別。
第一級：當地公司；第二級：當地市場頂端；第三級：區域市場頂端

資料顯示，相同的角色和職稱在不同類型的公司之間的薪酬可能相差 2 到 4 倍。在 Google 擔任資深工程師的總薪酬可能至少是非技術公司或小型家族企業的資深工程師的兩倍——甚至可能是四倍。總薪酬是以下三項收入的組合：

- 基本薪資
- 現金獎金
- 股權：在上市公司，股權是流動的，可以透過買賣股票變現；在私有的新創公司和成長階段公司中，股權是非流動的。

現在，讓我們談談與薪酬相關的科技市場的三個等級。

第一級：當地市場

以當地市場的其他競爭對手作為基準化分析的公司。這一層級的公司通常包括：

- 當地的新創公司
- 小型、非創投注資的公司
- 擁有技術部門的傳統非科技公司
- 公部門
- 非營利組織
- 顧問公司、外包公司和開發代理商
- 學術界和研究實驗室

第二級：當地市場頂端

提供當地市場頂端薪酬來吸引和留住傑出當地人才的公司。這一層級的公司包含：

- 一些中型科技公司，特別是那些提供高於當地市場水準之優渥薪酬的公司
- 一些成長階段公司
- 一些新創公司，通常是那些資金充足且注重區域業務的公司
- 一些擁有技術部門的傳統公司，尤其是那些重視技術投資的公司

第三級：區域市場頂端

提供區域市場最佳薪酬並與同一等級公司競爭，而不是當地競爭對手的公司。這一級的典型公司包含：

- 科技巨頭
- 大多數中型科技公司
- 資金充足，可提供與上述二者相同薪酬水準以招攬人才的成長階段公司
- 有強大資金支持，與上述公司共同競爭招募優秀人才的新創公司

位列第三級公司的薪酬方案通常包括三個部分：

- 基本薪資
- 每年發放的股權
- 每年發放的現金獎金

當上市公司發行股票時，這些股票在發放給員工後，可作為總薪酬方案的一部分於股票市場中進行買賣。這就是科技巨頭和其他大公司中專家工程師每年從股票中賺取的金額超過其本薪的方式。

許多新創公司和成長階段公司也為軟體工程師發放股權。然而，在私有公司，這些股權不是流動的，因此任何股票增值都只是「紙上富貴」，要等到公司進行公開募股或被收購等事件發生，這些股份才能轉為現金。這是早期員工憑藉大量股份賺取一筆小財富的方式，正如 Uber 早期員工所經歷的那樣。當然，加入私有公司的風險更大，因為許多公司永遠無法實現成功退場。這種情況在 2023 年發生於 Foursquare 的早期員工身上，他們所擁有的股權純粹到期[5]並「消失了」，這是該公司成立 14 年後所發生的事情。

---

[5] https://www.theinformation.com/articles/the-private-tech-company-that-let-employee-stock-grants-evaporate

約聘人員及自由工作者

到目前為止，我們討論了全職員工的總薪酬。此外，我們也需要了解約聘人員和自由工作者的薪酬情況，這些人通常與全職正式員工做類似的工作，但薪酬支付方式不同。

他們按照與公司商定的費率計費，通常是按小時或按天計算。從人力資源的角度來看，他們不是（全職）員工，而是提供軟體工程服務，與客戶簽訂業務合約的約聘人員。對於約聘人員的稱呼因國家而異；美國和英國使用「contractors」；而在許多歐洲國家，他們被稱為「freelancers」。本書採用「contractor」一詞。

以約聘身分提供服務，相較於全職員工的一項主要差異是薪酬水準可能顯著更高。作為約聘人員，資深及以上職等的軟體工程師所能收取的費率，幾乎總是高於第二級的薪酬方案水準。同時，一些頂尖約聘人員的收入約可相當於第三級薪酬方案。

在某些國家（尤其是在歐洲），全職僱用收入往往需要被徵收較沈重的所得稅，而約聘收入可能相對稅負較輕。

從企業雇主的角度來看，約聘人員和全職員工之間最大的不同是靈活性：他們可以迅速招募約聘人員，並同樣迅速終止其僱用合約。同時，雇主也無須擔心職涯發展、教育訓練或遣散條款的問題。假期通常也不在這類協議的範圍內；當約聘人員休假一天，雇主無須為這一天支付薪資。

約聘人員的績效管理和職涯階梯也有所不同。他們沒有績效評估或升職機會。因此，約聘人員不需要進行那些全職員工為了爭取良好績效成果而進行的許多活動。許多人選擇做約聘工作，因為他們不希望被公司內部的升遷制度綁住，希望更多地專注於工作本身，較少關注績效管理流程和辦公室政治。

約聘人員的一個缺點是，他們的工作通常比同等的正式職位缺乏職業保障。在大多數國家，全職員工的工作受到規章制度的保護。但對於約聘人員來說，裁員過程非常簡單；通常，雇主只需要不延長這份有著固定

期限的合約,或在合約規定的時間內發出遣散通知。約聘人員非常容易被僱用和解僱,因此在經濟困難時期通常是首批被裁掉的團隊成員。

然而,約聘人員通常願意以較低的工作穩定性換取更高薪酬。許多人是資深或以上職等的工程師,他們願意不按企業升遷制度爭取升職。

不同職等之間的取捨

如何根據薪酬理念,比較不同層級的公司?要保持完全客觀是困難的,因為每家公司各不相同,每個工作環境都有其利弊。以下是以全職員工的角度,對第一級、第二級和第三級公司的一些觀察。約聘人員的詳細情況未涵蓋在內,因為他們沒有固定的職等或升職目標。然而,優秀的約聘人員往往體現了本書中對資深工程師及專家工程師相關章節所敘述的許多特質。

領域	第一級 (當地)	第二級 (當地頂端)	第三級 (區域頂端)
獲得工作的難易度	最簡單	相對有挑戰性	非常困難
工作績效期望	通常合理	相對高要求	要求最高
作為個人貢獻者的職涯發展路徑	通常只到資深或專家職等	有時候提供專家以上職等	幾乎都有專家以上職等
工作／生活平衡	可以是重點	通常並非重點	通常並非重點

▲ 比較這三種等級的公司

提供最佳薪酬方案的公司通常預期能吸引最多求職者,這意味著他們可以(而且通常會)對軟體工程師提出最高的要求。

4. 成本中心、利潤中心

許多公司將「利潤中心」和「成本中心」的概念應用到業務中。你為哪一個中心工作，可能會對你的職業生涯產生極大影響。

利潤中心是直接為企業創造收入的團隊或組織。一個典型的例子是 Google 的廣告（Ads）組織，為 Google 帶來了絕大部分營業收入。廣告組織中包含許多團隊；例如搜尋（Search）團隊負責為網站帶來訪客，因此也做出了重大貢獻。但如果沒有廣告團隊為廣告商打造合適工具來投入他們的廣告預算，Google 將賺得遠遠少於現在。

成本中心指的是不直接產生營收但仍為使公司順利營運而必須存在的團隊或組織。一個好例子是在那些確保公司的產品及服務符合歐洲 GDPR 規範的工程團隊。他們的工作內容對公司而言是必要的，但無法產生營收，因此從商業角度來看，這些團隊屬於成本中心。

在大公司的成本中心或利潤中心工作會帶來哪些影響？以下是一些例子：

- **升職**：在利潤中心幾乎總是更容易升職。透過展示個人貢獻對帶動收入的影響來證明自己符合升職條件更為容易。一種例外情況會出現在科技巨頭中，對於專家及以上職等的工程師來說，去解決全組織範圍的工程挑戰，這個期望高於推動全組織範圍的商業影響。這樣的期望會激勵經驗豐富的工程師到平台團隊工作，進而推展他們的職涯軌跡。

- **績效評估和獎金**：在初級到資深工程師職等，無論是在利潤中心或成本中心工作，在績效評估和獎金方面通常沒有差異。到了更高階的職等，服務於利潤中心的人員經常會獲得更好的「評分」和獎金。這是因為在工程師貢獻均等的情況下，大多數企業自然會傾向回饋給為公司賺錢的組織及個人。

- **內部調動**：員工想進入利潤中心的想法是可以理解的。然而，情況通常不是這樣；許多工程師會被複雜而有趣的工作吸引，這些大多發生在不是（或尚未成為）利潤中心的「重大投注」專案上。相反地，利潤中心往往是組織中較為「無聊」的團隊，因此較少人想加入。想像一下你進到 Meta，要選擇為某個團隊工作，你是願意在廣告基礎設

施上工作,致力將廣告收入提高 0.005%,還是願意到一個打造有趣的、新穎的連結朋友方式的新團隊工作?
- **流動率**:成本中心幾乎總是有較高的人員流失率,許多員工選擇離開公司,或內部調職到利潤中心,因為在這些團隊中升遷比較容易。
- **工作保障**:當公司需要節約開支時,成本中心是裁員的主要對象。

那麼,你該如何知道所在團隊或組織是利潤中心還是成本中心?以下是一些辨別方法:

- 你的團隊或組織是否會定期回報其創造的營收?如果是,你很可能是在利潤中心。
- 你的公司如何賺錢?由哪些組織帶來營業收入?是銷售部門獲得所有功勞,還是銀行的前台部門?技術部門是否因創造營收而受到表揚?哪些技術團隊獲得了認可?
- 查看組織架構圖:技術在組織中的代表性有多高?工程團隊和產品團隊向誰匯報?與市場、財務、營運和其他團隊相比,工程部有多少副總裁?
- 在全體員工會議中,首席執行長會稱哪些團隊具有「策略性」,並因帶來營收而受到讚揚?你的團隊或組織是否為其中一員?
- 你所在公司是否已經上市?如果是,可閱讀季度報告來了解公司的經營重點,這些重點很可能是利潤中心所在的領域。

軟體工程可能是成本中心或利潤中心:

- 在科技巨頭、中型科技公司以及技術被視為業務核心的新創公司和成長階段公司中,技術和軟體工程通常被視為利潤中心。
- 在傳統公司和公部門中,有一種常見看法是將技術視為一種「達到目的之手段」,因此軟體工程團隊被視為成本中心。
- 在顧問公司和開發代理商中,軟體開發是公司所提供的服務,這意味著開發工作通常是利潤中心。

在成本中心和利潤中心工作都能讓你獲得看待事物的視角。當你為利潤中心工作時,很容易感覺自己比成本中心更優越。然而,在一家高效的

公司中,這兩種類型的團隊和組織缺一不可,因此了解如何適應並在每種環境中加以發展是一項非常有益的能力。

5. 思考職涯進展的替代方式

無論你相不相信,除了職稱和薪酬以外,還有其他因素會大大影響你的工作與職涯。你的職等、公司名聲和薪水是最容易被討論的話題,因為這些指標具體可見,而且薪酬數字提供了一種比較不同職缺的簡易方式。以下一些其他因素,它們也影響著你對一份工作的滿意度:

- 與你共事的人和團隊氛圍
- 你的經理主管,以及與他們的關係
- 你在團隊和公司中的位置
- 公司文化
- 公司使命及對社會的貢獻
- 專業成長機會
- 你在此環境中的身心健康
- 彈性:你可以遠端或在家工作嗎?如果可以,頻率次數為何?需要知會主管嗎?
- 值班:值班制度是否苛刻?
- 工作以外的生活:「下班就是下班」容易做到嗎?
- 個人動機

將這些因素整理成視覺化圖表:

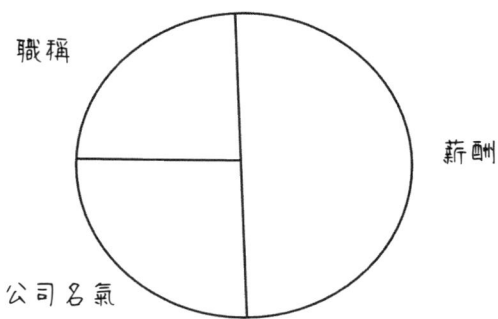

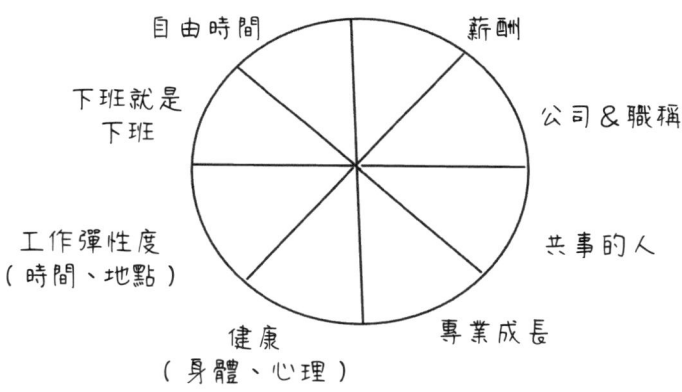

在職涯中思考個人定位的替代方式

根據你所申請職位的薪酬方案，仔細權衡上述圖表中的各個領域。對於一些工作多年的專業人士來說，為了讓這些領域中的一個或多個要素獲得「升級」，接受降薪並不罕見。試著在目前工作以及下一份工作中尋找適合你的平衡點。比那些只看最容易被衡量的指標並加以最佳化的人，你將會擁有更加滿意的職業生涯。

CHAPTER

2 成為職涯的主宰

對任何軟體工程師來說，最佳的職涯建議就是：

成為你自己職涯的主宰！

為什麼這麼說呢？因為沒有人會比你更在乎自己的職涯。這是我親自學到的一課，當我成為經理並試著幫助人們在專業上取得成長，實現目標和抱負時，這一課讓我真正深有體悟。

本章探討幫助你主宰職涯的幾個主題：

1. 你是自己職涯的主宰
2. 被認可為「把事情搞定」的人
3. 做每日工作記錄
4. 尋求回饋
5. 把主管變成盟友
6. 掌握節奏

1. 你是自己職涯的主宰

在我的職業生涯中，我曾有過幾位主管；有些人關心我的志向，而有些人則不然。有些人在我工作幾個月後就提拔了我，而其他人即使在我們合作一年多後，也很少給我提供如何成長的回饋。

當我第一次成為經理時，我發誓要成為一名出色的主管，關心我所有直接下屬的職涯發展。我與他們坐下來，討論他們的職業目標，並努力使之成真。然而，我注意到了一些事情：

- 很多軟體工程師此前從未與經理進行過關於個人職涯的對話，我是第一個詢問他們目標的人；不僅是他們在這家公司的目標，還有他們離開後想達到的目標。
- 有些人比其他人更容易得到幫助。與那些知道自己想要什麼的人進行的對話，比與那些尚未弄清楚或不想考慮這些問題的人更富有成效。
- 我想幫助每個人，但作為經理，我的時間有限。我可以花一點時間在每個人身上，但還有許多其他事情需要關注。

我終究不得不承認，即使我希望為每位下屬的職涯盡一份心力，我也不是最合適的人選。最合適的人選是他們自己；當人們主動採取行動，設定目標，追蹤進展並持續改善，他們的表現會更好。對於那些付出甚少或等著我設定目標並督促他們努力實現的人來說，很難期待好的結果自然到來。

所有這些同事都有一位真誠關心他們專業發展的經理。但許多人的主管沒有足夠的精力或動力來發展他們的職業生涯。

如果你想獲得成功，就必須主宰自己的職涯。不要坐在一旁等待經理介入。即使你運氣好，遇到一位優秀的經理，他們手下也有其他十幾個人需要考慮，只能將一小部分注意力分給你的職涯。

有很多方法可以主宰你的職業生涯，比如告訴你的經理和同事你關心什麼，分享你的工作成果（否則這些成果他們可能不曾注意到），以及創造讓人們給你回饋的機會。

2. 被認可為「把事情搞定」的人

當我與想要拓展職涯的工程師交談時，他們經常會問，如何才能更好地爭取升職機會，或者如何在辦公室政治中更加游刃有餘。這些事情當然都有其重要性，但如果你不先被看作是一位「把事情搞定」的人，那麼其他一切都將毫無意義。

把事情搞定！

完成你被指派的工作，並以足夠優異的品質和適當的速度交付成果。當你有足夠餘裕的時候，試著「超額」完成，超越原先預期，交付更多、更好的成果。對於大多數工程師來說，「交付」意味著發布可在生產環境確實運作的程式碼，並推出功能、服務和組件。

完成很多有影響力的事情

完成無意義的事情，比如對客戶和同事沒有實際差異的微小重構，與完成對業務和你的團隊有關鍵影響的重要事情，這兩者之間存在天壤之別。請成為一位能夠完成很多有影響力工作的人。從哪裡開始呢？就從了解你的團隊優先順序和業務開始。去找出來吧！

確保人們知道你完成任務

軟體工程師常犯的一個錯誤是預設他們身邊的人——他們的團隊、經理、產品經理和其他團隊的同事——對他們何時會交付功能或完成複雜專案瞭然於胸。然而事實並非如此。

你必須告訴你的經理和團隊，你在什麼時候完成了哪些事情。如果你做的工作具有影響力，請具體量化它對業務的影響並與其他人分享。在工作異常複雜或牽涉到救火行動時，要確實將這件事分享出來，否則很多人不會知道你面對並克服了哪些挑戰。

完成你承諾過的工作，專注於重要任務，並讓其他人知道你完成了哪些事情。這樣一來，你所付出的努力就不會被忽視。

3. 做每日工作記錄

你上週和上上週都做了哪些工作？十個月前呢？如果你和大多數軟體工程師一樣，那麼回想近期的工作內容相對容易。但是如果要追溯到更早以前，細節可能就變得模糊，這通常也不是大問題——直到你真的需要這些細節的時候。

例如，在年底總結你的貢獻時，想不起細節可能就有些麻煩，畢竟這會影響績效評估或升職機會。又或者是當你的經理要準備績效評估，要求你總結全年的工作時。如果你沒有記下筆記，你可能會因為忽略而遺漏重要工作，或者浪費許多時間在追蹤之前專案的細節。

相反地，確實記錄每週的關鍵工作，包括重要的程式碼變更、程式碼審查、軟體設計文件、討論和計劃、協助他人工作、回顧分析，以及其他任何耗時且有影響的活動。前 Stripe 軟體工程師 Julia Evans 將這類紀錄稱為「自我推銷文件（brag document）」[1]。

寫下這份文件有很多好處，不僅僅是為了績效評估，也是為了讓你自己能夠紀錄你曾經做過的一切。以下是這種方法的一個例子：

Current

- Project Zeno
  - Called meeting on the project being at risk / cutting scope

Week of 6 Dec

- Project Zeno
  - Code: T43322, T43321
  - First time sending out Thanos update email
- Helping out the Chat team
  - Lots of chat support with Val and Nick
  - 7pm call with SF the last minute
- Design proposal: retire proxies. Will circulate it next week.
- Emergency version bump: T23232
- Sue: paired 4x this week.
- 1:1 with PM: proposed adding tech debt removal to the backlog. Added J32129!

Week of 30 Nov

- Project Zeno
  - Finished the design doc
  - Code: T23444 (refactoring the controllers), T34324, T42321
  - Code reviews: many! A notable one: T43242 (agreeing on approach to refactor)
- Postmortem for Zeus outage
- First mentoring session with Sue!
- 2x interviews and 1 hire!
- Cleaned up the Tech Debt project

工作日誌文件範例。可參見此處範本 [2]

---

[1] https://jvns.ca/blog/brag-documents
[2] https://pragmaticurl.com/work-log

我曾合作過的一些高效工程師會以某種形式撰寫「工作日誌」（Work log）。這在多個方面有所幫助：

- **釐清優先次序**：被認為更有生產力的工程師，人們就越會向他們提出請求。列出他們所做的工作（或需要做的工作）的工程師比沒有紀錄這類文件的同事更容易知道哪些工作是自己的優先要務。

- **在一天工作結束時有個好的收尾**：在大型科技公司，早上想要提交一個程式碼審核請求，但到了晚上還沒完成，因為途中出現了其他任務，這種事情屢見不鮮。把一天內所做的事情記錄下來，可以讓你對工作進度有正確的認知。

- **說「不」**：當你的待辦事項太多，又有新的事情加入時，你需要拒絕它，或從你的日誌中移除某些事項好為新任務騰出空間。知道工作清單上所有事項的工程師可以更輕鬆地婉拒新工作，或是協調可以暫緩哪些任務。

- **績效評估、升職和量化影響**：當績效評估期來臨時，撰寫自我評估是確保公平回饋的最佳方式之一。有了工作日誌，完成這項任務會更省時，在準備升職也是如此。

撰寫工作日誌會很奇怪嗎？

當我第一次開始寫這份文件時，總感覺這件事很愚蠢。當我作為經理建議別人這樣做時，許多人都很不情願。

有些工程師覺得這不過是在陳述一些顯而易見的事情，為什麼要大費周章記錄已經完成的工作呢？其他人認為這是一種炫耀，令人觀感不佳。還有一些工程師覺得這不是優先要務，更新日誌會分散精力，無法專注於「真正的」工作上。

對我來說，動筆寫一份工作日誌有點像嘗試冥想，我聽人說過定期冥想可以發揮作用。最終促使我開始冥想的契機是，一位朋友告訴我：「我知道每天花十分鐘聽錄音聽起來很傻，我當時也這麼想。但你試著持續冥想兩週，你就會明白我的意思。」我照做了，堅持了兩週後，我也明白了我朋友話裡的意思。

寫工作日誌／自我推銷文件也是如此。這可能聽起來很傻，而且確實需要花時間，但你只需試著堅持兩個月；每週記錄你所做的工作。每隔幾週在一對一會議中向你的經理展示這份文件。在兩個月過去後，你將會明白它的用處。我還沒聽過有人後悔這麼做，前提是他們能夠堅持下去！

4. 尋求並給予回饋

想在職涯上成為專業人士，最佳的成長方式之一是獲得同事的回饋。他們認為你做得好的地方在哪裡，你又可以在哪些方面改進？

尋求回饋

作為一名軟體工程師，有許多簡單的方式可以獲得回饋，也許你已經在使用其中一些方式了：

- 程式碼審查：這是讓另一雙眼睛審查你的程式碼變更、發現問題、傳播知識並對你的工作提供回饋的好方法。
- 想法和建議：與團隊成員分享專案提議或想法，並尋求他們的意見和回饋。
- 軟體設計文件：如果你的團隊或公司使用這些文件，你可以在專案實作提案上獲得回饋。
- 同儕績效評估：你的公司可能採行更正式的績效評估過程。如果是這樣，公司可能會要求人們分享對同儕的回饋，敘述他們做得好的地方以及可以改進的地方。這是你也許無法透過別種方式得到的寶貴回饋。

你也可以主動向同事尋求回饋，比如團隊成員、你的經理、產品經理或其他與你合作的人。我的建議是避免詢問關於你個人性格的回饋。相反地，請針對你所做的某件具體事情或你參與的工作尋求意見回饋。例如：

- 「你能根據我最近提交的幾個程式碼審核，對我的程式設計方式提供回饋嗎？你認為在哪些領域會建議我改變作法，或者有哪些部分存在非書面的規範而我沒有遵循？」
- 「你認為我主持的這次架構規劃會議怎麼樣？你覺得哪些地方做得不錯？如果想讓會議更有效率，你有什麼好建議嗎？」
- 「關於昨晚我指揮的故障事件：你覺得我做得怎麼樣？這是我第一次負責處理故障，下次我可以改變哪些作法，才能更有效地排解問題？」

回饋是一份禮物，因為通常而言，不提供回饋要簡單得多，特別是內容本身也許不討喜的話。所以，如果有人與你分享建設性回饋，請記住，他們本來可以完全閉口不談，特別是如果你聽到回饋後本能反應是防衛性的，請牢記這一點。

事實上，大多數人不會在沒被人主動請求的情況下提供回饋。因此，你需要針對具體情況提問來尋求回饋。根據我的經驗，當第一次做某事或在新的團隊或環境中摸索時，尋求回饋特別有幫助。

反思工作是另一種促進成長和學習的絕佳方式，而回饋則可以幫助你精確地做到這一點。

給予回饋

給予他人回饋是促進同事成長的方式之一，但當保持沉默更輕鬆且更方便時，你會怎麼做呢？以下是一些屢試不爽的好方法：

- **稱讚好的工作！** 當你看到有人做了出色的工作，不要吝嗇稱讚他們！說出你喜歡它的哪些方面，這件事可以像在程式碼審查中回覆一條正面評論那樣簡單，比如說稱讚他所做的重構方法很整潔。或者直接告訴那個人，他發布的最新功能做得很精緻。
- **保持明確具體**。告訴人們你欣賞什麼方面。「做得好」或「很棒」其實並不是真正有用處的回饋，所以要明確告知你喜歡什麼地方以及理由。

- **只在你真心認為很好時給予正面回饋**。如果你不是真心的，不要告訴人們你喜歡某些東西或他們做得好。虛假的讚美對任何人都沒有幫助。

給出批評性回饋更難。作為一名工程師，你不想被認為是在攻擊某人，而這是負面回饋可能給人的感受。有幾種方法可以盡可能降低誤會風險：

- **把焦點放在事件情況及其影響**。舉例來說，假設你想在一位同事將一個錯誤推送到生產環境後給出回饋，而這個意外本可以透過更徹底的測試來避免。首先你可以描述情況，也就是你觀察到生產環境中出現了一個錯誤以及它造成的影響。然後，詢問同事對這種情況的看法，以及減少這種情況發生的方法。

- **避免「你應該做……」的說法**。除非你是那個人的經理，否則請避免讓人覺得你在對他們下指令。相反地，請幫助他們想出解決方案。不妨這樣建議：如果換作是你，你會如何以不同的方式處理這種情況。

- **以面對面方式給出負面／建設性回饋**。如果是透過電子郵件或訊息聊天提供回饋，很容易產生不必要的誤解。親自或以視訊方式與他們交談，你可以看見他們的反應。

- **從一開始就表明你和他們同一陣線**。大多數人對負面回饋的本能反應是「反抗或逃跑」。透過明確表示你的初衷是希望對方成為更出色的專業人士，並且你選擇不保持沉默而選擇發言，是因為你的目標是幫助他們變得更好，有助於緩解這種防衛反應。請求他們首先聽你說完，並記住你之所以提供回饋，是因為你相信這對他們有益。

- **明確指出這只是你的觀察，他們可以選擇忽視**。我喜歡透過說明權力關係來對同儕提供建設性回饋：告訴他們，你不是他們的主管，只是一個同儕，你的觀察不意味著他們需要改變什麼。畢竟，這只是你的意見，如果他們認為這不合適，他們可以選擇忽略。

- **讓對話以積極的方式收尾**。提供任何回饋的目標是幫助對方和團隊變得更好。如果你和接受回饋的人在談話後關係反而變糟，那麼就適得其反了。因此，試著以一種雙方都感到滿意的方式來結束對話。這可能意味著以誠實的正面回饋收尾，或者是感謝他們願意以開放的心態聽你說話。

「解讀」表達不當的回饋

以具有建設性的方式提供回饋是一門需要磨練的藝術。大多數工程師在這方面並不擅長。說實話，甚至一些經理也該多多練習！幾乎可以肯定的是，你一定會收到表達不當的回饋，即便提供者的意圖很明確。以下是從中獲取有用資訊的方法：

- **要求舉出具體例子**：大多數品質不佳的回饋都是因為語句意思模糊不清。例如，你的經理可能會說：「我認為你的程式碼品質可以再提高一點。」作為回應，你可以這麼問：「你能給我一個具體例子嗎？有沒有哪個程式碼審核請求可以作為例子？」
- **闡明影響**：回饋的重要性往往不夠明確。例如，一位團隊成員可能會說：「我認為你不應該進行那次重構。」對此，你可以詢問這件事對他們和團隊中的其他人有什麼影響。
- **尋求建議**：很多傳達不順暢的回饋都不會提出應該改變什麼行為或者應該做什麼的建議。如果有人說你在部署到生產環境時不夠謹慎，所以導致了一個錯誤，你可以問：「我該如何更謹慎地部署，如果是你會怎麼做，你會採取哪些步驟？」
- **如果你不同意：解釋原因**。雖然將所有回饋列入考量很有幫助，但你不需要同意所有回饋。如果你不認同，請解釋你的理由。提供回饋的人可能缺乏關於事件的來龍去脈，你的解釋有機會幫助他們獲得那缺失的資訊。

無論是給予還是接受，回饋都是一份禮物。表達不當的回饋也是一份禮物，但你需要一些額外的努力，將其轉化為可以採取行動的寶貴線索！

5. 把主管變成盟友

你的主管是在公司內對你的職涯產生最大影響的同事。這是你最重要的一段工作關係。一位信賴你、為你發聲並支持你職業目標的經理，會為你帶來深遠影響；尤其是與那些對你的工作不太了解、不知道你的職業目標、並且不提供回饋的經理相比。

你無法全盤控制與主管的關係與互動，但有許多方法可以改善並優化這種關係，並且創造出一個讓彼此互相支持的盟友關係。

你該如何讓這段關係變得出色？

與主管定期進行一對一的對談

利用這個機會讓他們了解你近期的工作進展，分享你的工作日誌，不論是成功或面臨的挑戰。和主管討論你的職涯目標，詢問他們目前面臨哪些挑戰，以及你可以如何幫助他們和團隊。

主動告知，不要預設他們知道一切

許多軟體工程師認為他們的經理必定知道他們正在做的工作，但事實並非如此。你的經理有很多事情要處理，他們不會審查你提出的每一個程式碼審核請求，特別是不會知道你花了半天幫助同事找出程式錯誤。

你要主動告訴他們！這就是定期進行一對一對談的重要性。

了解主管的目標

只需要多一點同理心就能發揮效用，試著從你經理的視角，了解哪些事情對於整個團隊來說是重要的。最簡單的方法是詢問接下來一個月和半年內的最大挑戰，這些挑戰很有可能是你提供幫助的機會。

例如，如果你的經理分享說，團隊最近遇到了幾次高優先級的故障事件，那麼你可以主動攬下提高系統或服務可靠性的工作，藉此幫一個大忙。

完成你承諾的工作，並在無法完成時即時回報

在工作上，會有很多次你同意在某個日期之前完成某項任務，例如為系統遷移制定計劃並將其任務分發給團隊。請確保你能在約定的期限內完成這些事情，並在完成後讓你的經理知道，如有可能延誤，你也必須提前通知他們。

經理會知道哪些團隊成員足夠可靠，哪些人不需要耳提面命，而哪些人需要時時提醒。請期許自己成為「可靠」的一員。因此，最好不要做出你不確定能否完成的承諾。

與主管建立互信

當你和你的經理互相信任時，許多事情會變得更容易。然而，羅馬不是一天造成的，信任需要隨著時間持續累積。

當你開始與一位新主管合作時，你的目標是對他們保持開放、誠實和透明，而且希望這樣的態度是互相的。如果是這樣，你應該能夠自在而坦率地告訴他們未經修飾的真相，而不用害怕被評判。

讓你的工作得到認可

身為一名工程經理，我的目標一直是要認可團隊中人們的工作成果。畢竟，這對我們雙方來說都有好處；它為工程師帶來了應得的認可，也使我的團隊看起來很好。這也間接幫助了我的經理生涯，因為當團隊中的每個人都表現優異時，我獲得良好績效評估或晉升的機會將會大大提高。

有些團隊成員讓我更容易了解他們的工作內容，進而認可他們的努力，並在如何改進上提供誠實的回饋。他們是這樣做的：

- 為我們的一對一會議做好準備，並確保我知道他們完成了什麼、解決了哪些挑戰，以及他們在哪裡需要幫助或回饋。
- 完成與他們的職涯發展相關的工作承諾。例如，如果我們說好在兩週後他們將帶著希望實現的目標回來，他們會優先處理這項工作。
- 明確指出他們想要實現的目標，對個人職涯目標有清楚的想法。
- 對團隊遇到的挑戰和我作為經理面臨的挑戰感興趣，並且主動考慮也有利於他們職涯目標的解決方案。
- 要求我對他們的工作提供具體回饋。例如，針對他們正在處理的專案，要求我給出的一個積極回饋和一個改進建議，或者請教如何改進

軟體設計文件，或尋求對某個冗長程式碼審查的意見，包括我是否認為他們的方法有所幫助，還是認為其過於強硬。
- 以某種形式持續撰寫工作日誌，並與我分享。這在我準備績效評估和升職討論時發揮了極佳效果。
- 當他們在某事上遇到困難時向我尋求幫助，並了解我或我的人脈可以如何幫助他們擺脫困境。

簡而言之，魚幫水，水幫魚，這些工程師讓我作為他們的經理，更容易幫助他們提升自己！

6. 調整節奏

運動員會適度調節自己的鍛煉強度，以期在職業生涯中創造最佳表現並延長職業壽命。那麼，對於軟體工程師來說呢？他們的平均職業生涯比運動員要長得多——長達 40 年。然而，正如職業傷害之於運動員，職業倦怠對軟體開發者來說也是一種高風險。我們能從運動訓練中學到什麼教訓，來經營良好的職業生涯，與同儕保持同步，不落後於其他人，同時避免職業倦怠呢？

我發現「挑戰、執行和滑行」模式對於作為一名軟體專業人士的自我調節非常有用。環境、專案、動機、外部影響等多種因素決定了你適合的工作節奏。

挑戰

自我挑戰在一開始通常是最有趣的。這是你快速學習新事物並立即應用的階段。這牽涉到需要你挺身而出的全新挑戰。作為經理，我積極尋找機會來幫助人們挑戰自己，使他們走出舒適圈，並加速他們的學習。

加入一間新公司並迅速適應，就是一種挑戰。參與一個使用你不習慣的語言／技術的專案，也是一種很好的挑戰。領導你之前未曾接觸過的專案類型，也是如此。同樣地，參與一個有急迫截止日期的專案，促使你迅速做出務實決策，也是一種挑戰。

雖然挑戰有助於你更快成長，但如果長時間處於挑戰模式，最終可能會適得其反，隨著時間的推移，你的工作效率可能會變慢，甚至導致職業倦怠。如果這類工作需要時常加班，那麼你會身心俱疲。如果挑戰意味著推遲部分工作或進度落後，那麼可能會造成焦慮情緒。如果沒有辦法確實放鬆並恢復正常工作模式，心理和身體的疲憊以及壓力可能會導致職業倦怠。即使不會引發職業倦怠，隨著時間過去，你的動力和產出也可能隨之下降。

運動員的教練會透過觀察動作、時間和其他面向，來注意運動員是否過度勉強自己。作為一名軟體工程師，你需要留意生活中能夠告訴你是否過度勉強自己的人，比如同事、朋友、家人或其他給予誠實回饋的人。

執行

這是「常規」的工作狀態，這時你會運用技能和經驗來確實完成工作。你承擔自己的工作責任——有時甚至超越「職責所及」——以一種不會過度勉強自己的方式。你以正常而非加速的節奏持續學習新事物。

一個極好的執行方式是，在一個時程合理的專案中，使用你擅長的語言／框架進行程式設計。你確實完成自己的工作，並在不需要加班的情況下幫助他人。一般來說，當你做的是熟悉而少有突發意外的工作內容，採用「執行」工作模式相當直覺。

在經歷一段「挑戰」模式後，通常會透過回到「執行」模式來防範職業倦怠的風險。我見過一些過度勉強自己的人列出他們正在做的額外事情，而這些零零總總加起來後實在不堪負荷。因此，他們找同事接手部分工作，或開始對某些任務說「不」。他們尋求支援並讓他們的經理知道他們打算停止或移交一項工作，以便繼續良好地執行工作，避免過勞或職業倦怠。

滑行

這意味著你選擇保留實力，你完成的工作量和品質低於本來水準。滑行可能是在交付一份棘手專案之後的短暫喘息，抓住空檔處理其他事情，或者讓身心稍稍放鬆。怠速滑行可能是私人因素使你分心，或是工作動

力低落的徵兆。滑行者很少主動積極，並且經常需要在日常任務上被督促。

滑行超過一陣子對所有人來說都是適得其反。這對「滑行者」、他們的專案或團隊都不好。團隊成員自然會注意到有人「心不在焉」，並假設這個人不夠可靠。專案中的其他人將不得不挺身而出，交付超出自己的工作份額，以便按時完成任務。而滑行的人將享受到極少或幾乎為零的專業成長，同時他們目前的技能組合會逐漸生鏽。

如果你發現自己的急速滑行時間超過了可允許的範圍，而原因是缺乏動力，那麼問問自己需要做出什麼改變，然後積極地進行改變。你為什麼缺乏動力？你是否處於正確的環境、合適的團隊和對的公司？你是否有足夠的技能完成工作，如果沒有，你能否投住心力提高自己的能力？你能否為自己設定更具挑戰性的目標，並承擔更複雜宏大的工作？如果沒有做出改變，你的工作動力可能會持續下降，直到你的經理不得不找你深談，聊一聊你是否適任團隊或公司中的位置。當你發現自己滑行時間過長時，把握機會審視自己，並試著尋找方法再次挑戰自己。

在你的工作職涯中適度調節步調，在挑戰、執行和偶爾的滑行之間切換，以期最大程度維持與優化長期專業成長，並避免職業倦怠。這有點像職業運動員會調整節奏，以保持工作的長期表現和避免受傷。

CHAPTER

3 績效評估

對於許多工作於科技巨頭或新創公司的軟體工程師來說，績效評估是一項至關重要，有時讓人緊張的任務。評估結果不僅決定了獎金多寡，還關係著是否能夠順利晉升。這是少數根據量化機制來評定個人表現的時刻。

然而，好消息是，你幾乎總是可以透過付出更多的努力，來獲得更好的績效評估結果！然而，在最後一刻所能採取的措施有限，提前準備非常重要。本章內容涵蓋以下重點：

1. 及早開始：蒐集脈絡並設定目標
2. 習慣的力量
3. 在績效評估之前
4. 績效評估

1. 及早開始：蒐集脈絡並設定目標

每家公司都是不同的。在你的公司中，哪些事情是重要的，哪些事情又是備受重視的呢？如何衡量影響力？關於這些問題，新創公司和科技巨頭可能有著截然不同的回應。

要從何處開始著手？最關鍵的一點是首先研究讓你獲得成功的脈絡。確定哪些目標對你、你的團隊和公司有幫助。

辨認和理解最重要的因素

你的團隊和雇主最在乎的東西是什麼？通常獲得優異績效評估、順利升職的人，他們能夠幫助業務取得成功，或是實現非常宏大的目標。你該如何成為這種人？首先，要理解哪些事情被重視，這意味著確定哪些工作是優先要務：

- **問問你的經理**：這是一個非常明顯的起點。問問團隊的目標是什麼，以及它們如何與公司的目標相關。問問你經理的個人目標，以及對他們來說哪些事情是重要的。你能給的幫助越多，你對你的經理和團隊就越有價值。
- **與團隊中的資深人員交談**：與經驗豐富的隊友交談，了解他們眼中哪些是重要的團隊和公司目標。
- **聽公司領導者的發言**：經營良好的公司在企業和組織層面都有著清晰的目標。找出最重要的優先事項通常很簡單，你只需參加全體會議、重新觀看會議紀錄或簡報影片，或閱讀來自領導層說明公司優先任務的電子郵件。在科技巨頭，你可能需要聆聽幾次全體會議，包括你所在組織、產品組織、母公司，以及技術組織等層級的會議。
- **問具有影響力的人**：與在業務中扮演關鍵角色且易於接觸的同事進行一對一面談。他們可能是你的產品經理、你的直屬主管、業務利益相關者或其他人。
- **了解績效評估系統的運作機制**：有一些常見的績效評估系統，然而，這些系統的具體運作方式也許存在很大差異，而好公司會根據其不斷演進的需求來完善評估機制。

有哪些績效評估系統？

以下是最常見的績效評估系統：

- **非結構化／臨時性**：經理會進行績效評估，但不是結構化的機制。偶爾，你的經理可能會在宣布加薪時，順帶給你一些工作上的回饋。這在規模較小的公司很常見，此處績效評估的重要性較低。優點是你不需要太擔心，也不會花費太多時間。缺點是你的評級基本上取決於經理對你的個人看法。
- **僅由經理提供意見和回饋**：這個形式更加結構化。例如，可能會有一份輕量級的職位期望文件。評估本身包括你的經理給予的回饋。在這個評估系統中，重要的是讓你的經理了解你的工作內容。與他們建立良好的關係，你也很可能獲得更好的評價。

- **基於同事回饋的績效評估**：團隊成員有定期的機會對同事提供回饋，而經理會審查這些回饋。他們會根據這個系統給你提供回饋和評級。在這個系統中，你與同事的關係對於獲得良好的評價很有影響。
- **正式、繁重的評估流程**：大部分科技巨頭和一些較成熟的新創公司會採用更為繁重的績效評估流程，以期排除常見偏誤。在典型機制中，你會為同事寫評價，準備一份自我評估，而你的經理則根據這些文件撰寫關於你個人的工作評價。這個流程的優點是你通常會得到具體的回饋，缺點是需要大量的時間和精力。

請蒐集關於你的績效評估的重要細節：

- **誰是做出最終決定的人？** 答案幾乎肯定是你的經理，但明確掌握這一點也是值得的。
- **誰對你的績效評估有主要影響？** 根據不同的評估機制，對你的績效評估有實質影響的人可能包含同事和利益相關者，或者只有你的經理。
- **績效評估於何時進行？** 有哪些關鍵日期？在採行結構化流程的組織中，通常有一個必須在此之前繳交同儕評估和自我評估的截止日期、績效評估審核時程以及通知結果的日子。
- **確保公平的績效評估之建議。** 與團隊內外的資深同事聊一聊。他們也許能與你分享一些有助或阻礙公平評估的建議。

與經理討論你的目標

在對背景脈絡有了更深一層理解之後，請據此設定目標。有些目標應該支持團隊和公司的目標，也許還包括你經理的目標。當然，這些目標也應該對你有益。

與你的經理分享你的目標，並尋求回饋。如果你在組織中有一位導師，也與這個人分享一下；了解他們的看法，他們對哪些目標設定感到滿意、有什麼缺失，以及他們有什麼建議？

與你的經理就目標達成共識

讓經理支持你的目標，是讓他們與你同一陣線的最佳方法之一。因此，請持續修改迭代你的目標，直到你的經理願意支持它們，並確保你的目標被記錄下來。

如果你實現了每一個目標，這可能是一個很好的機會，可以詢問你的經理會如何評價你的績效。然而，請注意，一位負責任的經理不會這麼說：「如果你做 X，你就能獲得超出平均的評估結果。」這種說法並不實際，因為績效評估是將你的工作表現與其他同事進行比較，並且通常採用一種校準機制。你的經理無法預測同事的表現，也無法預測校準的結果。

你可以向經理提出的一個較為公允的問題是，你的目標是否有助於達到期望，或者能夠在超越你目前職等的角色期望。你不會得到任何保證，但也許能獲得一些指引。

2. 習慣的力量

績效評估通常每年進行一次或兩次，但你的日常工作對一整年的表現來說都很重要。有一些簡單方法可以確保公平的績效評估，而這些方法只需要付出極少的時間精力，例如：

記錄你的成就

大多數績效評估都受到近期偏誤的影響。當績效評估時刻來臨，你和你的經理最容易記起近期的成功和成果。相反地，幾個月前的一些優秀工作可能就被忽視了。

為了避免這一點，確實記錄下你的成就，好比每週或每兩週。記錄你完成交付的專案，並將表揚你工作成果的電子郵件或聊天訊息截圖下來，以及其他能證明你表現的證據保存下來。

撰寫工作日誌

這是追蹤你的工作進度（不是只純粹紀錄勝利）的輕鬆方式。我觀察到，大多數採用這種方法的人都運用了一份保持持續更新的文件，在其中記錄值得注意的工作、相關頁面連結，並記錄他們工作的影響力。我們在第 2 章〈成為職涯的主宰〉中介紹了工作日誌的優點，並提供了一個參考範例。

與經理分享進度

每隔幾週與你的經理進行定期一對一會議，分享你所做的工作，討論勝利和挑戰，展示你正在高效工作。

作為一名經理，我經常驚訝於我的同事實際處理的工作量，而這些工作是我不曾知道的。這一點對於那些攬下許多提案，更加資深的工程師尤其如此。如果他們沒有分享這些細節，我將對此一無所知；這不是因為我不在乎，而是因為我根本不知道。

因此，我建議在分享你的工作時盡可能地多多分享，不要假設你的經理知道一切。一個好辦法是不時分享一下你的工作日誌，並帶著你的經理瀏覽一遍你的所有工作內容。

把事情搞定

如果你被認為是一個只做「忙碌工作」（需要花時間處理但沒有真正價值的工作）或者只是玩政治手段而不是做有意義事情的人，那麼大多數建議都是毫無意義的。交付出色的工作成果非常重要，因為這能夠為你建立良好聲譽，讓人們將你視為一位可以確實「把事情搞定」的人，並幫助你在績效評估中獲得認可。

什麼才能算作「優異」的工作成果呢？其定義取決於你所處的環境。如果可能的話，確保你的工作在品質和速度取得良好平衡。在新創公司中，「優異」可能表示你能夠快速推出產品，而在規模較大的公司中，則可能意味著你的工作產出確實通過測試，程式碼乾淨俐落，或者是容易審查及維護的解決方案。

請找出並熟悉你所在的工程組織中對於出色工作的定義，並定期向同事和經理尋求回饋，以了解你的工作會被如何評價。當你交付優秀工作成果，累積良好信譽，那麼其他人就能更加信任你。

幫助他人

如果你只顧自己，埋頭專注於自己的工作，除非對你的績效評估或升職有幫助否則永遠不去幫助他人，你將無法走得很遠。大多數人的觀察力都足夠敏銳，能夠看出哪個同事只在乎自己的利益，他們可能開始討厭你，甚至可以合理聲稱你是一個不願合作的團隊成員。

根據你的情況，試著在對你有益的工作和對團隊和公司有益的工作之間取得平衡。

因此，一有機會就伸出援手；這可能是一些微不足道的事情，比如進行程式碼審查、提出結對程式設計的邀請、對專案和計劃文件進行回饋、協助進行研究、提出在你擅長領域的工作建議，或是幫忙排除其他人或團隊的瓶頸等等。

記錄你為他人所做的工作

花太多時間幫助他人的一個缺點是，他們得到了功勞與表揚，但你的經理（甚至你的同事）也許不會發現你的貢獻。請注意，當你花費大量時間幫助他人時，你可能會被誤以為不夠專注在自己的工作上，而你在其他地方的貢獻可能會被忽視。

首席軟體工程師 Tanya Reilly 將定期幫助你的團隊獲得成功的任務稱之為「黏合工作」（glue work）。她寫了一篇名叫〈Being Glue〉[1] 的文章，說明關於這類型工作的優缺點，內容相當引人深思。

我的建議是確保你所做的有意義的工作獲得關注，至少你的經理應該知道你在做什麼。這就是撰寫工作日誌的好處。此外，如果你注意到你花費大部分時間幫助他人，但很少時間「把事情搞定」，那麼你可能需要重新評估你的時間安排，或者你經理對你目前職及工作角色的期望。

---

[1] https://noidea.dog/glue

時常尋求具體回饋

績效評估出問題的經典方式之一是，經理就幾個月前的工作表現給出一些負面回饋。當工程師們聽到這個壞消息時，他們很可能會相當氣憤，並納悶：「為什麼不早點告訴我？」

我認為經理們有責任儘快向他們的下屬提供回饋。然而，你無法控制你的主管要如何行事。此外，在績效評估會議中，這可能不是指出他們未及時告知你的最佳時機。你可以掌控的是你自己的行為。

提早（早在正式的績效評估會議之前）就向你的經理和同事積極尋求回饋。儘早這樣做，以避免在評估會議時收到不愉快的驚喜。良好的回饋是及時的、具體的，而且切實可行的。為了獲得好回饋，請提前尋求回饋，專注於具體細節，並根據回饋內容判斷你自己可以採取哪些行動。

以下是一些獲得有用回饋的情況：

- **主持會議**：為你的團隊安排一個會議，在結束後，可以詢問團隊中更資深的工程師他們認為會議進展如何，還有什麼可以改進的地方。
- **解決故障**：你負責解決系統中的一個故障，你自認做得不錯。但事實真的如此嗎？不妨問問你的經理和團隊裡的工程師，了解他們的看法，以及詢問還有什麼可以改進的地方。
- **在大團體前進行簡報**：在全體會議上代表你的團隊進行簡報後，你可能會想知道這次表現是很成功，或者其實很糟糕。你可以去問問一兩位與會者的看法，他們認為你做得如何，還有什麼可以更清楚傳達的地方？你甚至可以錄下你的簡報，檢視自己的表現，找出需要改進的地方。
- **提出新的提案**：你向產品經理和工程經理提出了一個新專案，它被批准了。太好了！你還可以去請教一些參與過程的人，要如何才能使你的提案更具說服力呢？
- **領導一個專案**：在領導一個專案時，徵求團隊成員對專案的回饋，他們喜歡哪些部分，又有什麼地方令人困惑呢？在專案完成後，邀請人們進行意見分享，針對你作為專案負責人的表現、了解如何改進，同時進行事後回顧。

- **評論其他人的程式碼：**一位同事上傳了一份程式碼審查，裡面出現了很多問題。你對此提出了評論意見。但你的措辭是否過於嚴厲，或者太過溫和？請教有經驗的同事，請他們針對你的審查語氣、內容和風格表達看法。

你可以（也應該！）在第一次做某事時尋求回饋。這可能是接下新的任務，或者是與一個新的群體共事時。

認真對待回饋，但記住，這只是意見，並不是必須執行的指令。人們給你回饋，並不意味著你需要反射性地採取行動。傾聽他們的意見，然後想想這些看法是否合乎情理。如果是，哪些是你想要改變的地方？

找出哪些回饋是需要你採取行動，而哪些是多餘的，這是另一個話題。不過，話說回來，一切都從回饋開始，否則就會欠缺思考的燃料。

3. 在績效評估之前

當績效評估的日子越來越近時，值得花時間進行能夠確保公允評估的一些活動。評估過程越正式，提前越多時間準備就越明智。

你可以多大程度依賴你的經理作為支持者呢？

無論工作績效的回饋機制為何，你的經理在回饋過程中都扮演著關鍵角色。因此，請試著了解以下幾點：

- 你在經理眼中是什麼樣子？他們如何看待你？他們是否認為你達成了角色期望、表現不足，或者超乎預期？找出答案最簡單的方法就是主動詢問。

- 你在團隊和同事中的地位如何？績效評估有時是一種比較的過程。即使不是，你的經理也會知道誰「績效優異」、誰「表現穩健」，以及少數幾個「有待加強」的人。請對自己誠實；你認為自己屬於哪一組？不要指望任何待人得體的經理會直接告訴你答案。

- 你與經理的信任程度如何？你有多信任他們，他們對你又有多少信任？你們已經一起完成了多少次績效評估，過去是否出現過意外？

- 你的經理在組織中的地位如何？他們的任職時間有多長，在同儕團體中有多大的影響力？經理的影響力越大，任職時間越長，他們在校準會議中成功推動預期結果的能力就越強。

如果你有一位新經理，他的影響力不夠大，或任職時間不長，又或者你們之間的信任程度不高，那麼先做好心理準備，這些因素將對你的績效評估產生負面影響，並為此做好準備。你可能需要加倍努力彌足這些劣勢，讓你的經理難以給出不利的回饋。

找出重要的截止日期

完成績效評估文件的截止日期是什麼時候？決定評級的校準會議何時舉行？你的經理什麼時候可能完成他們的準備事項？提示：在接近會議日期之前。

掌握關鍵日期至關重要，因為在一切塵埃落定後提供額外的脈絡資訊信已經於事無補。在此之前完善關於你的貢獻的任何知識盲點。向你的經理提供一份摘要，供他們在績效校準會議之前參考。

蒐集同事的回饋

如果已經有正式的流程讓同儕分享回饋，請確保你選擇的同事足夠了解你的工作脈絡，並願意給予回饋。告訴他們如果他們願意抽出時間給予回饋，你將不勝感激。

如果沒有這類正式流程，那麼你將會得到更少的回饋，這對你的專業成長或者讓你的經理清楚地了解你在團隊中的工作情況並不利。

我建議私下向同事尋求回饋；詢問你做得好的地方，以及有待改進的地方。我強烈建議將你聽到的內容寫下來。根據你與經理的信任程度，你可以向他們展示這些回饋。

撰寫自我評價

你可以透過提前提交一份自我評價，讓你的經理更輕鬆。他們需要寫一份關於你的工作摘要，並提供有關你表現的意見回饋，可能還要包括校

準以證明評級的合理性，以及比較不同下屬的最終表現分數。因此，請提供大量的證據來支持你的工作績效。

撰寫一份文件，並列出以下內容：

- **成果（what）**：包含過去的工作，按時間進展逐一交付的工作成果，幫助你的經理避免受近期偏誤影響。這就是工作日誌確實發揮效用的時刻。
- **方法（how）**：達成工作的方法，例如幫助他人、指導、追求卓越、做出務實的決定等等。
- **原始目標和成果**：反思你先前設定的目標以及確實達成了哪些目標。
- **能力的例證**：如果你的組織列出了職位角色應該具備的能力（competencies），以例子展示你如何勝任工作。
- **同事的回饋**：如果沒有正式的同儕回饋機制，在此列出一些你蒐集到的意見。
- **讚美和正面回饋**：蒐集你收到的書面或口頭表揚，因為這些互動很容易被忽視。蒐集這類正面回饋將有助於你和你的經理考慮到你在哪些地方表現優異。

有兩個問題需要考慮：其一，是否要在這份摘要文件中給自己評分，其次，你認為自己的工作表現是否達到、超出或是低於期望。這取決於你自己的方法和你與經理的關係；他們的工作是評分，而有些人可能認為為自己評分有點過猶不及。

另一方面，在我看來，誠實的自我評價是一件好事。這顯示了你對自己表現的真實看法。此外，無論如何，你的經理都會給出他們心中的評分。也許你自己的評價會顯示出你們的看法存在差異。我建議你寫下自己對自己表現的評價，除非有充分的理由不這麼做。

4. 績效評估

當你提交了績效評估文件，評估流程也已經展開，那麼剩下的就只剩耐心等待了。這段時間可能會讓人感到焦慮，尤其是如果你期待於獲得高於平均的績效評估結果或獎金。在這個時期，有一些事情也許值得做。

記住績效評估只是某一特定時間點的快照

回饋只是一個資料點。當然，它讓人感覺非常重要，但實際上對你的職業生涯幾乎沒有長期影響。

我見過一些人因為得到了不佳的績效評估結果而換工作，後來卻發展得更好。我也見過一些人一直得到傑出評價，但卻感到被困在工作中，擔心離開這份工作後一切得從頭開始。

了解績效評估的動態

以經驗法則來看，大約有 20% 的人可獲得高於平均的評價，60-70% 的人得到普通評價，約 10-15% 的人會得到低於平均水平的評價。

回過頭看看你的團隊和所在組織。很有可能的情況是，你會看到許多人積極爭取獲得優秀評價，但有些人會對結果感到失望。

避免失望的一個可靠方法是，設定符合現實的預期。以我個人而言，如果預計約 80% 的人會得到普通或更好的評價，只要我知道我的表現不是低於期望，那麼我傾向預想自己會得到普通評價，並把任何更好的評價視為一份意外驚喜。

避免過度依賴結果

我觀察到有些人在獲得獎金之前就尋思如何花掉，特別是在績效評估與薪酬多寡直接掛鉤的公司中。但你無法完全預測績效評估的結果，也無法預測任何獎金的數字大小。因此，我建議不要根據你無法控制的結果做出計劃。

偏誤確實存在

你的同事和經理都存在許多認知偏誤，你也不例外。明白這一點很重要，因為你的經理的認知偏誤很可能會影響到績效評估。在績效評估過程中一些常見偏誤包括：

- 近期偏誤：對近期的工作表現給予更多關注。
- 嚴格偏誤：在評估某些團隊成員時要求更加嚴苛。
- 寬容偏誤：在評估某些人時更加寬容。
- 尖角效應：經理在某個方面給予的負面回饋導致對整個評估產生負面印象。
- 月暈效應：一個正面事件提升了整個評估的正面印象。當有人被認為「拯救了」一個重要專案時，很容易出現產生月暈效應。
- 相似性偏誤：你的經理對與他們相似的人給予更好的評價。
- 中心趨勢偏誤：你的經理對團隊中的每個人都給出相似評價，因為比起區分優劣，這麼做顯得更為公平。
- 對比偏誤：你的經理不斷將你與隊友進行對比，而不是與你的工作表現與職位期望進行對比。

你得明白，並非所有經理都同樣擅長給予回饋：

- 很少有經理擅長給予回饋。通常，那些擅長給予回饋的人：他們有經驗給予明智的回饋，經常這樣做並花費大量時間準備公允的回饋。
- 很多經理不擅長給予回饋。令人驚訝的是，許多經理從未見過有效回饋是什麼樣子。許多人不對此進行學習，或者在給別人回饋之前不曾為自己尋求回饋。其他人則沒有將這件事放在心上。
- 大多數經理位於中間。他們可能沒有見過給予有效回饋是什麼樣子，但他們會努力改進。隨著時間推移，其中一些人會變得擅長於給予回饋。

只要你經歷過一個績效評估週期，你就會大致明白你的經理屬於哪一類人。不要忘記你的評估結果也取決於你的經理能否清楚地傳達他們的回饋，而不僅僅只看你的工作表現。

對負面回饋持開放態度，不要輕視它

沒有人樂於聽到自己的表現比想像的要差。然而，得到負面回饋可能是一件好事，只要這些建議足夠具體，讓人採取行動加以改善。

我建議對那些忽略具體細節的模糊意見提出異議。你的經理應該給予足夠具體、可供反思的實質性回饋。當你知道明白具體情況後，不妨反思這些負面意見，並考慮你是否可以（或者想要）採取行動。

記住，你和你的經理站在同一陣線

你經理的關注焦點是建立和經營一個高效工作的團隊。每個人表現得越好，團隊運作得越好，對每個人的回報也就越大。

在一個健康的環境中，你的經理之所以給出刺耳的建設性回饋，是因為他們希望你加以成長，並且他們相信你能夠以同樣期許自我成長的態度虛心接受。請記住，每個人都處於同一條船上，一起朝著同一個方向前進。

打持久戰

你的職業生涯可能長達數十年，且不是以績效評估週期來計算。在一次評估週期中拿到「達成期望」或「超乎預期」，這個結果以長久來說不見得有極大影響力。相反地，你參與的專案、建立深厚關係的人脈、你習得的技能以及你面臨的挑戰，這些在你的職涯中都有著更深遠的影響。

不要忘記整體大局

在幾十年的職業生涯中，個人績效評估的重要性微乎其微。不可否認，它們很重要，但請試著將目光放長遠，這有助於你避免過度執著於每一次績效評估。

CHAPTER

4 升職

在規模超過幾十位軟體工程師的科技組織中,通常會根據各職等制定明確的定義。相對而言,在早期階段公司中,職等的重要性較低,但隨著時間推移,界定關於各職等的能力預期對於人事管理很有幫助,例如初級工程師、資深工程師、首席工程師的職責範圍、角色期望等。

當一家公司有了明確的職等制度,自然會有人想知道「升到下一職等需要什麼條件?」在這一章中,我們將討論以下內容:

1. 升職結果如何決定
2. 升職流程
3. 「最終職等」
4. 科技巨頭中的升職
5. 升職建議
6. 將眼光放長遠

1. 升職結果如何決定

一個人在什麼情況下得以升職?在大多數公司,升職的原因不外乎:

- **達到下一個職等要求的工作表現**:許多企業會提拔那些工作表現滿足下一個職等期望的人。毋庸置疑,這意味著在當前職等的工作表現超出期望。
- **達到下一個職等要求的影響力**:許多地方會提拔對企業產生足夠影響力的人。
- **符合業務發展需求**:有些公司只有在預算增加時才會核准升職。在爭取專家及以上職位時尤為如此。因此,即使你的表現超出期望,但如果此時沒有相關業務需求及預算,則不太可能會有升職機會。

- **提供升職機會和空間：**如果一個組織為專家工程師職位規劃薪酬預算，而剛好有一名資深工程師的表現達到該職等要求，此時就存在升職的機會。在更高職等的職位上，人們越來越看重這個職位是否提供了可供升職的空間。
- **提高下一個職等的標準：**這種情況很少見，但有些組織會問：「這個人如何提高下一個職等的標準？」來證明其升職的必要性。

在實際情況中，還需要一些其他條件才能實現升職：

- **觀感：**其他人對你的影響力的感受，可能比實際的業務影響力更重要。當公司發展壯大，難以將具體業務成果歸屬為某人的直接影響時，這一點尤其重要。
- **其他人的支持：**升職只有在決策者的支持下才會發生。這些決策者在一個五人新創公司和一個擁有數千人的大型企業中是不同的。
- **內部政治：**政治指的是候選人在組織內的影響力和地位。決策者越多，升職過程就越複雜，組織也越複雜。當職級越高，升職的政治角力就越複雜。
- **升職流程機制：**不同的升職流程會獎勵不同類型的曝光或能見度。

2. 升職流程的類型

不同公司採用不同的升職流程。以下是三種最常見的方法，以及每種方法通常會獎勵的情況。

非正式的升職流程

這在新創公司和小公司中很常見。這個流程通常是臨時性的，CTO 和一些資深經理舉行會議，討論誰準備好升職，然後當場做出升職決定。

這種非結構化的決策過程通常適用於約有 50 名工程師左右的公司。在這樣的公司中，能夠被做出升職決策的經理「看見」，對爭取升職是非常有利的。例如，如果你參與了一個可以經常與 CTO 交流接觸的專案，你就比那些從未與其互動過的人佔上風。

這種流程的優勢在於簡單和管理負擔很低。然而，它可能會變成一個存在偏見的流程，忽視了那些做出好工作但能見度較低的人。

輕量級的升職流程

隨著公司的成長，將所有經理聚在一起可能變得困難，流程中隱含的偏見也更加明顯。因此，領導層通常會努力建立一個更具擴展性且更公允的升職流程。這一改革通常始於為每一職等設定清晰的基本期望，並要求經理們提交簡要說明，闡述其認為團隊中某位工程師為何適合升職。

在這個過程中，升職決策通常仍由一小組經理做出。此階段已制定了一些明確規範，並對升至下一職等所需的標準有了更清晰的界定。

這種輕量化的升職流程在多數中型企業及部分大型公司中十分常見。在大型科技企業中，通常在資深工程師這一職等之前採用輕量級的升職流程，之後則採用更重量級的升職流程。

這種制度有利於那些資深主管、在組織中人脈廣泛且具有政治影響力的人。這並不意味著沒有這樣的主管的人就不會被提拔。然而，新任經理往往無法像一些更有經驗的主管那樣為下屬展示相同程度的堅定支持。

重量級的升職流程

隨著公司的發展，它們通常會致力將升職制度標準化，目的在於消除審核過程中的偏見，形成一套完善的重量級升職機制。在這套流程中，升職的依據主要包括以下幾個方面：

- 候選人的自我評估
- 直屬經理對候選人的綜合評估
- 與候選人合作過的同事（包括工程師、其他經理、產品人員和技術人員）提供的同儕評估，用以表明他們對候選人升職的支持程度。同事的資歷越豐富，他們的意見分量也越重。

此類升職流程傾向於青睞那些參與過高影響力專案、成果易於量化的開發人員，以及在書面表達能力方面表現突出的經理和個人貢獻者。

在這一制度下，升職結果相對不受經理個人偏好的影響，但整個流程繁瑣且耗時甚長。因此，這也要求候選人需提前做好充分的準備，包括用心製作能夠支持升職決策的文件。

混合式升職流程

在大型科技公司中，混合式升職流程日漸普遍。以亞馬遜和 Uber 為例，在達到資深工程師之前的升職流程，通常僅由同組織內的經理所組成的升職委員會決定。對於資深工程師以上的職位，則多採用跨組織或公司層級的升職委員會來進行資格評審。這種方式也適用於工程管理層，特別是資深工程經理及以上職位，其升職流程將類似於委員會的形式。

3.「最終職等」

「最終職等」（terminal level），有時又被稱為「終極職等」，此概念在一些科技公司中很常見。這一職等是軟體工程師隨著資歷越資深，可預期晉升到的職涯最高點，之後可能不再有進一步的升遷空間。

例如，在 2015 年，Google 的最終職等是 L5，Meta 是 E5，Uber 是 L5A，這些都是代表資深工程師的職等。未能快速晉升到這些職等的工程師，有時會被公司解僱，或被納入績效改善計劃（Performance Improvement Plans，PIP）。這是一種「不升職就滾蛋」的制度。

近年來，這三家公司都改變了他們的制度。Google 將最終職等改為 L4，即資深軟體工程師的前一級。Meta 和 Uber 也放寬升職制度，不再強迫工程師竭力爭取超越 E4 / L4 的職位。

定義最終職等或終極職等的目的有二：

- 明確指出工程師必須努力達到這個職等。最終職等的職責範圍，通常要求工程師要能夠完全自主完成工作。
- 表明工程師不會獲得超越這個職等的升職保證。這是因為更高階的職等絕非俯拾即是。通常，在最終職等以上的職位需要額外規劃人事預算，而且並非所有團隊都有預算來爭取高於最終職等的職位。

具有最終職等的公司通常有一種「不升職就滾蛋」的文化，促使工程師不斷進步，直到他們抵達最終職等。這種方法會帶來壓力，但通常會與一個明確規範的升職制度相結合，在這樣的工作場所，你可以依靠經理和經驗豐富的工程師幫助你成功升職。

即使是在沒有最終職等規定的公司，也會期望工程師抵達某些職等。 最終職等幾乎等同於資深工程師這一職等，唯一的例外是 Google，該公司對於最終職等的定義是 L4（SWE III），這是資深工程師職等的前一級。對於最終職等的期望包含：

- 具有完全自主性
- 能夠自行排除障礙
- 幫助團隊取得成功，並支持和指導初級隊友

對於任何公司來說，在足夠的時間和支援之下，期望工程師最終達到這個職等是合理的。在本書中，我們在第三部關於資深工程師的相關章節深入討論相關期望。

弄清楚你的公司是否採用最終職等或終極職等的概念。如果是這樣，努力升到這些職等應該是你的職業發展重心。

4. 科技巨頭中的升職

在科技巨頭，薪酬、升職、績效之間的連結和差異，通常與大多數公司的做法相異。在許多「傳統」公司中，升職是獲得更多報酬最明顯的方式，而且通常是唯一的辦法。年終獎金往往與公司業績緊密相關，有時完全與你個人的工作績效無關。

薪酬和升職

科技巨頭對於升職和薪酬（底薪、獎金和股權的組合）有著不同的看法：

- **按績效支付是一種常見方法：** 你能夠獲得的現金獎金和股權重新激勵（equity refreshers）與你個人績效及同儕表現緊密相關。表現最傑出的人通常可獲得超出平均 5 至 10 倍的獎金。

- **升職資格的規定**：大多數公司要求在一個職位上至少 12 個月才有資格進一步升職，有些還規定只有最優秀的人才有資格被提名（即那些表現卓越者）。儘管大多數公司推出公開的升職制度，但有些組織可能會採用更嚴格的標準，例如年資要求。

- **升職會將薪酬調整到下一個薪資等級的底部**：當員工獲得升職，他們的薪資會調整到下一個薪資等級的底部。這裡所提到的薪資等級包括基本底薪和整體薪酬目標。晉升後，員工至少會獲得 8% 至 10% 的薪資增幅，並且薪資會調整到下一等級的基本薪酬水準附近。此外，在這種方式下，升職後的員工通常會獲得額外的股權重新激勵，儘管這可能會被推遲一個週期，而且實際獲得的股權通常低於期望。

- **在較低職等的頂尖表現者可能比下一職等的平均表現者賺得更多**。這項事實也許令人驚訝，被認定為頂尖表現者的工程師（通常是工程師總人數的 3-5%）可以獲得比下一職等的平均表現者更多的總薪酬。這是因為頂尖表現者可獲得了超額的現金獎金和股權獎勵。

- **升職不是唯一獎勵影響力的方式**。對業務有著高影響力的人可以獲得重大獎金、留任獎金等獎勵。從資深工程師職等開始，對許多工程師來說，爭取升職不像在目前職等表現良好那樣迫切，因為升職可獲得的加薪幅度相對變低了。

升職的期望

對於影響力和能力的「期望」是科技巨頭公司經常用以描述工作績效和升職的對話框架，為所有工程和工程管理職等的角色期望化為書面規範。如欲升職，候選人必須在兩個方面展示達到下一個職等要求的工作表現：

- **What**——工作的影響力。工程師被期待展現出符合下一職等的業務影響力。例如，以專家工程師來說，這個期望可能是在組織層面上解決一個有意義的問題的長期工作貢獻。客戶導向的產品工作相對於平台工作，更容易量化一位工程師的貢獻。產品工作通常與公司的關鍵績效指標（KPI）相關，例如增加收入或節省成本。平台工作通常與 KPI 相關，如降低系統延遲、提高可靠性或提高開發者生產力。

- **How** ——根據「職能標準」衡量。每家公司會定義每一職級所期待的職能維度，這些維度被稱為「職能標準」（competencies）。例如，在 Uber，這些職能標準包括軟體工程、設計與架構、執行與結果、協作、創造效率以及公民責任等。在這些領域中表現達到下一級通常意味著需要與利益相關者和其他同事有良好的合作關係。在實際情況中，有些職能標準比其他條件更重要，而這些差異因各家公司而異，並且可能因公司內部不同團體而有所不同，升職過程中也會反映出這些差異。

在科技巨頭中，資深工程師及以上職等的晉升過程，要面臨的最大挑戰之一是不斷擴大的影響範圍和問題複雜度。例如，如果要升上資深工程師，通常需要展示在團隊層面的工作影響力。專家工程師則需要展示組織或公司範圍的影響力。

資深工程經理和總監也面臨著類似更高標準的期望。當一家公司快速成長時，會有許多解決組織問題的機會，這些問題涵蓋了工程師和管理者需要解決的各種議題。如果他們在這些問題上取得成功，通常會隨之升職。

然而，當公司越來越成熟，這樣的機會就會減少，解決問題的難度和所需時間也會增加。有時候，可供把握的機會如此之少，以至於失敗不可容忍，因為這會讓人錯失寶貴機會。

「值得晉升」的機會減少也會激勵人們將失敗的專案包裝成看似成功的結果。讓我來當一下反方，提出一些可能情況：為什麼人們不這麼做呢？他們付出了努力，完成了工作，承認失敗只會導致較差的績效評估和晉升結果。

升職導向的開發

在科技巨頭，以影響力為導向的升職和績效評估帶來的不幸結果，即所謂的「升職導向的開發」。隨著升上新的職等，你的工作被期望對更大的群體產生影響，並推動更具影響力的商業結果。

你要如何影響一大群工程師，並推動主要的業務結果呢？一個明顯的答案是解決組織面臨的工程問題。然而，要升職，僅僅有「影響力」是

不夠的，你還需要表現出色，工作能力符合下一職等的職能標準。實際上，這意味著要建立一個涉及大規模協調並具有工程挑戰性的重大專案。

這正是為什麼爭取升上專家工程師的人通常會選擇搭建自己的內部解決方案，而不是使用現有的第三方框架來解決組織範圍的問題。為了合理化這一作法，他們會找到現有解決方案不足以應對的極端情況，並執行一個複雜的、有影響力的、「值得升職」的解決方案。

有時候，出於獨特需求而構建自訂工具是合理的，但對工程師來說，幾乎沒有任何誘因促使他們選擇現成的解決方案來解決問題，因為這是一種被視為「平庸」的方法，並且不符合資深及以上職等對於軟體工程和架構／設計的複雜性期望。

升職導向的開發是為什麼所有科技巨頭公司，小至開發者和可觀察性工具，大到重新構建沒有取得成功的產品，為一切事物紛紛建立「自訂解決方案」的原因之一。我絕對不是誇大事實：Google 在 16 年間建立了 20 種不同的聊天產品，而且往往是同時開發的[1]。可以肯定的是，每一個聊天產品專案，都讓幾十位工程師和管理人員升到下一職等，然後另一個團隊又提出了從頭開展一個更具影響力的複雜專案的理由，而不是修復及改善現有的產品。

5. 升職建議

你希望在下一個升職週期升職，那麼可以提前做些什麼來提高成功機會？以下是一些建議：

- **保持務實**：上一次的績效評估結果如何？你的表現是否超乎預期？如果沒有，那麼升職機會不高。繼續努力，爭取在下一個評估週期中超越期望。
- **了解升職機制**：候選人由誰提名？由誰做出最終決定？升職標準是什麼？你的公司遵循哪些流程？

---

[1] https://arstechnica.com/gadgets/2021/08/a-decade-and-a-half-of-instability-the-history-of-google-messaging-apps

- **「確實」了解升職流程如何運作**：實際上，誰能獲得升職並不總是符合被文件化的正式流程。去與曾經走過這一流程的人或任何導師聊一聊。未被書面記錄下來的條件可能包括：完成一個「升職專案」並將其發布到生產環境中、同儕回饋不那麼重要、來自專家工程師或總監的回饋更加重要，以及經理的影響力遠比官方指導建議的更大。

- **自我評估**：假設目前有一個清晰的期望設定，比如職涯發展路徑和職能標準，請評估你在目前職等和下一職等的定位。準備一個自我評估範本可能會有所幫助。

- **向同儕尋求回饋**：向同事請教關於你工作表現的回饋，特別是向更資深的同事請益。到了升職的時候，你可能需要同儕支持。提前諮詢那些會提供同儕回饋的人，這麼做可能有所裨益。問題可能包括：「你認為我在哪些方面可以改進？我是否達到了下一級的條件？或者你看到了哪些差距，有什麼可以從這裡成長的建議嗎？」

- **尋找下一職等的導師**：與至少比你高一級的人聯繫，這個對象最好是在你公司升職到該職等的人。安排一場一對一會議，請他們分享升職經驗，並給予你相關建議和回饋。顯然，這麼做絕非順利升職的保證，但你可以獲得另一個盟友和一個能夠提供具體建議的人。

組織你的工作

正如產品負責人 Shreyas Doshi 所述[2]，**「生產、組織、發布」**是一個思考你所做的工作範疇的優秀框架。單單做好分內工作是不夠的，你需要與他人合作並發布你的工作成果，好讓人們知道你的貢獻。以下思考這個模式的好方法：

---

[2] https://twitter.com/shreyas/status/1332889515556364288

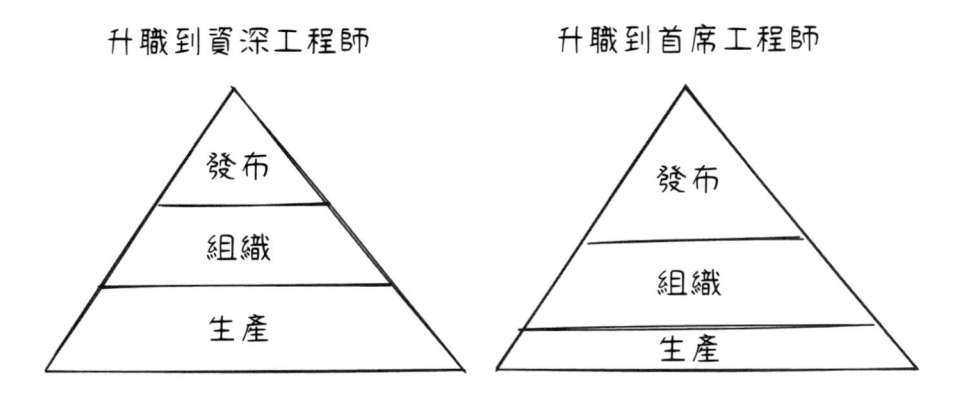

```
  升職到資深工程師              升職到首席工程師
```

         發布   發布
       組織   組織
     生產   生產

「生產、組織、發布」框架：
當你越資深，你會被期待展現出符合下一職等的組織與發布能力。

在生產方面，進行日常任務，生產諸如程式碼、設計文件、事故回顧、程式碼審查等文件。

在組織方面，推動有助於事情進展的工作。這可能涵蓋組織會議、發起新提案、在小組內引入更好的工作方式，例如改善工作流程或查找錯誤等等。

在發布方面，宣傳你的工作成果，並透過一對一會議、在組織或全公司範圍內的簡報、知識分享會議、其他內部或外部活動等進行宣傳。

在大多數組織中，隨著你變得更加資深，你的重心會從生產轉移到組織和發布。這一點並非偶然。與較低職等相比，專家工程師和經理會投入更多時間及心力於組織和發布，而不是埋首於生產。

記錄你的成就。做到這一點最實際的方法是每週記錄你的工作內容。並且按每月和每季度總結關鍵成就。如果你現在開始做這件事，可以回想並寫下你過去一年的主要成就。最好附上一些例子，顯示你持續交付高影響力的工作成果。

你的經理的重要性

與你的經理聊一聊，並拋出升職的話題。問問他們認為你目前定位，以及如果要讓他們支持你爭取升職，需要滿足什麼樣的條件。給他們看看

你的自我評估。你的經理通常對你所從事的專案有最後的決定權，如果你沒有參與可證明你已經準備好升職到下一職等的專案，你很難得到一個強而有力的升職理由。

贏得你經理的支持。如果他們不願支持，晉升將會很難，甚至不可能。因此，在升職決定公布之前，請提前採取行動。你會如何讓他們放心認為你已經做好準備？怎麼做會令他們支持你爭取升職？

關於專家及以上職等的升遷：獲得你的跳級主管（skip-level）的支持。通常，高於資深工程師職等的升職，會採納並相當重視來自管理鏈的意見。即使你的經理表達支持可能還不夠；你的跳級主管也需要為你發聲。與這些人進行一對一會議，確保他們了解並支持你正在做的工作，並理解其影響力。如果可能的話，試著每隔幾個月安排一次定期一對一會議。

當升職意味著更換經理時，獲得來自你的跳級主管的全力支持就更加重要。例如，一些公司的規定是，工程經理不能管理專家工程師。如果你被升為專家工程師，你將不再向你目前的經理匯報。這種情況可能相對微妙，因為一些經理可能會認為支持你升職並不符合他們的利益。當晉升難度越大，與管理鏈之間建立強大的關係和明確的期望就越舉足輕重。

制定可行的計劃。與你的經理設定目標，以達到下一職等或更接近爭取升職的條件。以書面形式進行這項工作，並落實這些目標。讓你的經理了解你的進展並獲取回饋。把這些都記錄在文件中是很好的方式。

如果你的經理換人了呢？你的經理隨時都可能離開你的團隊或公司，所以考慮一下你的升職是否過度依賴他們的支持。如果是這樣，確保你能透過一對一會議爭取曝光度，讓更多人看見你的貢獻。「生產、組織、發布」框架中的發布活動在這個情況下至關重要。

切合實際

不要過度執著於升職，因為這會使你的經理和同事覺得你是「只為了升職而工作」的人。制定一個計劃，朝著目標前進，避免給人帶來你只關

心個人升職的不佳觀感。這不光只是觀感問題；避免讓升職成為你唯一的目標。在你可以控制的範圍內找到其他目標，由此獲得成就感。

對升職率要有符合實際的期望。你所追求的職等越高，順利升遷的機會越少。在大多數科技巨頭，以升上資深工程師這一職等來說，大約有30-40%的申請會被駁回。在更高職等，此升職率通常更低。

要有可能不被升職的心理準備。沒有什麼事情能給你萬無一失的保證，但不管結果如何，你都可以制定目標，使自己成為更優秀的專業人士。成功交付一個複雜而有影響力的專案、在公司內外都更有能見度、掌握一項新技術，這些都是值得稱讚的成就，而這些成就將使你在未來更有價值、更容易被延攬，也更有可能升職。

幫助他人以換取幫助。善有善報，幫助他人不僅本身是一件好事，而且還能累積善意。以下是你可以幫助他人的方式：

- 輔導一個比你低一職等的人。你能幫助他們成長到你現在的職等嗎？
- 在公司外輔導他人。你不僅能幫助他們，還能學到很多東西。
- 支持那些你知道正在爭取升職的人。你能給他們提供建設性的、有益的回饋和其他幫助嗎？
- 自願協助有益於團隊的事情——那些你的同事忽略的事情。至少這些事情對團隊有幫助，經理更有可能支持那些幫助整個團隊成功的升職候選人，而不僅僅只顧及己利的人。
- 與一些同事分享你正在為升職努力。如果他們知道這對你很重要，他們可能更願意幫助你。

6. 將眼光放長遠

職涯這一路上並不總是一帆風順，許多成功人士在職業生涯中都經歷了不少曲折和轉變。將眼光放長遠，用更開闊的視角及心態看待你的職業生涯，而不僅僅只關注幾個月或一年內的變化。以下是打造長遠成功職涯的建議。

不要讓升職和職稱來界定你的自我價值

將自己與更高職等的人進行比較，這是人之常情。例如，一名資深工程師可能眼看著一名專家工程師，為此感到沮喪，因為他們自認在很多方面都做得比這位同事更好，但他們卻沒有升到專家職等。

盡量克制這種嫉妒心理！升職與否不是單憑技能判高下，而是更關乎你能否展示足夠的影響力，並在機會不平均的情況下把握時機展現自己。比你高一職等的人可能是因為曾經抓住機會展示自己的影響力符合下一職等的要求，或者更擅長在面試中展示自己的工作成就。

從專家職等以上，職稱本身往往意義不大，也更難比較。那麼我們應該重視什麼事情才好？專注於你的職涯和你的路徑，你將會發展得越好。

避免「擠人」出局

如果你在實現職業目標和保持良好人際關係之間必須做出選擇，那麼你應該捫心自問，這麼做是否真的值得。也許還有其他方法可以達成目標。人們往往會記住那些在職場上排擠他們的人，而科技業這個圈子比想像中的還要小，所以如果你只關心自己的升遷，而忽略了他人，這樣的名聲最終可能會對你不利。

許多職涯投資在很久以後才見回報

來看看這兩個人：

- 工程師 A 在職涯中極力爭取迅速升職。他從軟體工程師升為資深軟體工程師，然後成功爭取到了專家工程師這一職等，之後也就一直停在這裡。當他們尋找其他公司的機會時，儘管參加了面試，卻無法獲得高於資深工程師的職位。他們不願接受「職稱降級」，所以選擇留在原地。

- 工程師 B 則更注重個人興趣和專業成長，並且對職稱不太在意。他從軟體工程師升上資深工程師後，為了從事新的工作內容，選擇更換技術堆疊，甚至不介意在另一家公司以軟體工程師的職等重新開始。這種學習和探索的過程在職涯中重複出現了幾次。隨著時間推移，他

在專業領域內的廣度和深度使其脫穎而出，最終在一些有趣的公司獲得了專家級以上職等的工作邀約。

以職涯發展來看，工程師 A 可能在一開始升遷速度「較快」，但工程師 B 透過學習新技術堆疊和在幾家公司工作中體驗各種經歷，投資了更長遠的未來。

像轉換技術堆疊或水平移動等職涯選擇，可能在短期內看不到立即的回報，但這些都是長期的良好投資。即使這些投資最終沒有以晉升的形式為你帶來回報，從事新興領域的工作本身可能就是有價值和有趣的體驗。

幸福感不該只被職稱和職等所定義

在工作中感到滿足與成就感，遠勝過對職位高低或職責重要性過份執著。這需要我們思考目前職位的優點和缺點，並且釐清自己真正關心的是什麼。

CHAPTER

5 在不同環境下茁壯

每家公司有著各自的文化、不同的價值觀與工作節奏。這表示,想要獲得成功,沒有一套可以適用所有環境的方法。然而,科技巨頭或快速成長的新創這類公司中有著足夠的相似之處,可以歸納出幾個常見方法。本章內容涵蓋:

1. 產品團隊和產品思維型工程師
2. 平台團隊
3. 「承平時期」與「戰爭時期」
4. 公司類型

1. 產品團隊與產品思維型工程師

產品團隊是負責為外部客戶開發產品的工程團隊。它們與為內部客戶提供服務的平台團隊以及不參與自有產品開發但為客戶提供服務或為產品做出貢獻的服務團隊有著明顯區別。

在產品團隊中,對產品有深入理解並能產生最大影響的工程師,我將這些人稱為「產品思維型工程師」。他們是對產品本身抱有濃厚興趣的開發者;他們想要了解做出某些決策的緣由、人們如何使用產品,並且喜歡參與產品決策。如果他們不再享受工程領域的樂趣,他們很可能轉而成為優秀的產品經理。我曾與許多優秀的產品思維型工程師合作,並且自認也是這類型的開發者。在打造世界級產品的公司,產品思維型工程師能夠帶動團隊發揮更多影響力。

產品思維型工程師可以在哪些地方產生這種影響呢?這些地方包括負責開發面向使用者的功能之團隊,或者是與產品經理合作。他們通常會是關鍵貢獻者、產品經理會想到的第一號人物,這一類人也經常被提拔為團隊負責人。

產品思維型工程師

以下是產品思維型工程師所共有的特質：

- **主動提出產品想法和意見**。他們不滿足於單純地執行指令，例如實作某些技術規格。與之相反，他們會考慮替代方案並與產品經理討論。他們通常會透過提出其他可能更有效的方法來挑戰現有的規格需求。

- **對業務、使用者行為和相關資訊感興趣**。他們樂於花時間了解業務運作方式、產品定位及其目標。他們能夠體會使用者對產品的感受和使用方式。他們透過直接查看資料或藉由產品經理和資料科學家來了解業務和使用者資料。

- **富有好奇心並對「為什麼？」感興趣**。他們會提出問題，比如「為什麼要建立這個功能，而不是另一個？」透過與產品經理和同事討論這類問題和其他與產品有關的問題來尋找答案。儘管他們總是懷有問題，但不至於令他人感到困擾，因為他們已經建立起良好的關係。

- **與非工程師有良好的溝通能力和良好的人際關係**。他們喜歡與工程部門以外的同事交流，認識其他人的工作內容和動機。他們是優秀的溝通者，對其他領域的工作方式感到好奇。你可能會看到他們與非工程師喝咖啡、吃午餐，或在走廊上聊天。

- **提前提出產品／工程折衷方案**。憑藉對「為什麼要打造這個產品？」的深刻理解以及對工程方面的知識與經驗，產品思維型工程師有能力提出建議，而這是其他人不見得辦得到的。

- **秉持實用精神處理邊緣案例**。迅速梳理出邊緣案例，並考慮如何減少這些情況，他們通常能夠提供無須工程工作的解決方案。產品思維型工程師專注於「最小可行產品概念」，並評估邊緣案例的影響以及處理這些情況的心力成本。甚至在推出早期版本之前，他們就能提出中肯的折衷建議，梳理可能出現的問題並建議哪些邊緣案例需要解決。

- **快速驗證產品**。在他們開發的功能正式上線之前，產品思維型工程師會想出有創意的方式來獲取早期回饋。這些方式包括與同事進行走廊測試、向產品經理展示正在進行的功能，組織團隊在 beta 版本上修復錯誤等等。他們總是會問：「我們該如何驗證人們會如我們預期的使用這些功能？」

- **從頭到尾擁有產品功能所有權**。大多數經驗豐富的工程師從接收一項工作的規格需求到實作，再到推出和驗證功能正常運行，他們會負責這些所有環節。產品思維型工程師通常會更進一步，在獲得使用者行為和業務指標後才會認為自己的工作「大功告成」。在正式上線後，他們會積極與產品經理、資料科學家和客戶服務團隊密切交流，了解功能在現實世界中的使用情形。要獲得可靠數據來得出結論，這可能需要幾週時間。

- **透過持續的學習週期獲得強大的產品直覺**。在每個專案結束後，他們對於產品的理解更加深入，並逐漸訓練出敏銳的產品直覺。下一次，他們將提供更多有價值的意見。隨著時間推移，他們成為了產品經理的第一人選，早在專案啟動之前就尋求他們的建議。他們在團隊外建立了良好的聲譽，為自己拓展了更多的職涯發展機會。

成為一名產品思維型工程師

如果你的工作內容與直接面向使用者的產品相關，這裡有一些幫助你強化「產品思維」的建議：

- **理解公司如何及為何成功**。了解公司的業務模式、如何賺錢，哪些領域最有利可圖且成長最快，原因是什麼？你的團隊的定位是什麼？

- **與產品經理建立良好的關係**。大多數產品經理都會樂於指導有產品思維的工程師，因為他們能幫助經理擴展自己的能力。他們會向產品經理提出與產品相關的問題，花時間建立良好關係，並明確表示他們想參與產品事務。

- **參與使用者研究、客戶服務和相關活動**。參與這些活動，了解產品如何運作。與設計師、UX 人員、資料科學家、營運部同事等與接觸並與使用者有互動的人們一起合作。

- **提出可行的產品建議**。當你對業務、產品和利益相關者有了良好理解後，就主動提出建議。你可以對你正在進行的專案提出一些小建議，或者爭取一個更大的工作提案，列出必要的工程工作和產品工作，並使這個提案變成團隊待辦工作的優先處理任務。

- **為專案提供產品／工程折衷方案**。除了就正在開發的產品功能提出工程折衷方案外，還可以提出減少工程工作量的產品折衷方案。樂於傾聽，虛心接受回饋。
- **向產品經理尋求定期回饋**。成為一名產品思維型工程師意味著在你的工程技能組合以外，還要具備優秀的產品技能。能夠給出這方面回饋的最佳人選是你的產品經理，因此請向他們請教你的產品建議是否可行，以及對你的成長領域的看法。

2. 平台團隊

平台團隊如同一塊不可或缺的基石，是幫助產品團隊順利交付功能的必要存在。產品建立在平台之上，讓產品團隊能夠更快地推進工作。平台團隊在擴展高成長的工程組織方面發揮關鍵作用。它們具有以下特徵：

- **專注於技術使命**。專注於技術目標，比如擴展關鍵領域、完成效能或可用性目標，或構建容易擴展和維護的架構，以便為多個團隊和領域提供服務。
- **客戶通常是內部人員**。平台團隊的客戶通常是隸屬於其他產品團隊的工程師，或者在罕見情況下包含同樣使用該平台的業務團隊人員。
- **被多個團隊使用**。每個平台通常有多個客戶、產品或其他使用其服務的服務。

以下是幾個平台團隊的例子：

- **成長階段公司裡的基礎設施團隊**。該團隊為內部平台提供運算和儲存資源，或支援團隊使用和管理雲端環境。
- **科技巨頭的支付平台團隊**。該團隊提供內部軟體開發工具包（SDK），供團隊整合到其產品中，實現支付功能。他們負責與支付供應商接洽溝通，讓其他內部團隊省下這一環節工作。
- **大多數公司的 CI/CD 團隊**。該團隊負責持續整合和持續部署。他們致力於推動自動化測試、程式碼風格檢查工具和其他方法，提高軟體品質並提供回饋。

當多個產品團隊開始為儲存、基礎設施等問題或像支付這樣的業務能力構建解決方案時，通常就會形成平台團隊。在許多情況下，由一個專門的團隊負責特定問題領域，平台團隊提供統一的解決方案，避免重複，並使其他人的工作更加輕鬆。

平台團隊會吸引一些最有經驗的工程師，因為它們通常被賦予一個工程任務，也就是構建一個開發者樂於使用、可擴展的解決方案。平台團隊的客戶是其他團隊的軟體工程師，這意味著平台團隊還會吸引想要與軟體工程師打交道的工程師。

服務於平台團隊的優勢

- **工程複雜度**：平台團隊面臨一些最複雜的工程挑戰，尤其是提供儲存或運算資源的基礎設施平台團隊。
- **廣泛的影響力**：平台團隊的工作不僅僅侷限於一個產品；它為多個產品提供支援，具有廣泛而間接的影響力。
- **更多的工程自由度**：許多平台團隊沒有產品經理，感覺上是由工程師主導，可以較為自由地從事例如清除技術債或引入新的工程理念等任務。
- **較少的日常壓力**：由於與最終消費者的距離更遠，這些團隊往往面臨較少的壓力來推出新功能或產品。這允許更長期的開發構建規劃，避免使用難以維護的速成解決方案。
- **資深度**：平台團隊往往能吸引到資深及以上工程師。喜歡與更有經驗的人合作的工程師通常喜歡在這些團隊工作。

服務於平台團隊的劣勢

- **商業影響難以界定**：產品團隊可以輕鬆宣稱其最新功能為公司創造收入，或者另一個功能吸引了更多使用者。然而平台團隊無法輕易引用業務指標。
- **經常被視為成本中心**：如果難以證明公司看重的業務影響力，平台團隊很有可能被視為一個成本中心。這意味著平台團隊更難爭取新的人

力和升職機會。同理，如果一家公司決定縮減規模，這些團隊所受到的影響可能比利潤中心還大。

- **與客戶距離較遠**：許多平台團隊與客戶的接觸非常少，以至於工程師們經常忘記他們的根本任務是為了讓客戶的生活更加便利。當團隊與客戶脫節時，可能會導致錯誤的激勵措施，並且增加產品團隊的挫折感。

在平台團隊中蓬勃發展的關鍵

我觀察到在平台團隊中高效工程師具有以下特徵：

- **建立對客戶的共鳴**：大多數平台團隊預設他們的客戶只有產品團隊中的軟體工程師。然而這並不正確，產品團隊服務的最終客戶也是平台團隊的客戶。永遠不要忘記這一點，並與最終客戶建立共鳴。

- **與使用平台的工程師交流**：讓使用平台的其他工程師與你的溝通互動變得更順暢。主動介紹自己，並鼓勵使用平台的工程師隨時向你提問。準備一份方便聯絡的電子郵件清單和聊天室，讓工程師可以輕鬆提出關於平台的問題，並且保證對這些問題給予回應，或者直接與他們進行語音交談。如果不建立這樣良好的互動關係，你很有可能變成一位住在「象牙塔」的平台工程師，從事著並不被需要的工作。

- **與平台客戶並肩工作**：大多數平台工程師是作為團隊一份子來共同建立平台。然而，優秀的平台工程師有時會轉移到「另一邊」，與產品團隊合作，整合或實現他們的平台。如果可能，盡量與平台客戶一起共事，這會讓你更佳了解團隊如何使用你的平台。況且，這很有趣！

- **短暫調派到產品團隊**：同理，如果可能的話，調派到產品團隊工作幾週；特別是如果你已經很久沒有輪調的話。產品團隊使用著你所建立的一切，因此必須與他們建立連結。

- **追求「一定程度」的急迫感和專注**：在平台團隊工作的好處是，交付工作成果的急迫感要少得多，而且中斷或干擾也會少很多。這很好，因為你得以進行集中、不受干擾的工作。另一方面，缺乏任何形式的壓力可能會使你分心，將注意力從「完成重要任務」轉移。請確保自

己清楚了解你眼下必須完成的最重要的事情，努力取得進展和保持專注。

同時在產品和平台團隊工作，會使你獲得更全面的經驗與觀點。產品團隊和平台團隊並不分孰優孰劣。透過在兩個團隊中工作，工程師得以歸納出自己的偏好志向。

為了成為一名全面發展的工程師，請考慮在新的團隊類型中工作。在產品團隊和平台團隊工作後，你會更加了解並更深入認識每個團隊所面臨的挑戰，並且清楚自己更喜歡在哪個團隊工作！

3.「承平時期」與「戰爭時期」

當我在 2016 年加入 Uber 時，公司似乎前景一片大好，至少從外面看來是如此，在幾個月前就募得 56 億美元資金，估值上看 660 億美元。實際上，我發現公司內部節奏飛快、無比忙碌，許多專案都感覺像是「生死攸關」。

Uber 的大部分業務長時間處於「戰爭時期」。這並不是一種似有若無的氛圍，我們甚至發明術語來描述這種情況；團隊經常召開「戰時會議」來完成重要專案，在舊金山總部，有一間大型會議室就被命名為「戰爭室」（War Room）。重要的專案被標記為「紅色代碼」（code red）或「黃色代碼」（code yellow）。團隊之間的衝突屢見不鮮，因為所有人都專注於迅速推出他們的功能。

Uber 邁向「承平時期」的轉捩點顯而易見。2017 年底，達拉·科斯羅沙希（Dara Khosrowshahi）接下公司執行長之位，忙碌節奏迅速冷卻。最初，他在 2018 年初宣布了全公司範圍的優先要務，我們因此進行了更詳盡的規劃週期。這種穩定感是過去從來沒有感受過的。

那麼，在一家公司中，「戰時」和「承平時期」是什麼意思？這些術語又是如何被普及的呢？ 在 2010 年代初，矽谷創投公司 Andreessen Horowitz 的聯合創辦人本·霍羅維茨（Ben Horowitz）發表了一篇文章，題為〈Peacetime CEO/Wartime CEO〉。他寫道：

最近，Google 執行長艾立克‧施密特（Eric Schmidt）辭去了 CEO 職位，由創辦人賴利‧佩吉（Larry Page）接任。許多新聞報導都集中在佩奇是否能成為「Google 的代表人物」，因為佩奇比施密特更害羞、更內向。雖然這是一個有趣的問題，但這種分析忽略了重點。艾立克施密特不僅僅是 Google 的代言人；作為 Google 承平時期的執行長，他領導了過去十年裡最偉大的技術業務擴張。相比之下，賴利佩奇的上任預示著 Google 正在邁向戰爭時期，他明確表示要成為一名戰時 CEO。這將對 Google 和整個高科技行業產生深遠影響。

以下是霍羅維茨對承平時期和戰爭時期的定義：

> 在商業中，承平時期表示公司在核心市場上與競爭對手相比具有很大的優勢，而且市場正在成長。在這個時期，公司可以專注於擴大市場並強化公司的優勢。
>
> 在戰時，公司正在抵禦一種迫在眉睫的生存危機。這種危機可能源自多方，包括競爭、劇烈的宏觀經濟變化、市場變化、供應鏈等。偉大的戰時 CEO 安迪葛洛夫（Andy Grove）在著作《唯偏執狂得以倖存》中極其精彩地描述了那些將公司從承平時期轉向戰時的各方威脅。

「戰時」和「承平時期」這兩個術語在科技領域蔚為流行，並且延續至今。基本上，當公司面臨存亡危機，處於「戰時」，而當事態平穩，按部就班時，則處於「承平時期」。

以下是這兩個時期的區別：

領域	戰爭時期	承平時期
公司所處環境	生存危機	無壓力或極小壓力
競爭	極度關注可能威脅業務的競爭對手	無須過度關注競爭
開發團隊的第一要務	快速交付	交付經過嚴謹驗證的功能
截止日期	準時交付是責任	準時交付是加分項
會議	減少會議以便完成任務。「完成勝於完美。」	通常有許多會議確保所有人保持共識。「一致性優於速度。」
衝突	如果能夠搞定任務,衝突是可以允許的。	衝突是不被允許的,況且這不是做事的方式。
流程	如果能夠搞定任務,破壞流程是可允許的。	遵循流程,它的存在自有道理。
「加分項」(Nice-to-have)	不關注「加分項」。	非常關注「加分項」。
工作挫折感	表達像壓力和挫折這類情緒是可以接受的,而且很少會因此遭受後果。	如果在表達情緒時採取了不適當或不專業的方式,可能會導致負面後果。
工作與生活平衡(WLB)	工作與生活,怎麼可能平衡?	這一議題頗受關注,通常會實施 WLB 友善政策。

▲ 戰時與承平時期的常見區別

領導力在戰時和承平時期也截然不同:

領域	戰爭時期	承平時期
決策	殺伐決斷	尋求共識
決定優先次序	無情地優先處理關鍵要務	支援有潛力的工作流
衝突	直面衝突	迴避
對員工施加壓力	經常施加壓力	避免施加壓力
不受歡迎的決策	常見：不惜一切代價只為達成目標	罕見：沒必要讓員工不開心
領導力的能見度	能見度高，且經常涉及細節	能見度低，不涉及大多細節
風格	直接原始、不加修飾，有時候甚至到了不專業的程度。	進退有分寸，保持專業素養

▲ 戰時與承平時期的領導力行為

在戰爭時期茁壯成長

在戰時模式下，要如何茁壯成長呢？以下是在這種情況下可能奏效的方法：

- 完成任務：儘速完成，品質過關即可，而不是一昧追求完美。速度通常比品質更重要。遵循「完成勝於完美」原則。
- 應對衝突：如果衝突有助於加快進度，不要害怕衝突，但不必耿耿於懷，因為它們通常不是個人問題，而是由於戰時氛圍造成的。
- 盟友：不要過分執著於與人建立聯盟，而是要專注於完成工作。如果必須與另一個團隊合作才能完成工作，那就這麼做。然而眼下沒有必要建立聯盟，因為每個人都在全神貫注地工作，沒有餘裕。
- 內部政治：如果你與經理和跳級主管保持正常互動，那麼一切都好。
- 優先事項：只處理業務目前需要的事情。
- 工作穩定性：你的工作表現直接影響了公司的成敗──事實可能就是如此。
- 控制節奏：不斷全速衝刺可能會帶來不良後果，所以要控制好自己的節奏。

- 工作過勞：這是一個很大的風險。保持注意，並盡量避免出現這種情況。

在承平時期茁壯成長

在工作壓力較為輕鬆的公司，這些方法效果更好：

- 完成任務：完成高品質的工作。保持穩健，勝過搶快但不穩定的工作進展。
- 應對衝突：避免爭執，即便它們可能有助於推動進度。釐清衝突發生的原因，因為在承平時期，它們是不受歡迎的。
- 盟友：與合作的團隊建立聯盟，因為他們將幫助你完成任務，並有助於你的職涯發展。
- 內部政治：對於爭取升職尤為重要，尤其是高階職位。向上管理、水平管理以及向下管理同樣重要。
- 優先事項：致力於對公司業務有利的長期計劃。
- 工作穩定性：工作安穩，有足夠的時間和空間來做好事情。
- 控制節奏：緩慢而穩定的步伐有時可能變得太慢，因此有時需要改變速度。
- 停滯不前：在承平時期對工作感到乏味是一種風險——盡量避免這種情況！

在戰時和和平時期之間交替

大多數公司的經營狀態在戰時和承平時期之間來來回回。一家獲得創投募資的新創公司，最終成功上市的模式通常是這樣：

- 創立階段：戰時。創始人投入大量時間工作，打造產品原型，並希望能吸引早期客戶。
- 募資：戰時。團隊全天候工作，致力向投資者展示公司價值。
- 募資後：短暫的承平時期。在獲得資金後，團隊有時間稍作喘息，思考公司的長期發展：擴大團隊、建立核心理念，並進行一些實驗。新創階段越早期，這段期間就越短。

- 在募資輪之間：與上一階段相同。如果資金即將告罄或出現競爭對手，那麼就回到了戰時模式。
- 上市前一年：戰時。在這最後一搏中，公司的優先要務是投資人最為關注的領域，達成或超越相關業務指標。
- 上市後：視情況而定。隨著成功上市和股價上漲，公司文化很難不轉向承平時期。但如果 IPO 不順利，業務陷入困境，那麼可能會使用戰時策略。
- 作為一家上市公司：隨著時間推移，在市場上表現良好的企業更有可能以承平模式運作。當然，這取決於領導層決策。

公司在戰時和承平模式之間來回切換，這並非公司樂意如此，而是勢所難免。一些領導者也許更願意持續維持戰時狀態，在高產出模式下經營業務。但這麼做存在幾個缺點：

- 流動率極高
- 優秀人才由於過勞而離職（要是工作壓力減輕也許會能留住人才）
- 很難執行長期策略，因為所有優先事項都是短期目標
- 如果業務欣欣向榮，很難激勵人們維持戰時的工作狀態

成功聚焦在戰時模式的結果是，公司在市場上取得領先，並創造足夠的時間和空間，讓團隊好好修整、重新集結兵力。然後不斷重複「戰時─承平─戰時」這個循環。

及早掌握如何在兩種模式下都能發揮生產力，你就能表現得越好。無論你在哪家公司，當情勢發生變化時，你很快會注意到風向變了。搞懂你的團隊和組織現在所處的位置，採用在該情境下最適宜的工作策略，並假設情勢遲早會發生變化，而你需要重新適應，並儘速進入狀態。

4. 公司類型

科技公司是如何營運的呢？這個問題的答案是萬用規則並不存在，因為每家企業都不同，但在科技巨頭、大型科技公司、高成長型公司和新創公司中，的確存在著一些行為模式。

科技巨頭和大科技公司

以下是常見於大型科技公司的營運模式：

- 產品 vs. 平台：這些公司往往會在平台團隊上投入較多資源。在規模較大的公司中，多達四分之一的工程師可能隸屬平台團隊。
- 承平時期 vs. 戰時：這些企業通常處於承平模式，因為它們受益於促進成長的早期成功。然而，有時他們會轉向戰時模式。跡象通常很容易察覺：裁員、更嚴格的績效評估、領導層變動、來自高層的明確通知，要求團隊聚焦在哪些領域等等。

在大型科技公司中獲得成功的建議：

記錄個人影響力。在這些公司，績效評估和升職制度通常更為嚴謹。為了獲得公正的績效評估和升職結果，你需要確實追蹤紀錄個人的成就，以及你的工作對團隊和公司層面的影響。

與他人建立聯盟並擴展人脈。大公司的好處是與很多人一起共事！在工作上，個人交情很少是不重要的。幫助他人，並建立可能在日後幫助你更好更快地完成工作，甚至可能促進你職涯成長的盟友。人們在大公司往往會來來去去，所以多年後在不同的工作場所，你認識的人可能會幫你一把，或者由你來幫助他們。

中期或後期的成長階段公司

成長階段公司是獲得創投資金的新創企業，安然度過了水深火熱的初期階段，現在專注於擴大市場。它們通常處於 B 輪、C 輪、D 輪或更後期的融資階段，但尚未公開上市。

- 產品 vs. 平台：這些公司絕大多數擁有產品團隊。如果存在平台團隊，則該團隊通常處於非常早期階段，或者根本不存在。
- 承平時期 vs. 戰時：這些公司通常處於戰時模式。與公司的人交流、關注領導層的行為，你應該能夠很快弄清楚這一點。

在高成長組織中獲得成功的建議：

任期是關鍵。對於快速成長的公司來說，過去一年中有 50% 或更多的員工是新加入的。在這些地方，待得時間較久的工程師往往受到青睞，因為他們對內部系統的演變有比新加入者更深的理解。

如果你在這樣的公司工作了幾年，通常能找到許多內部調職的選項，因為大多數團隊歡迎知識和經驗。你也可能會發現自己可以更容易地在績效評估中取得良好結果。

招募和入職是重點。這些公司往往會花很多時間進行招募，但對入職訓練的投入不夠。如果你是一名經驗豐富的工程師，光是改善新工程師的入職體驗就可以產生巨大的正面影響力。

你是成本中心還是利潤中心？ 高成長的公司並不總是關心收入多寡，而是重視其他成長指標，例如活躍用戶數。弄清楚公司的主要關注點，然後了解領導層將你的團隊視為成本中心或是利潤中心。

高成長階段結束。在某個時候，高成長公司停止成長或速度放緩，或者意識到公司已經過度擴張並開始裁員。在裁員期間，成本中心更有可能受到影響，以及工作績效被認為不夠優秀的人。這是讓人想在利潤中心工作的另一個誘因。

早期新創公司

- 產品 vs. 平台：新創公司很少擁有平台團隊。產品團隊做大部分工作。
- 承平時期 vs. 戰時：大多數新創公司都處於戰時狀態。這很大程度上取決於公司的領導層；一些創始人打造了較少壓力和更平衡的工作環境，而其他人則沒有。

在新創公司中取得成功的建議：

了解你如何幫助公司實現產品市場媒合。在新創公司實現產品市場媒合（PMF）之前，也就是為產品找到潛在顧客，企業面臨著因資金耗盡而破產的風險。

你最重要的工作是幫助公司實現產品市場媒合，讓公司取得成功。與創始人、你的團隊和客戶交流，找出你如何提供一臂之力、在完成指派的專案和任務之外繼續提供幫助。新創公司是積極推動倡議並對整個公司產生影響力的完美場所，主動爭取吧！

意識到「新創公司存在風險」。在所有類型的公司中，新創公司最有可能解僱人員，也最有可能因資金耗盡而破產。

善用你擁有的自主權。在新創公司工作的一個主要優勢是高度的員工自主權（這通常是一些風險的補償）。在大多數新創公司，在獲得層層許可之前儘速採取行動，日後再尋求後續的原諒，這是一種被接受的工作文化。在理想情況下你會擁有自主權；如果是這樣，請好好利用這項權利！

向創辦人介紹你的工作。你在一家小公司工作，所以可以合理假設創始人知道你在做些什麼，對吧？根據我的經驗，情況並非總是如此。當你做出有影響力、具有挑戰性或兩者兼之的工作時，別忘了告訴你的團隊和創始人。

不要忘記在新創公司工作的最重要的事情：完成任務！除了這個以外一切都是次要的。確保你自己完成正確的任務，也就是能為新創公司創造價值的工作，並且快速執行！

在任何類型的公司中取得成功的方法

以下是一些幫助你秉持專業態度在工作上獲得成功的策略，無論你為何種類型的公司工作：

在工作上表現出色。在不同的公司，「出色」的工作表現有不同的含義；有些地方重視品質勝於速度，而在其他地方則相反。找出你公司重視的是什麼，並努力超越對軟體工程師的預期。

幫助周圍的人。軟體業是一個小圈子，這是許多工程師多年來未曾意識到的事實，直到他們在不同的工作場所意外碰見前同事。為什麼不與同事建立良好關係，並在可能的情況下幫助他們，即使這對你個人來說可能有些不方便？人們會對你的善舉留下深刻印象，而這也許能為你的職業生涯中帶來意想不到的轉折。

為自己留條後路。試著解決衝突，並且尊重他人，學會在出現分歧時秉持專業表達意見。為什麼？原因與上一點相同：科技業是個小圈子。

CHAPTER

6　換工作

軟體工程師在同一家公司工作直至退休是非常罕見的情況。即便是像現任微軟執行長薩蒂亞納德拉（Satya Nadella），他在 1992 年以軟體工程師身分加入微軟，並於 2014 年接任微軟執行長，在這之前他也曾在昇陽電腦（Sun Microsystems）擔任過工程師。

關於何時該換工作，以及如何換工作的問題，有哪些明智的方式可以幫助我們知道何時該把握機會，到其他地方尋找新工作呢？本章涵蓋：

1. 探索新的機會
2. 等待升職 vs. 換工作
3. 準備技術面試
4. 降等
5. 升等
6. 入職新工作

1. 探索新的機會

人們出於各種各樣的原因去探索新的工作機會，通常可歸納為幾類：

積極求職和應徵

當你積極尋找工作時，最明顯的情況包括：

- 新畢業生尋找展開職涯的第一個機會。
- 失業並需要找到下一份工作。
- 私人生活變動，需要尋找更適合的工作：這可能包括搬家到新地點、需要更靈活的工作安排等。

- 在當前工作中感到不快樂：可能是因為與經理、團隊或工作環境存在問題，且無法透過內部調動解決。
- 意識到自己的薪資遠低於市場行情，希望透過換工作來獲得應有的薪資水準。

在積極求職時，你應該全力以赴投入這個過程，這表示你要積極搜尋職缺，至少也要回應那些主動聯絡你的訊息。你大概需要在 LinkedIn 上將求職意向狀態設定為「積極求職和應徵」，讓獵頭和招募人員清楚知道你正在尋找新的機會，並知道自己想要尋找哪類工作機會。

被動求職和應徵

在這種情況下，你對目前的工作還算滿意，但對潛在的有趣機會保持開放態度。你不會積極地搜尋職缺，但會閱讀來自獵頭或招募人員的訊息，並回應一些你有興趣的機會。如果某個工作機會引起了你的好奇心，你會與招募人員進行交談並參與招募流程。

在這種情況下，你對於面試的職位沒有太大的壓力，因為你在目前的工作中感到相對滿意。你對新工作機會的期望相對較高，通常會希望在薪酬和職等上都有所提升。你有本錢挑剔，因為你對當前的工作狀態還算滿意。

然而，如果你長時間處於這種被動參與面試的狀態，你可能會逐漸意識到自己已經準備好離開目前的工作，尋找一個不僅僅是「還行」的更好機會。

滿意目前工作

即使對目前的工作感到滿意，仍有幾個參與求職和面試的好處：

- 確定自己的市場價值：「我拿到的薪資是否對得起我的價值嗎？」是許多人常常自問的問題。尋找答案的一個有效方法是和招募人員聊一聊，對目前的市場薪資行情有大概認識。你甚至不需要走完整個面試流程；你只需要向獵頭或招募人員詢問某個職缺預期的薪資範圍。如果這個範圍遠高於你目前收入，你可能會決定爭取這個職缺。

- 了解自己的就業能力：如果久未練習，技術面試的相關技能容易生疏。在就職期間持續參與面試，是一種維持面試技巧的方法。
- 透過新工作提升自己：你也許想透過參與面試來爭取比現在更好的待遇，這意味著你不必在目前的公司等待升職才能獲得加薪。

探索新機會沒有單一的「最佳」方法。任何機會的出現時機和方式往往不受你掌控，你唯一能控制的是，要不要把握這些機會，以及要多認真對待它們。

以我個人來說，我曾在對工作滿意時放過潛在的大好機會，如果時間能重來，我希望當時能更仔細地考慮。2011 年，我對一家剛剛募集到 800 萬美元種子基金的小型新創的徵才訊息視而不見。當時我並沒有太在意這家新創公司，有一位職稱是「QA 測試」的人想要與我聊一聊開發他們公司的 Windows Phone 應用程式。幾年後，我才意識到這個人是 WhatsApp 的執行長 Jan Koum。你大概有聽說過 Whatsapp；Facebook 在 2014 年以 193 億美元的歷史性高價收購了它，當時 WhatsApp 大約有 50 名工程師。我對當時的工作很滿意，但如果我能預見未來，我會選擇去面試那個職位。

當然，我也參與過一些最終證明是浪費時間的面試，因為該工作機會或待遇不夠吸引人。與那些我追求但最終放棄的機會相比，我更後悔沒有去參與那些可能很有趣的工作機會。

2. 等待升職 vs. 換工作

如果你認為自己有能力在更高職位上一展長才，這時候你可能會很想投向就業市場求職，而不是在目前公司等待漫長的升職流程。為什麼不嘗試外部面試呢？也許你能得到想要的職位和更高的薪水。這是一個理所當然的選項，特別是如 2021-2022 年那時火熱的就業市場。然而，在應徵心儀職位之前，你還有一些細節需要考慮。

升職通常基於過去的表現

想要獲得升職，你需要在 6-12 個月內表現出超越目前職等的工作能力，最後讓升職結果證明你的確做到了。這也意味著你可能有機會跳到另一家公司，拿到更高職等並獲得更高薪酬。實際上，如果你能跳槽到一家在三峰分佈式薪酬模型中位階更高的公司（正如我們在第 1 章〈職涯發展路徑〉中所提到的）你的薪酬很可能大幅成長。

基於過去表現而定的升職結果也意味著，如果你能在外頭獲得更高階的職位，並且不需要在目前的公司等待升職，你在職涯初期能夠進展得更快。

職位越高，換新工作的風險也越大

在專家和首席工程師等資深職位尋求新的工作，與在初級職位換一份工作無法相提並論，因為想在這些資深角色中表現出色，你需要良好的政治手腕。你需要了解新組織的運作方式和不成文規則，與新的關鍵利益相關者建立信任，並知道如何影響影響更大群體的決策。

建立一個彼此信任的同事網路，並且搞懂組織如何運作，這需要相當長的時間。當你轉職到一個新職位，一切必須從頭開始。如果無法迅速適應，你可能會發現自己處於一種非常努力但難以滿足更高期望的壓力狀態。

隨著你的資歷增加，任職年限變得越來越重要。對於職業生涯初期的專業人士來說，經常更換工作是常見的選擇，但如果在任何公司停留的時間都不到 2-3 年，可能會在應徵資深及以上工程職位中吃虧。

專家和首席工程師需要時間來建立人脈，並執行長期、有影響力的專案。必須透過了解背景脈絡、理解公司業務，並正確優先處理工作來推動這種影響力。在通常情況下，在大多數公司習得這些要領通常需要至少一年的時間。

任職年限也為領導者帶來了必要的視野。在同一團隊和同一公司任職多年，你過去做過的決策會回來困擾你和其他人。你會意識到當時沒有人

考慮到的一些事情可能會演變成大麻煩，或者更謹慎思考如何透過在早期多做一些工作，避免日後的大量工作。

在辭職之前，考慮一下你將放棄什麼。 如果你在一家公司任職時間不長，這一點尤其重要。建立一個被廣泛採用的平台需要許多年。推出一個產品然後逐步迭代，經歷每個成長階段，也需要許多年。工程師和管理者在高成長新創工作多年之後，其價值越來越受追捧的一個原因是，他們在同一地點看到了幾個成長階段的發展，可以到其他公司加以應用這些寶貴的經驗。

在為這本書進行研究時，我與幾位 Uber 前同事聊了聊，他們現在是新創公司的專家工程師、技術長和工程副總。他們都在 Uber 工作了相當長的時間，而他們都告訴我同一件事：他們在 Uber 的那些年，經歷了其各個成長階段，這項經驗在今天給他們帶來了莫大優勢。他們能夠以信心制定策略性決策，因為他們知道在未來的 6 個月、12 個月或 24 個月內會發生什麼。怎麼做到的？因為他們在 Uber 待得足夠久，能夠見證決策在這些時間範圍內如何發酵。

別誤會，任職年限並不是你要奮力追求的目標。然而，如果你在這一行工作了 8 年以上，但沒有在任何一個地方待超過 2-3 年，那麼在下一份工作待久一些會是個好主意，獲得只有因任職年資增長才能獲得的視野。

升職難度隨著職位越高而增加

當你變得更資深，很容易發現內部升職機會變得更稀缺了。比方說你可能會遇到預算限制，在你想要爭取升職為專家，而此時組織沒有足夠預算可以養第二個專家工程師。對於管理職來說，沒有成長空間尤其常見，他們通常需要管理更大的團隊並實現更有影響力的成果才能爭取升職。

如果你遇到這種瓶頸，尋找外部機會是更明智的選擇，特別是當你發現學習的東西越來越少，或者你決心要在職業生涯中持續進步的時候。

在獲得一份工作邀請時，你不應該只根據薪資多寡來評估。相反地，你應該考慮其他重要因素，比如職業發展性、你將要合作的同事、面臨的挑戰、公司使命、靈活性等等。

最後，不要忘記，在一個升職週期中錯過升職機會可能看起來是件大事，但十年後你可能已經不會記得這件事了。將眼光放長遠，做好長期規劃，並考慮在這段時間內的整體策略。

3. 準備技術面試

如何為軟體工程師面試做準備？幸運的是，網路上有大量資源可以助你一臂之力。本節內容簡要概述資深工程師的典型面試流程。

中型和大型科技公司傾向採用類似的面試流程，這些流程有時被稱為「類 Google 面試」，因為它們與這家科技巨頭的面試流程非常相似。

面試類型	面試者
初次篩選	
履歷篩選	獵頭、招募人員、用人經理
初次電話	
技術篩選	
技術電話面談	軟體工程師或用人經理
程式設計作業	軟體工程師
現場面試	
程式設計面試	軟體工程師
系統設計面試（架構面試）	軟體工程師
經理面談（行為面試）	用人經理
抬桿者面試	專門的「抬桿者」面試官、用人經理

▲ 應徵資深工程師職位的經典面試流程

讓我們來看看不同類型的面試：

初篩階段

本階段目標是判斷候選人是否值得推進到第二輪的技術篩選，根據以下幾個標準進行評估：

- 符合該職位的基本條件。比方說，如果某個職缺需要候選人擁有 5 年以上行業經驗（包括後端領域）的專家級角色，那麼缺乏這些經驗的候選人將不會進入下一階段。
- 具備相關軟實力。這一點將在與招募人員或用人經理的初次對話中得到確認。
- 對參與面試流程表現出積極性。某位候選人從履歷上看來相當出色，但他／她對面試流程有足夠的參與意願嗎？有些候選人純粹出於好奇心而應徵，而有些人並不願意積極參與面試。在這種情況下，讓這些不適合的人選進到面試下一階段將會是浪費時間。

初篩通常由負責填補職缺的技術獵頭、用人經理或招募專員負責。

「招募專員」（Inbound sourcer）是一個專門延攬人才的人資角色，常見於大公司。由於每個職缺都可能收到成千上百份應徵信，而每一份申請都需要人工審查，因此這些公司設有專門負責審查職位申請的職位。招募專員主要負責處理那些主動申請職位的候選人之履歷。他們的工作是篩選、評估並將合適的候選人推薦給經理或面試官。

招募專員角色通常不太受歡迎，因為這項工作本身很少帶來刺激感。但這些人能夠非常高效地審查履歷和評估候選人。當我在 Uber 擔任用人經理時，我曾與一些招募專員合作，他們每天都會瀏覽無數份履歷。

初篩分為兩個階段：履歷篩選，以及與經理的初次通話。

履歷篩選： 此階段對應徵者的履歷進行審查，評估應徵者是否符合該職位角色的基本條件。光是如何打造一份亮眼的軟體工程師履歷，就有說不完的內容。我的另一本書《The Tech Resume Inside Out》針對履歷撰寫提供許多詳盡建議。

這裡分享一些寫出吸睛履歷的要訣：

- 記住，你的目標是打動篩選人員，讓他／她覺得與你進行初次通話是值得的。這裡的目標不是詳細描述你的職涯軌跡。
- 從你想申請的職位為出發點，講述你希望招募人員或經理聽到的故事。連結相關經驗，呈現你做的這些事與申請職位的相關性。
- 客製化修改履歷。不要用同一份履歷申請所有職位，你可以準備好一份「主版本」，在遞出每一份申請前進行細部調整。
- 使用方便閱讀的排版。越容易被快速閱讀的履歷格式，更能讓招募人員或經理留下印象。避免使用花哨的格式和雙欄式排版。請參考〈The Pragmatic Engineer's Resume Template〉[1] 的免費範本。
- 強調成果、影響和數字。盡可能具體展現你的成就，用數字定義你的影響力。
- 一份有力的推薦信通常比亮眼的履歷更有幫助。請從你的人脈中尋找推薦人。

更多其他建議，請參考《The Tech Resume Inside Out》[2]。

與招募人員或經理的**初次通話**：通過履歷篩選後，下一關是電話訪談。這次通話的目的是蒐集更多關於應徵者的資訊，讓招募人員了解他們的情況、尋找什麼職位，並為他們提供更多關於某職位的背景資訊。有時，這會變成一個「推銷」通話，由招募人員告訴應徵者為什麼某個職缺是個吸引人的機會。

如果是與招募人員進行的通話，他們通常會蒐集一些「軟」信號，比如職位候選人的溝通能力是否清晰、有條理，以及他們對該職位有多大興趣。

如果這次通話是與經理進行訪談，他們通常會更進一步，蒐集更多信號並進行更「嚴格」的篩選。我認識的一些用人經理會深挖候選人做過的

---

[1] https://blog.pragmaticengineer.com/the-pragmatic-engineers-resume-template
[2] https://thetechresume.com

專案並提出情境式問題（行為式問題）。他們的目標是推一把他們願意聘用的人選，假設他們能在技術面試中表現良好。

技術篩選

當候選人通過初篩，表示公司確信他們對某職位感興趣，並且從紙面上看具備相關資格條件。下一關是進行技術篩選，驗證候選人的履歷中聲稱的技術專業能力。

這個階段的目標是確保候選人：

- 具備該職位要求的技術能力。他們是否跟上了最新的核心技術概念？是否具備足夠的實戰技術經驗？
- 具有足夠的程式設計實作能力。不經實際驗證，其實很難判斷一位候選人的程式設計能力的熟練程度。技術篩選這一關很少沒有納入程式設計任務，藉以評估相關實力。
- 值得邀請進行最終面試。對於所有參與者來說，面試是一項需要花時間的事情。只有在這一輪篩選中表現出色的候選人才值得進入最終關卡。

技術篩選幾乎總是由軟體工程師負責面試，偶爾也由工程經理進行。這一輪篩選的幾種主流方式包括：

- **同步程式設計測驗：** 在現場或視訊會議與面試官（一名軟體工程師）互動，當場寫程式碼來解決問題。
- **「回家作業」：** 這是一項非同步的程式設計習作，候選人可以按照自己的節奏完成。這類考題可能有時間限制——例如必須在 90 分鐘內完成。有些作業規定不那麼嚴格，會提供該份作業預計要花多少時間的指示，讓職位申請者自行決定花多久時間完成。
- **考驗技術能力的其他格式：** 一些公司偏好同步面試，在面試中讓候選人討論技術概念，但不進行程式設計實作。有些公司要求候選人完成技術測驗，有些則與候選人進行偵錯（debugging）。技術篩選輪沒有既定規則，許多公司會在這一輪採用有創意的方式。

如何為技術篩選做準備：

- **蒐集資訊，了解你應該預期什麼**。最簡單的方式是問聯絡你的 HR，了解技術面試的具體流程，以及他們能提供的任何準備建議。一旦通過了初篩，招募人員會站在你這一邊，希望你表現出色。有些雇主會分享技術篩選的準備資料，避免候選人不知所措。
- **了解技術測驗的評估重點**。什麼事情更重要？是功能性、程式碼品質還是測試？程式語言的選擇重要嗎？在開始技術測驗前，先獲得這些問題的答案。同樣地，招募人員是你最好的資訊來源。
- **在同步練習情境，多向面試官提問**。在現場進行的技術面試中，候選人被預期向面試官提出問題，釐清情境需求並獲得更多相關資訊，特別是在資深及以上職位的面試。與面試官分享你的思考過程並偶爾尋求回饋，這麼做是加分的行為。
- **在非同步習作中，設定完成的期望**。一些非同步程式設計任務需要你投入大量時間，你必須為此做好計劃。向招募人員溝通你的情況，並確認他們能否配合你的時間安排。
- **在投入時間前了解是否提供詳細回饋**。一些回家作業需要你投入數十小時才能完成。花了大量時間卻只收到婉拒通知，沒有得到任何回饋，這無疑非常讓人沮喪。所以在你正式開始之前，先問問招募人員如果最終被拒絕是否會提供書面回饋。當然，這不能保證你每次都能得到回饋，但提前詢問可以增加收到回饋意見的可能性。

現場面試

面試的最後一輪通常是現場面試，這一說法指在雇主的辦公室進行最後一系列面試的常見做法。這些面試通常分為以下幾類：

程式設計面試：驗證候選人的程式設計和偵錯能力。可能會考演算法，或要求候選人解決一個實際的程式設計挑戰。

關於如何為這些面試做準備，坊間有很多資源。我推薦的幾本書包括：

- 《提升程式設計師的面試力》，作者：Gayle Laakmann McDowell，譯者：張靜雯，碁峰資訊出版

- 《De-Coding the Technical Interview Process（暫譯：解碼技術面試過程）》，作者：Emma Bostian

系統設計面試：也被稱為「架構面試」。這個面試旨在了解工程師根據業務需求從零開始設計系統的能力，以及他們如何處理系統可擴展性問題。

關於如何為這類面試做準備的參考書籍：

1. 《內行人才知道的系統設計面試指南》，作者：Alex Xu，譯者：藍子軒，碁峰資訊出版
2. 《內行人才知道的系統設計面試指南 第二輯》，作者：Alex Xu, Sahn Lam，譯者：藍子軒，碁峰資訊出版

領域深度探討：此面試評估候選人是否具備勝任該職位角色的關鍵技術能力。例如，以後端工程師角色來說，面試內容可能是深度考察候選人對於分散式系統和 Go 程式語言的掌握程度。如果是 iOS 工程師，面試重點則可能著重於 Swift 語言和更進階的行動應用程式開發。需要注意的是，面試官在程式設計面試和系統設計面試中也會傾向探討技術領域概念。

用人經理面試：也稱為行為面試。這種面試幾乎總是由工程經理進行，目的是為了評估候選人是否適合團隊。此面試傾向深入考察：

- 工作動機
- 處理衝突的能力
- 如何應對困難情況
- 候選人是否展示或「體現」了公司的價值觀？

經理面試因公司而異，甚至同一家公司的不同經理之間也會有差異。關於如何準備經理面試和面試過程的建議，我製作了一則影片《Confession of a Big Tech Hiring Manager（大科技公司經理的自白）》[3]。

---

[3] https://pragmaticurl.com/confessions

抬桿者面試（Bar Raiser）是亞馬遜和像 Uber 這樣的一些大型科技公司特有的一輪面試。由一位任職已久、在公司頗有聲譽的工程師或經理評估候選人是否能「提升標準」（raise the bar）。這類面試通常揉和了技術、系統設計、行為和文化面試。

其他面試類型：規模較小的公司經常會安排一個環節，讓候選人見到未來的團隊成員並回答他們的問題。在一些地方，工程師會見到潛在的產品經理（PM）或其他業務利益相關者，這些人也會是這場面試的參與者。所有這些面試都很難提前準備。充足休息，保持冷靜，並把它當作學習新事物的一次練習，是我知道最有效的準備方法。

專家及以上職位的面試

對於專家及以上職位，面試流程往往更加「量身定制」。通常，用人經理會建立自訂的面試流程。在一些公司，Staff+ 職等的工程師通常需要通過其他工程師也必須通過的程式設計和系統設計面試，而程式設計面試的結果認定可能會較為寬鬆。有些公司甚至從流程中取消初階程式設計面試。

Staff+ 職等的面試往往包含幾個額外回合，例如：

- 領域深度探討面試。在招募支付、行動或分散式系統等專業領域的職缺時，幾乎總會安排一場驗證候選人專業知識深度的面試。
- 產品經理面試，此面試評估候選人與產品團隊合作的能力。
- 董事級面試，作為抬桿者面試或經理面試。
- 第二次系統設計面試，由專家或以上職等的工程師作為面試官。

4. 降等

在科技行業中，換工作經常有望帶來升職加薪的結果，但不總是兩者兼得。為了爭取更高薪的工作，可能會導致你被「降等」，例如從資深軟體工程師（Senior）變成二級軟體工程師（SWE 2），或從工程副總裁變成資深工程經理。這就是我從 Skyscanner 的首席工程師變成 Uber 的資深工程師時發生的事——儘管薪酬有所增加。

我稱這種現象為「資深度雲霄飛車」。

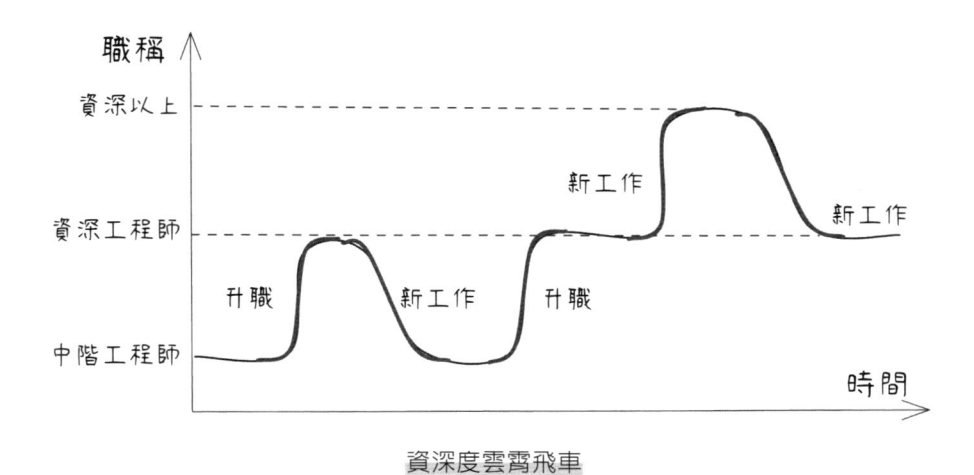

資深度雲霄飛車

職稱下降而薪資增加可能有幾個原因，例如：

- 移動到更高「等級」。一個常見的原因是跳槽到更高等級的公司會帶來更高的期望，同時也帶來更多的薪資。你可能會看到你的職稱被下調，但薪資數字增加了。
- 不同公司的職稱隱含不同的期望和薪資。例如，科技巨頭對資深工程師的要求比在小型開發代理商、非科技為主的公司或新創公司更高。
- 面試表現。候選人在面試中的表現對於定級有著直接影響，也是被降等的最常見原因。面試官在對候選人有疑慮的情況下，通常會提供比他們面試的職位低一級的職位。
- 換公司和技術堆疊，代價是更低職等的工作邀約。那些以特定技術經驗年數來評估候選人的非科技優先公司和開發代理商，可能會給一個「僅」有一年 Java 經驗的人提供更低的職稱，即便這位應徵者已經是有十年資歷的軟體工程師。出於這個原因的降等常見於以特定技術為面試重點的職缺。

特別是首次加入大型科技公司時，被降等尤為常見，因為這些公司通常設定高期望，入職訓練時間比在小公司要長，並且公司經常旨在聘請能夠在特定職等「提升標準」的人。

應對被降等的方式

如果你收到的工作邀請在職稱上「低於」你當前的職位，但薪水更好，你會怎麼做？

了解當升級至更高等級的公司時，降級是常見的現象。根據對每個職等工程師的期望高低，可以區分不同等級的公司。在頂尖公司，如 Google、Meta 和其他科技巨頭，工程師的每一次改動都可能影響數百萬使用者。這些公司的工程師被期望知道並遵循更多的流程和最佳實踐，這一點在技術領導力較弱或工程影響力較小的公司中則不那麼明顯。

這一點並不令人意外，一個在代理商工作、開發僅有數千名使用者的小眾應用程式的資深工程師，與一個開發擁有數億使用者的應用程式的資深工程師，他們被賦予的期望和工作難度截然不同。

了解「較低」職稱的含義。詢問這個職等及下一職等的定義，幫助你評估自己是否缺乏必需技能或經驗。如果是，這可能是獲得這些技能的機會。所有擁有強大工程文化的公司都會有明確定義的能力範圍和清晰的職等期望。

如果你不同意被降等，向經理反應。表達你的觀點，展示你的過去經驗，並詢問招募委員會是否可以考慮讓你升到下一個職等。只要你以尊重對方的方式表達己見，你沒有什麼可失去的，一切都有可能爭取。

當我擔任用人經理時，曾有幾位候選人對降等決定表達反對意見。每一次都讓我更仔細審查了面試評估結論和對該職等的期望。有時候，我們會收回原先決定，改為提供更高的職等。

如果你不同意被降等，可以考慮婉拒這個邀請。職稱對你的職業生涯具有重要意義，並象徵著你在組織內的地位。在獲得更多詳情後，如果你仍不同意這一結果，那麼可以考慮拒絕這份工作邀請。

面試總是帶有主觀成分，這可能會產生偽陰性結果。這種情況可能導致優秀的候選人未能獲得工作邀約，或者所提供的職級低於候選人的實際能力。

5. 升等

儘管降級更常見，但相反的情況也可能發生。你可能會得到一個比你預期更高、或是認為自己已準備好勝任的下一職等。

當我在微軟工作時，我是一名 L62 軟體工程師，比 L63 資深軟體工程師低一個職等。然而，我從 Skyscanner 收到了一個首席工程師職等的工作邀請（比資深工程師還高一等）。究竟發生了什麼？

在我的例子中，我在微軟的職等可能並未真正反映我在職業生涯中的位置，我可能被（微軟）降等了。與此同時，我的經驗對 Skyscanner 來說是有需求的；我在面試中表現出色並且與經理建立了良好聯繫。我並沒有打算離開微軟，除非有一個非常誘人的工作邀請。因此，Skyscanner 給了我一份升等的工作邀請，才讓一切拍板定案。

想獲得升等的工作邀請，需要達成幾個天時地利人和的條件：

- 在面試中表現出色。說服招募小組你是一個傑出的候選人。
- 擁有獲得更高職等的槓桿。如果你得到另一份更高職等的工作邀請，或者你願意拒絕一個沒有幫你升等的工作邀請，那麼你就有了槓桿。
- 在公司內部有人為你「爭取」。成功爭取升等通常要歸功於面試小組中的一個或多個人（或者是推薦你的人）說服用人經理或招募委員會。

小提醒，一旦你獲得更高職等，要意識到從入職第一天起，期望值就會提高。確保你自己釐清這些期望的要求，努力在你的新角色中達成這些期望。

6. 入職新工作

你接受了一份新工作，恭喜你！你值得花點時間來慶祝成就。但不要太過放鬆，要成功地融入你的新公司，迅速推進工作。

在新公司最初幾個月的表現，所形成的印象往往會持續許多年。這表示，如果你的入職進度良好且你的貢獻超出了基本期望，你很容易被視為一個優秀人才。相反，如果你適應公司的速度被認為進展緩慢或有些困難，你可能會被認為效率不高；這樣的印象可能需要你花費比入職時間更長的時間才能消除。

作為一位新加入者，你可以（也應該！）超前部署，主動承擔你的入職責任，而不只是希望被迎接進一個完美的入職流程。這麼做表示你將更快地融入，並顯得像一個能迅速開始工作的人。這樣的印象應該會使你在職場生活更加輕鬆，並持續到未來很長一段時間。

以下是在第一天之前就主動適應的方法：

在所有公司和所有職等

有效方法包括：

- 如果在簽署工作合約後有較長的通知期，可以考慮在你開始工作前主動聯絡未來的經理。詢問關於如何做好準備，迅速開始工作的建議。
- 閱讀麥克瓦金斯（Michael D. Watkins）的《從新主管到頂尖主管：哈佛商學院教授教你90天掌握精純策略、達成關鍵目標（The First 90 Days）》。這本書分享了一些在新地方開始工作時如何創造良好形象的最佳建議。
- 從一開始就紀錄工作日誌。這將幫助你在入職期間進行反思，並為與經理的一對一會議、績效評估和升職提供完善的參考資料。
- 寫下每週日記。記下你在最初幾個月中學到的三件事，以及三件你不理解的事。
- 與經理溝通，確定你在第1個月、接下來3個月和前6個月的目標。

在小公司的入職

在新創公司和小型組織中，可以做以下一些實用活動：

- 在加入前，溝通並釐清你將要做的工作。
- 及早與最資深的人建立聯繫。他們通常在職時間較長。

- 不要預設事情的運作方式；要主動發問。從一家大公司來到新環境時，這一點尤其重要。如果你提議一些對新公司來說沒有多大意義的意見，可能會顯得你很無知。
- 努力在第 1 週內交付某些成果。在小公司，你更加責無旁貸。

在大公司的入職

大型組織更為複雜，因此從第一天起就要適應並掌控這種複雜性：

- 即使沒被指派，也要找到一位「入職夥伴」（onboarding buddy）。在理想情況下，這應該是你團隊中的某位同事，你可以向他們提問，他們也願意在被打斷的情況下幫助你快速熟悉事物。
- 用一份「速查表」（cheat sheet），將所有新事物記錄下來。這可能包括各式縮寫及其含義、構建指令、關鍵資源的超連結等等。這份文件將加速你的學習過程，也可以看作入職文件的補充資料。
- 熟悉公司的技術堆疊。學習你將要使用的新語言或框架。
- 接受許多事情一開始可能看來沒有道理，特別是如果你來自一家較小的公司。別擔心，這是正常的！

資深或以上職位的入職

身為一名經驗豐富的工程師，請為你的入職增加結構性：

- 與一位資深或以上職等的同事建立聯繫。了解他們如何組織和衡量工作。
- 優先在團隊的程式碼庫上提高生產力，親自動手（寫程式碼）。
- 與你的經理溝通，確定 3 個月、6 個月和 12 個月的期望目標。
- 了解當前和未來的專案以及團隊的優先事項。團隊正在做什麼，為什麼這些工作很重要，這些工作如何與公司策略和優先要務相契合？
- 尋找並瀏覽與你的團隊和領域相關的事故報告文件，以便了解問題領域，並在問題重新出現時不至於束手無策。
- 寫下值得了解的工程團隊清單。當你聽到有人提到某個新團隊時，將團隊名字加到此這份清單中。然後，向該團隊的一名成員介紹自己，

了解他們的工作內容，以及你的團隊與他們的團隊如何產生關聯。身為一位新人，主動聯繫非常容易，因為你有向人介紹自己的藉口——因為你是新人！你可以透過這種方式了解其他團隊，認識並建立將來可能有用的聯繫對象。

專家或以上職位的入職

Staff+ 職等的角色在不同公司間有所不同。弄清楚公司／團隊對你的期望是什麼，然後建立你的人脈網路，這樣你就可以解決棘手的問題並實現這一層次所期望的重大成果：

- 提早與你的團隊見面，給人留下友好的印象。
- 也要提早與同級的 Staff+ 工程師見面。你將在很大程度上仰賴他們了解事情的運作方式，特別是在大公司。嘗試結交一些新朋友。
- Staff+ 角色因公司而異，所以要弄清楚你的角色中哪些事情什麼被期望的，哪些不是。
- 與你的經理以及在理想情況下與你的跳級經理（經理的經理）討論 3 個月、6 個月和 12 個月的期望目標。團隊的主要優先事項和需要解決的最大痛點是什麼？
- 花時間與產品人員交流，了解他們目前的關注點和計劃。

重點整理

科技產業變化迅速，大多數開發者傾向於每隔幾年就換一次工作。同時，我們大多數在科技領域工作的人可以期望自己的職業生涯持續數十年。在〈A forty-year career（職業生涯四十年）〉[4] 一文中，首席技術長兼作家威爾拉森（Will Larson）思及科技領域之外的典型職業生涯：

> 我的父親幾年前退休了，他在北卡羅來納大學艾塞維亞分校擔任教授，這份工作幾乎貫穿了他成年後的大部分生活。自從那時起，我花了比預期更多時間在思考他退休之前的職業生涯。特別是當我發

---

[4] https://lethain.com/forty-year-career

現，自己的職業生涯是可以在四十年的時間跨度上有意識地發展的觀念。不是四次首次公開募股，不是十四次兩年的任期，而是四十年。

我竟然忽略了「職業生涯四十年」這一視角實在奇怪，畢竟在很長一段時間裡，這是我唯一知道的模式。（中略……）如果你有幸開始一份長期職業生涯，盡你所能避免絆倒，並搭乘這條「職業生涯輸送帶」邁向成功、擁有自己的房子，最終退休。

請記住，開發者的職業生涯通常持續相似的時間長度，為你考慮接受的工作機會制定規劃很有幫助，無論是不同類型的公司，還是如何應對績效評估、升職或轉換工作。本章簡要地涵蓋了上述職涯發展的所有面向及規劃方法。

但如果你從本章中只能學到一件事，那它應該是：

沒有人能像你自己那樣關心你的職業生涯。無論是你的經理還是你的同事都不會。

因此，了解你有多想拓展自己的職涯，並為之付出相應的努力。

關於本節內容的延伸閱讀，歡迎參考第一部的網路版補充章節：

Working at a Startup vs. in Big Tech

pragmaticurl.com/bonus-1

PART II 稱職的軟體開發者

體開發是一門需要深耕多年才能嫻熟精通的技藝。每個工程領導者以及科技公司的領導層都深刻了解這一點。優秀公司對於初級軟體開發者和資深開發者以下的職級設定了合理的期望。

軟體開發者的職稱通常各不相同。最常見的有：

- 軟體工程師（Software Engineer，SWE）、SWE 2：大部分科技巨頭和許多新創公司／成長階段公司
- 開發者（Developer），軟體開發者（Software Developer，SDE）、SDE 2：傳統公司，某些新創和成長階段公司
- 技術人員（Member of Technical Staff，MTS）。一些在 1970 年代至 1990 年代成立的公司從大名鼎鼎的貝爾實驗室（Bell Labs）借用了這個稱謂，貝爾實驗室將其賦予資深員工。今天使用這個稱謂的公司包括 Oracle 和 OpenAI。OpenAI 將「MTS」這個稱謂應用於所有員工，類似於其他公司使用的「軟體開發者」或「軟體工程師」。

幾乎所有公司都期望軟體開發者能夠晉升到資深職級。在本節中，我們將介紹大多數科技公司對稱職軟體開發者的常見期望。

以下是大多數科技公司對初階和中級開發者的常見期望。請記住，每家公司都不同，沒有兩家公司擁有完全相同的期望。

領域	常見期望
範圍	細部任務或小型專案
指導	在一些指導下工作
完成任務	在卡關時尋求幫助
採取主動	非硬性要求，若有是加分項
軟體開發	遵循團隊實踐
軟體架構	遵循團隊實踐，並在設計上尋求回饋
工程最佳實踐	遵循現有的最佳實踐
協作	與團隊內的其他開發者合作
導師	尋求指導
學習	渴望學習
普遍的產業工作經驗	0-5 年

▲ 初級軟體開發者的常見期望

CHAPTER

7 完成任務

作為工程經理,我總能知道團隊中哪幾位工程師「能把事情搞定」且能可靠地完成任務。這些同事善於拆分工作,能做出符合實際的估算,有能力自主解決問題,並交付高品質的工作。當重要專案出現時,我會確保至少有一位這樣的工程師被放到專案團隊中。

建立一個能夠完成任務的聲譽在多方面都很有幫助。

你會被指派更有影響力和挑戰性的專案,這將加速你的學習。你幾乎總是能獲得更多自主權,因為你的主管會視你為可靠且不需要「手把手指導」的人。而且,有了強大的影響力和成果紀錄,你的職涯可能會發展得更快,這對績效評估和升職都有好處。

然而,要妥當完成並交付工程任務和專案絕非易事。本章將探討幾種成為可靠開發者的方法:

1. 專注於最重要的工作
2. 為自己移除障礙
3. 拆分工作
4. 估算工作持續時間
5. 尋求導師
6. 保持你的「善意餘額」充足
7. 採取主動

1. 專注於最重要的工作

無論你在新創公司或大企業工作,都會有許多事情需要處理。待完成的任務、要參與的專案、要處理的程式碼審查、要回覆的電子郵件、要參

加的會議……這一長串工作清單很容易讓人不堪負荷，就算加班進行也令人感覺進度緩慢。

因此，簡化你的工作生活很有必要。問問自己，什麼是最重要的工作？在你的待辦事項中，最重要的那一項是什麼？如果本週你只能完成一件事，那會是什麼？回答這個問題。

你的答案就是你本週的首要任務。在你確認這項工作是什麼後，請確保你能在約定時間內使命必達。

養成完成首要任務的習慣

確保待辦事項中最重要的專案務必如期完成，即便這表示你必須拒絕其他任務、跳過會議並推遲其他工作。如果你能一貫地在時間內交付最重要的工作，經理和團隊就會認可你是一位可靠的開發者，能把事情搞定。

反之，如果你完成了所有任務，唯獨最重要的任務沒完成，那麼你極有可能被認為不夠可靠。畢竟，你都能擠出時間完成次要的事務，卻未能完成最重要的工作。

學會說「不」

有時說「不」是必要的。在許多公司，軟體開發者經常會被拉去處理不同的事務，有時甚至要同時處理。如果你很幸運，你的經理會保護團隊，統整各種業務請求，確保開發者不會被直接要求去完成其他工作。

即便如此，隨著時間推移，任務會逐漸堆積起來，比如排查客戶問題、產品經理剛發現的錯誤修復、幫生病的面試官代班等等。通常，在這些任務之間取得平衡應該不是難事，直到你的工作量大到無法完成最重要的工作。

因此，最終你必須拒絕一些新請求。經驗越豐富，越容易做到這一點。越早學會說「不」，這項技能就越有幫助──而且這確實是一種技能。

拒絕請求最簡單的方法是回答「我很願意幫忙，**但……**」比方說，如果產品人員要求你立即檢查一項錯誤，但你有更緊急的工作，你可以這樣回答：

「好的，我可以幫忙，**但我正在實作 Zeno 功能，這是我的首要任務**。我可以在完成我的合併請求後再看看這個問題，或者我會推遲 Zeno 功能的完成時間，因為我無法同時完成這兩項工作。」

同樣地，如果另一個團隊邀請你參加一個你沒空參加的計劃會議，你可以這樣回覆：

「好的，我很願意參加，**但我現在工作繁忙，無法抽身**。您可以在會後把會議記錄傳給我，讓我了解情況嗎？非常感謝！」

你不需要拒絕所有請求，但當壓力來臨，而你面臨無法完成首要任務的風險時，一定要學會說「不」。更好的是，可以回答：「好的，我很樂意幫忙，**但……**」

2. 為自己移除障礙

打造軟體是一件複雜的事情，經常會遇到意料之外的障礙，例如錯誤訊息讓人摸不著頭緒，尋遍網路也找不到解答，或者是一項整合或 API 無法正常運作。你遇見成千上萬的問題，得先解決它們，才能繼續推進工作。

公司規模越大，阻礙你順利推動工作的問題就越不會是單純的技術問題。例如，你可能會因為不知道哪個團隊擁有你需要修改的功能，或沒有權限修改配置而被卡住。也許你在等待另一個團隊的程式碼審查，或者任何需要同事提交的內容都可能成為阻礙。

可靠的軟體工程師能比同事更快地解決這些阻礙。他們是怎麼做到的？當有如此多的阻礙時，要如何變得更擅長解決問題？

知道自己被卡住了

解決阻礙的第一步是意識到自己被卡住了。你是否曾經有過這樣的想法：「就快完成了——馬上就要搞定了！」然而，六個小時後，你仍然卡在同一個問題上？這表示你沒有意識到自己撞到阻礙了。

高效的工程師會及時發現自己在原地踏步，並承認自己被卡住了。實際上，這件事說得比做容易。你可能正在埋頭工作，嘗試新方法，研究工具、系統或框架，但在實際構建功能或找出錯誤的根本原因方面沒有任何實質性進展。

一個簡單的判斷標準是，如果你在 30 分鐘內都沒有取得有意義的進展（或者最多一個小時內）——那麼你就應該承認自己卡住了。

嘗試不同的排除法

當你被卡住時，可以採取哪些措施？最明顯的方法是尋求他人的幫助，詢問可以嘗試的解決方法。但如果沒有可以求助的人呢？這裡提供一些在遇到程式碼相關問題時可以嘗試的方法：

- **使用小黃鴨偵錯法**：將你的問題和已經嘗試過的方法對著「小黃鴨」講解一遍，這個小黃鴨可以是任何物品，甚至是你自己。將問題說出口，有時能激發解決問題的思路。
- **在紙上寫出來**：將問題寫在紙上，將它視覺化，有時能激發新的思路。
- **閱讀技術文件和參考資料**：你可能是在以非預期的方式使用某個語言的功能、框架或函式庫，或者忽略了可以解決問題的現成功能。查看相關文件和程式碼範例，尋找可能的線索。
- **線上搜尋相似問題**：用不同的方式描述你的問題，因為其他人可能用不同的術語描述了同樣的問題。
- **在程式問答網站上發問**：如果公司有內部的問答網站，不妨到上面發問。同時，可以查看像 Stack Overflow 這樣的網站或相關論壇。解釋你的問題也可能幫助你想到其他解決方法！

- **使用 AI 工具**：輸入你的問題和已經嘗試過的修復方法，看看 AI 工具會建議哪些方法，也許你會獲得有用的提示。
- **休息一下**：散步或轉換到其他不相關的任務上。當你再次回到同個問題時，也許能以全新眼光看待，或注意到之前錯過的細節。
- **從頭開始或撤銷所有變更**：如果你在處理壞掉的程式碼時遇到困難，可以回到最後一次程式碼正常運作的時候，並重新開始逐一進行小變更。這可能意味著撤銷大量的工作，但作為回報，你會更仔細地注意過程，並且可能會發現問題的根源。

獲得支持

有些阻礙是因為缺乏知識，沒有見過類似問題，而其他阻礙則是因為無法接觸到合適的人。不論是哪種情況，聯絡其他可能幫助你的開發人員是明智的做法；他們可能會分享你沒有的知識，或是幫你聯繫上可以提供幫助的同事。

解決阻礙的最簡單方法是告訴你的團隊：「嘿，我在這個問題卡住了。有人可以幫忙，或許和我一起解決嗎？」

有時候，你會因為等待某人而被卡住。有一種特殊的阻礙是你知道需要做什麼，但因為某些原因無法完成。例如，你可能想將程式碼推送到生產環境，但首先需要有人審核程式碼並放行。或者你需要依賴某個團隊修改他們的 API，但負責該 API 端點的團隊還沒有回覆你的郵件或工單。於是，你只能等待，什麼也做不了，這令人沮喪。

組織越龐大，你被其他人卡住的情況就越常見。如果你與不同時區的團隊合作，必須花時間等待聊天訊息和電子郵件的回覆、程式碼審核和設計文件的回饋，都屬於這種情況。

學會在不惹麻煩的情況下上報問題

在遇到阻礙的環境中，懂得如何上報問題很重要。你的同事可能會忽略你的訊息，這並非因為他們不願意幫忙，而是因為他們可能認為回覆你的訊息的優先次序低於他們的其他任務。

在這種情況下，上報問題是什麼意思？這意味著請求你的經理或更高層級的主管，用他們的職位權威來傳達你的訊息。這也可能涉及到聯絡其他有權威的人，例如不回應你請求的人的經理。

上報問題可以加快進度，但如果使用不當，也可能會損害人際關係。想像一下，你的經理對你說：「我聽說你一直在忽略行銷工程團隊的 Jim，他已經傳訊息向總監反映，說你阻擋了新活動的進度。」

你可能完全不知道這是怎麼回事，因為你一整天都在寫程式。然後你檢查發現，確實 Jim 在四小時前傳了一條你沒看到的聊天消息。讓我們退一步，考慮一下 Jim 對你沉默不回覆的反應。該如何形容 Jim 聯絡主管的行為：究竟這是必要的，還是反應過度？對大多數人來說，這肯定會感覺像是反應過度，即使從 Jim 的角度來看，儘管他確實提到他會上報問題──但他並沒有確認傳給你的這條訊息是否被讀了。

在上報問題時，目標是不損害人際關係。 長遠來看，維持良好人際關係比迅速完成任務更重要。如果一個工程師喜歡和你一起工作，那麼他在未來更有可能幫助你，因為他不會覺得你咄咄逼人，或者讓他在經理面前難堪。

在考慮是否要上報問題到團隊之外時，首先與你的經理和隊友討論。在你的公司，人們通常怎麼做？是直接找經理設定任務的優先順序，還是工程師有更多自主權，也知道何時需要請示經理？

我上報問題的方法是這樣的：

1. **解釋：** 首先，我會解釋為什麼需要幫助，提供情境脈絡讓他們理解這件事的重要性。例如：「Joe，我真的需要你儘快查看這個程式碼審核，因為這是阻礙 Zeno 專案最後一部分工作的原因。這個專案的截止日期是下週，如果程式碼明天不能合併，我們將錯過截止日期。」

2. **詢問：** 如果仍然沒有動靜，詢問原因。「Joe，你能不能告訴我你現在程式碼審核的進展？我知道你有很多事情要處理，但可以請你告訴我大概什麼時候能開始審核嗎？因為這是阻礙 Zeno 專案的原因，而這對我來說這很重要。」

3. **警告**：如果仍然沒有動靜，我會提出可能上報問題：「Joe，我還是沒有收到回覆。我們需要推進 Zeno 專案。如果你今天之內無法完成程式碼審核，我會請你的經理直接合併程式碼，不再等待你們團隊的審核。」
4. **上報**：如果還是沒有進展，我會上報問題，讓我的經理、對方的經理或兩者都介入。

你所在的公司，人們的習慣可能是找經理來澄清任務的優先次序，而且工程師也不介意。在其他地方，這麼做可能被視為咄咄逼人，讓同事很難堪。

你的目標是，讓上報問題成為雙贏的結果。當你不得不上報問題時，試著展現友善，讓對方不覺得你在把他們「推入火坑」。

當對方完成你請求的事情時，一定要感謝他們，並讓相關人員知道他們的幫助。你可以簡單地傳訊息中向對方說聲「謝謝」、傳一封電子郵件，或者傳訊息給經理，描述 Joe 如何加班幫你解決問題。你的目標是在幫自己排除障礙的同時，保持與團隊以外同事的良好關係。

「救命！我被卡住了！」小抄

以下是一些常見的情況，表示你被卡住了，以及一些處理它們的方法。

計劃階段

- **缺乏足夠的清晰資訊**（「資訊缺失」阻礙）：釐清自己缺少了哪些資訊，並向能幫助你的同事提出問題。
- **不知道該向誰諮詢某個領域的資訊**（「資訊缺失」阻礙）：請求你的主管或經理幫助，確認諮詢人選，然後列出一份聯絡人清單。可以考慮與你的團隊分享這些資訊。

構建階段

- **新的語言或框架**（「資訊缺失」阻礙）：你需要學習它，這是一個提升技能的絕佳機會。如果是語言或框架，向人請益推薦的學習資源。

如果是內部框架，找到文件、原始碼和建立它的同事。從足以解決你的問題的內容開始學習，然後再深入了解。

- **錯誤訊息無法理解，Google 搜尋無果**（「資訊缺失」阻礙）：在自行嘗試解決後，考慮與隊友組隊解決。如果錯誤訊息與內部組件相關，聯絡建立該組件的團隊。如果你被卡住了一段時間，向你的團隊請求幫助和新想法。

- **困惑於某個工具、框架或某些程式碼結構的工作原理**（「資訊缺失」阻礙）：嘗試透過繪圖、查看原始碼和進行研究來分解它。如果沒有進展，請求更有經驗的同事幫助並解釋你已經做了哪些嘗試。如果團隊中沒有人足夠有經驗，嘗試聯絡更遠處的人：聯絡你認識的人或詢問你的經理該找誰。

- **構建問題**（「資訊缺失」或「等待他人」阻礙）：如構建失敗、奇怪的程式錯誤或異常緩慢。如果你有勇氣，可以閱讀構建工具的相關資料並嘗試解決。更安全的做法是聯絡設置構建版本的人或團隊，請求排除該問題的建議。如果有專門的構建團隊，他們可能需要進行實際偵錯工作，因此你可以請求幫助並上報問題，或者自告奮勇進行調查與錯誤修復，並在必要時請求組隊。這不僅會擴展你的技能組合，幫助你的人也會欣賞你的主動性。

- **在任務中途出現的依賴項，必須等待另一個團隊 / 服務解決**（「等待他人」阻礙）：這可能是 API 不如預期工作，或組件或系統尚未就緒。你能做的不多，除了告訴對方他們是阻礙，上報問題並暫停這個工作流，或者嘗試做一個替代方案。最好讓你的經理介入，或至少告知他們你目前被卡住了。

- **存取權限**（「等待他人」或「資訊缺失」阻礙）：無法存取系統或資料以進行工作變更。這在大公司中很常見，你可能需要獲取許可權來存取日誌資料、配置或在某些系統上進行部署。你的經理是你最好的聯絡人，因為存取權限幾乎總是要透過他們取得。解釋問題並說明你為什麼需要存取權限。你也可以找更有經驗的同事，他們可能以前也遇到過同樣的問題，應該能告訴你誰負責授予存取權限。如果沒有回覆，上報問題給你的經理。

- **誤導性的文件**（「資訊缺失」阻礙）：當構建某些東西時，框架或系統的行為與文件敘述不符。聯絡擁有該文件的團隊，並提出修改建議。如果你可以修改文件並進行更改，在通知文件擁有者時請順便修改內容。如果你需要幫助才能進展，文件擁有者可以提供很好的指導。

- **中斷或系統故障**，妨礙你工作或驗證所構建的東西是否正常工作（「等待他人」阻礙）：將中斷標記，然後上報問題；你可能是第一個注意到它的人。一旦得到確認，就只能等待並處理其他事情。

測試階段

- **測試意外失敗**（「資訊缺失」阻礙）：這些問題很棘手，需要進行偵錯，了解發生了什麼以及原因。嘗試與隊友組隊調查，或在聊天室中詢問是否有人遇到過類似問題。

- **缺少測試資料**，例如重現測試案例的資料或類似於生產環境的資料（「資訊缺失」阻礙）：找出如何獲取這些資料；這可能是找到正確的日誌資料那麼簡單，也可能是請求存取生產資料，這可能意味著需要等待他人或上報問題。

- **測試太慢**（「等待機器」阻礙）：從長遠來看，這會成為一個問題，但通常不是一個緊迫的阻礙。不過，這是一個挺身而出改善測試速度的好機會，你可以對減速點進行效能分析。

審核階段

- **等待程式碼審核**（「等待他人」阻礙）：我們上面討論了這種情況。直接提醒審核者進行審核，如果在合理時間內沒有回覆，則上報問題。尋求隊友和經理的支持，瞭解如何處理這些情況。

- **合併衝突**：這些問題很耗時，而且無法避免。在解決衝突後，明智的作法是重新測試你的工作，並且還要測試先前的程式碼變更，確保一切正常。送出小的拉取請求（Pull Request，PR），減少合併衝突問題，並更快地進行迭代。

部署階段

- **權限／存取問題**（「等待他人」阻礙）：找到可以授予存取權限的同事，必要時上報問題。在大公司裡，幾乎總是有專門的團隊或批准過程。
- **部署太慢**（「等待機器」阻礙）：類似測試太慢的問題，這種情況不應該被忽視。如果有負責部署工具的團隊，聯絡他們看看是否能優先加速部署。如果你能調整部署設置，考慮親自動手加速部署時間。如果部署速度無法提高，可以加入健康檢查，以免需要手動驗證部署後系統是否正常工作。

作業系統和維護

- **無法重現的程式錯誤**（「等待他人」阻礙）：對於你無法重現的使用者錯誤報告，需要尋求更多資訊。這可能意味著在程式碼中新增額外的日誌資料，並請求使用者再次嘗試，或請求提供更多資訊。無論如何，你很可能需要等待回覆，且無法上報問題。
- **日誌資料不足以偵錯系統問題**（「資訊缺失」阻礙）：你可能無法排解客戶問題，或監控問題或預警。問題在於系統沒有足夠的偵錯資訊，因此，請新增更多日誌資料、監控或警報，並部署它們，然後再次嘗試偵錯生產問題。根據問題的複雜度，與隊友組隊調查可能是明智的選擇。
- **中斷**（「資訊缺失」或「等待他人」阻礙）：你的團隊擁有的系統出現故障，無論是由於中斷，還是由於你這邊的問題。提醒你的經理和團隊，如果可能的話適時介入，盡量減輕中斷的影響。在問題解決後，進行根本原因調查和事後分析。

3. 拆分工作

作為一名開發人員，隨著你更加進步，你會接手更複雜的工作。想要完成這些工作，了解如何拆分工作、估算時程並準時交付是非常重要的。

思考故事、任務、子任務

在拆解任務時，很容易陷入無盡的細節中。你可能會從一個專案開始，選擇其最大的部分，然後逐步細化，到定義某個小組件在程式碼層面如何運作。

為了避免在拆分任務時越陷越深，你需要採取一些策略。例如，你接到一個專案，為應用程式新增雙重身分驗證（2FA）：

1. 從高層次開始：主要的工作部分是什麼？如果這些部分很大，可以再細分成幾個小部分，將這些部分依大小稱為「史詩」（epics）、「故事」（stories）或「塊」（chunks）。「史詩」用來描述複雜且大型的功能需求單位，在這個情境下可能包括新增雙重身分驗證方法、使用雙重身分驗證登入，以及處理雙重身分驗證的邊角案例和錯誤。

2. 將「故事」或「塊」進一步拆解成單位更小、更直覺的「任務」。例如，在「新增雙重身分驗證方法」這個史詩中，一個任務可以是「建立新增雙重身分驗證碼的頁面」，另一個任務可能是「從應用程式的每個相關部分新增導向該頁面的連結」。

3. 如果需要，可以將複雜的「任務」拆解成更小的「子任務」。例如，「新增導向雙重身分驗證頁面的連結」可以再拆成三個子任務：

    a. 在使用者個人資料頁新增連結

    b. 在入門流程的最後一步新增連結

    c. 在 FAQ 文件中新增連結

當你越容易理解需要做什麼，就越容易估算需要多長時間完成。將工作拆解成小部分，然後挑戰自己，將它們變得更小！例如，你可以將「新增雙重身分驗證頁面」的任務拆解為：

- 建立框架
- 新增業務邏輯
- 調整 UI

或者可以將工作拆分為：

- 只適用於產品最重要使用者流程之簡單實作（「黃金路徑」）
- 將邊角案例區隔成獨立的任務

當任務對你來說足夠清晰時，就是停止拆解的好時機。

優先考慮能讓你更接近發布的工作

當工作被拆解成較小的任務時，如何確定優先順序？

一個好方法是專注於那些能讓你更接近功能完成的工作順序。你越早擁有可以端到端測試的東西，就能越早得到是否走在正確道路上的信號。一旦你有了一個可用的基本案例，決定下一個優先要務，以及確認你需要解決哪些任務來實現目標。

不要害怕新增、刪除和更改任務

有些開發人員傾向於按照任務定義工作，即便他們在中途意識到需要新的工作，或一些任務不再有意義時仍然照本宣科。

不要成為這樣的人！記住，你的目標是打造能解決客戶問題的軟體，而不僅僅是在任務標記上打勾。

任務只是統整組織工作的一種工具，不要忘記這一點。好好運用這個工具，但在必要時你可以無情地變更、新增任務，或刪除多餘的任務。如果你遇到新的工作或遇到阻礙和新的限制，你的原計劃可能需要適時修改。在這種情況下，重新檢視你的任務！

別忘了，任務或其他組織工作的方法，目的都是為了提高生產力。你應該把時間投資在寫出好程式，而不是浪費多餘時間「應付」任務。

4. 估算工作持續時間

「這需要多久時間？」是一個令許多軟體開發人員頭痛的問題，但無論如何，被問及這個問題在所難免。企業需要規劃，因此你被要求估算完成任務所需的時間。提高估算能力的唯一方法就是實踐。

有些開發人員認為精確估算是不可能的，他們主張採取無估算方法。然而，我認識的可靠工程師都是很好的估算者：他們能提供準確的估算，並且清楚地說明「未知數」和延誤的可能性。

估算是一種可以學習的技能，然而，估算難度因工作類型而異。

估算與之前工作類似的任務

這是最容易進行的估算類型。假設你需要新增一個新功能，這個功能非常類似於你之前完成的工作。這可能是為網站新增另一個頁面，或者為 API 新增另一個端點。你可以根據上次花費的時間以更貼合實際情況的方式估算新任務的時間。

估算你以前未做過的工作

這是更具挑戰性的情況，因為你沒有經驗可以作為參考基準。然而，根據工作類型，仍然有很多方法可以得出準確的時間估算。以下是七種常見的工作類型，以及如何準確地估算它們的時間。

#1：類似於同事完成的工作。通常隊友已經編寫過類似於你首次接觸任務的程式碼。你並不是從零開始！

完成類似工作的開發人員可以估算所需的時間。唯一的區別是你需要更多的時間來理解來龍去脈。如果你向他們諮詢，並拆法他們的工作方法，你就能得出貼近實際的估算。不過，因為你是第一次接觸，不妨將預估時間稍微增加一些。

#2：重構。你要改變程式碼結構但不新增新功能。如果你以前做過重構工作，即使這次重構類型是新的，也能以上次經驗作為參考線，來預估這次任務的用時。或者，問問隊友是否做過類似的重構工作，以及他們是否可以分享這些工作的難易程度。

你也可以簡單地為這項工作分配一個時間盒（timebox）。時間盒是指為任務分配一段固定的時間，只在這段時間內工作，不超過這個時間範圍。

#3：使用你熟悉的技術進行全新開發工作。在這種情況下，技術風險較小，你不太可能因語言或框架中的某個錯誤而卡住。最大的風險在於業務需求不夠明確。但如果任務內容足夠清晰，則你可以做出一個足夠準確的估算。

#4：使用熟悉的技術整合你不熟悉的系統。當你需要整合一個不熟悉的系統或基於該系統進行開發時，估算難度將會提高許多。這種情況好比與另一個團隊或第三方擁有的端點進行整合。

最大的風險是發現一堆關於系統如何運作的「未知數」。它可能與說明文件描述的不一致，可能出現你未考慮的極端情況，或者缺少文件，使得整合工作耗時費力。

在這種情況下，可以考慮先做原型，只有在你建立了簡單的概念驗證，測試其他系統或 API 後，才能較有信心地進行估算。如果無法進行原型製作，你可以給出一個假設系統完美無瑕的「理想的估算」。同時提供一個「最壞情況」的估算，假設系統出現奇怪行為並且需要應急方案。關於最壞情況的時間估算，理論上會是一個很高的數字。

如果你被催著要求提供估算，那就提供最壞情況的估算值。這可能會讓一些人挑眉，但這將幫助你為原型製作爭取時間，以便提供更準確的估算。

我的建議是，永遠先做一個原型，這能大大幫助你提供更準確的估算。

#5：使用你不太熟悉但已成熟的技術進行簡單開發。假設你正在使用一種穩定的技術進行專案開發，而你對這種技術的經驗不多。這種情況下，學習新技術（語言或框架）是最花心力的事情。

最實際的估算方法是請教一位使用過這項技術的工程師。他們可以給你提供一些起點建議，並幫助你估算需要多長時間才能掌握這項技術。對他們的估算要持保留態度，因為他們可能低估了掌握這項技術的難度。

如果可能的話，與熟悉這項技術的開發人員組隊一起開發程式，因為這將縮短程式的實作時間，加速你的學習過程。

如果不能與開發人員組隊，你可以用一個時間盒來估算掌握這項技術的時間。這個時間盒的長度應該足夠大，好讓你上完一些入門課程、練習設計程式，並發現你的前幾次迭代的程式碼是否需要比平時花更多時間偵錯。

#6：使用你不太熟悉的新技術進行簡單開發。新框架或語言比成熟技術存在更大的風險。學習資源較少，能回答問題的人也較少。此外，新語言或框架很可能存在錯誤。

除非你做一些原型製作，否則很難估算使用新技術需要多長時間。所以，最好的辦法是先做原型。用新技術建立一個概念驗證，直到你對使用它有了足夠信心後，再進行估算。

#7：構建複雜的系統，並與你不熟悉的系統整合，使用一種不熟悉的新技術。在這種情況下，有太多未知因素交錯在一起，因此很難進行合理的估算。你不知道的事情包括：

- 你要整合的系統
- 技術
- 未知數

想要準確估算，你需要減少未知數的數量。可以透過以下兩種方式：

1. 製作原型：你可以根據製作原型的經驗進行估算。
2. 進一步細分工作：將工作分成更小的部分，每個部分只包含一個未知數。例如：
   - 一個使用新技術的小任務
   - 以新技術構建一個功能
   - 與新系統整合
   - 完成其他部分的實作

將工作細分可能會讓你覺得過於繁瑣。然而，這種方法能夠有效地將眾多未知數區隔開來，分別處理。你的估算也許仍舊不完美，但每個估算將只受單一未知數的影響，而不是多個未知數。

5. 尋求導師

導師是經驗豐富的工程師，你可以向他們請教問題和疑慮。有些公司有正式的導師計劃，但在大多數地方，你需要自己尋找導師，這不會是一種「正式」的關係。

在想到「導師」關係時，不需要只考慮尋找一位導師，不妨考慮可以向多個人學習的「導師群」。找到一位專門的導師與你定期討論緊迫問題固然很好，但你也可以從臨時的導師關係中學到很多，包括許多網路上的專家。

試著在公司或組織內找到可以依靠的導師。同時，可以善用那些為你提供建議的工具，例如開發者論壇、問答網站以及 AI 程式助理。不過要記住，AI 工具的結果不見得百分百準確可靠，別忘了要親自驗證！

第 12 章〈協作與團隊合作〉會詳細討論導師關係。

技術導師部落

Nielet D'mello[1] 是 Datadog 的軟體安全工程師。她在〈The Tech Tribe of Mentors〉（技術導師部落）[2] 這篇文章中提出「導師部落」比單一人士更能有效幫助你的觀點。她寫道：

「儘管我們的導師可能涉獵廣泛，在許多領域有著豐富經驗，但一個人不可能樣樣精通。此外，每個人的經歷都是獨特而不同的。善加利用這一點是一種很好的學習和成長方式。因此，我相信技術導師部落的概念。

1. **專屬導師**

   我喜歡擁有一個與我有良好關係，而且能夠和對方分享我的高低潮的專屬導師。定期的互動設定了明確的目標，成為持續改進的巨大動力。想要找到一位專屬導師，這個人最好與你以前互動過，或者你欣賞他們的工作並且符合你的目標的人。

---

[1] https://dmellonielet.com

[2] https://dmellonielet.com/2020/10/20/tech-tribe-of-mentors.html

2. **臨時導師**

   偶爾與那些你可能不密切合作，但和他們的工作有所交集的人安排一對一會議，這麼做有其意義。

   例如，我會安排與一位架構師進行一對一會議，了解如何更好地設計一個新服務，透過分享我的一些想法並獲得回饋與建議。另一個例子是與一位高層領袖面談，了解他們的職涯並獲得我希望改進的領域的見解。這些是一種不固定、即興的一對一會議，如果激發出更多的想法可以討論，可能會延伸出後續的面談機會。

3. **網路導師**

   雖然聽起來可能有些奇怪，但我確實有網路導師。我指的是那些在部落格、書籍、Podcast 等媒介分享他們職涯和學習經歷的個人／領導者。

   隨著時間的推移，我發現了一些人的寫作風格和想法與我產生共鳴，並且他們提出的建議／想法對於我的情況下是可行的。當然，不是每一個建議／想法套用到你的情境都能產生意義。」

6. 保持你的「善意餘額」充足

有時你可能會覺得自己停滯不前，毫無進展。這可能有幾個原因：棘手的程式錯誤、一個你未曾使用過的框架或技術，或者是一個你難以弄明白的工具。不管是哪種情況，你會意識到你需要幫助。

在你向同事尋求幫助之前，請記住善意在你和他人之間的潛在影響。

每個人都有「善意餘額」

當你幫助他人時，你的善意餘額會增加。當你請求幫忙時，它可能會減少。而當你沒有正當理由打擾別人時，它肯定會減少。

你在團隊中越是初級，或者你是新來的菜鳥，你的善意餘額就越高。人們願意幫助你，事實上，在他們的預期中，就是要幫助你。但如果你不

花時間自己解決問題、問太多瑣碎的問題或經常打斷別人，那麼這個餘額很快就會耗盡。

避免過快地耗盡你的善意餘額。在尋求幫助之前，請先完成最常見的偵錯和資訊蒐集步驟。如果可以在網路上或在公司內部知識庫中找到解決方案，就先這麼做。當遇到框架或技術問題時，請先仔細閱讀相關說明文件。

對於你的團隊所擁有的程式碼，查看原始碼歷史和最近提交的程式碼。如果你在試著排除一個程式錯誤，請逐步查看程式碼，記錄變量值，留意假設條件，並進行結構化分析，找出問題出在哪裡。如果這些方法都無效，再去尋找可能幫助你的同事並向他們請教。

向同事尋求幫助時，請先做好準備。清楚地解釋問題，總結你已經嘗試過的方法，如果他們無法幫助你，告訴他們你的下一步計劃是什麼。如果他們很忙，尊重他們的時間，因為他們可能有其他優先事項。在這種情況下，請他們提供一個快速扼要的提示。

定期充值你的善意餘額

如何增加你的善意餘額？方法是去做那些能增加善意餘額的事情：

- 讓自己隨時可以幫助他人。和他們一起坐下來解決他們的問題。
- 分享你的專業知識，讓他人的工作更輕鬆。
- 當有人幫助你並解決了你的問題時，感謝他們——甚至可以在團隊會議上公開感謝。

在「經常卡住卻不尋求幫助」和「過度尋求幫助」之間有著一條微妙的分界線。當然，這一切都適用於你加入團隊後。在最初的入職期，你有大量的善意餘額。但適應工作之後，不要把這當作理所當然；請透過幫助他人來增加這個非常重要的餘額。

盡可能避免單打獨鬥

作為一名工程經理，我很少看到新手開發者或新加入的成員孤軍奮戰幾週或幾個月後會有好的結果。通常，他們的工作需要更長時間來完成，

而且他們告訴我，他們感到效率低下和孤獨。因此，我們在回顧會議中決定為他們分配一位「專案夥伴」。但是如果你的主管沒有這麼做，身為開發者的你可以怎麼做呢？

首先，解決單獨工作的問題。例如，請團隊中的一名工程師成為你某個專案的夥伴，每天快速檢查你的進度，審查你的工作規劃，並進行程式碼審查。

如果一名工程師禮貌地拒絕了，與你的經理或主管聊一聊，試著說服他們這麼做對團隊的生產力有好處。當然，更有經驗的開發者需要花點時間和你一起工作。然而，作為回報，你將更快地完成工作，並且成長更快。不久之後，你將能夠幫助團隊中的其他人。

此外，增加你在團隊中的善意餘額。其他人對你的好感越強，他們就越有可能在專案上成為你的夥伴。

7. 採取行動

一些我見過最有生產力的工程師經常主動承擔一些沒有被要求的大小工作，這就是所謂的「採取行動」（take the initiative）。

許多這些工程師會研究在專案中使用的新技術，無論是內部系統還是開源組件。他們與隊友交談，積極了解其他專案，並主動幫助完成小任務。他們通常是第一個自願參加任何機會的人，不論是調查新的程式錯誤回報，或是向大學生演講。

那些被認為可靠和高效的工程師總是願意更上一層樓，超越自身的職責範圍。在一個文化更為自主的環境中，這種特質尤為重要。

在快速成長的科技公司中，參與沒有直接分配給你的工作，表現積極主動的一面，可能會成為你職業生涯的決定性因素。例如，在 Uber，我見過一位初級工程師後來成為部署工作的第一把交椅，因為他主動調查並原型設計了一個新的微服務部署系統。而其他團隊成員太忙而無暇顧及這項工作，後來這個新服務大大提升了他們的工作效率。

採取行動的方法

以下是一些不會占用太多時間，就能主動承擔工作的方法，進而幫助你的團隊和你自己。

- **記錄不清楚的事情**。將這些記錄分享給團隊。記錄過程會加深你的理解，同時讓同事知道你在幫助團隊，未來也可能幫助到新加入的成員。

- **自願參與調查**。這包括試用新框架或技術，整合新服務或組件的原型設計等等。如果你經驗較少，可以請求與某人組隊。

- **調查團隊可能使用的有趣工具或框架**。將學習成果分享給團隊。在完成你的工作任務之間，調查公司內可用的工具和框架，或其他團隊使用的工具和框架。例如，可以嘗試新的前端框架、新的文件編寫工具、日誌記錄框架、新的構建版本或部署系統等。嘗試一下，並為團隊做演示，提供你的判斷與觀點。即便最後你得出的結論是「我們不應該使用這個」，團隊也會看到你超越了你的職位角色，展現願意學習的主動性。

- **與你的經理討論即將到來的專案**。在討論過程中，表達你對某些工作的興趣。詢問經理未來的計劃，你能夠更了解優先要務和工作前景。讓經理知道你的興趣所在，你更有可能參與你感興趣的專案，你也可能會提前了解需要調查的內容。

小提醒：在主動承擔許多新工作之前，確保自己先完成「預期」工作。新工作會幫助他人看到你是一個有生產力的人，但前提是你首先完成了最重要和分配給你的工作。如果你必須在做新工作和完成當前工作之間做出選擇，我建議你先完成必要的工作。

CHAPTER

8 寫程式

把程式寫好,是打造優秀軟體工程的核心。作為一名軟體開發人員,你可能會花費大約 50% 的工作時間在寫程式上——甚至可能更多!本章討論如何提升這項技能,相關主題包括:

1. 寫程式:勤加練習!
2. 可讀性高的程式碼
3. 寫出高品質的程式碼

1. 寫程式:勤加練習!

想成為稱職的軟體工程師,首先要成為一名優秀的程式設計師;這是本書討論的所有內容的核心基礎。當然,優秀的軟體工程師具備許多特質,但寫程式是你需要掌握的關鍵技能。為什麼?因為,高效而流暢地將你的想法和點子轉化為可用的程式碼,這是一項至關重要的能力。

為了達到這個目標,你需要經常寫程式,深入學習一門語言,並持續解決現實中的問題。

經常寫程式

發展你的寫程式實力,這個過程類似運動訓練。你可以閱讀所有關於如何寫好程式的參考資源,了解哪些技術能讓你更快、更強、更好。但唯有勤加練習,才能讓你有所進步。

書籍和線上資源可以增加你的知識。但到頭來,你必須透過實際編寫大量程式碼,才能應用這些知識。

每天寫程式是一個很好的習慣,因為從零開始學習,進步到「還可以」的程度,需要大量的時間和努力。因此,每天都要致力於處理有意義的任務和問題,並透過程式碼來解決它們。

在你作為開發人員的職涯初期，大多數科技公司對你的期望就是——每天寫程式。如果你因為某些原因沒有做到這一點，請想辦法讓自己每天都能寫點程式。可行方法包括在工作中承擔額外專案、轉到一個經常寫程式的團隊，甚至是發展一個能夠提高你程式設計實力的業餘專案。你需要每天勤勞寫程式，才能成長為稱職的軟體工程師。就我所知，沒有其他的替代方案。

請求程式碼審查

撰寫可用的程式碼，是加深熟練度的基礎。另一個方法則是編寫他人能讀懂並理解的程式碼，並遵循通用的慣例。在你寫完程式碼後，請透過程式碼審查獲得回饋意見，進一步提升自己的能力。

大多數科技公司都會進行程式碼審查。事實上，在許多公司，你不能在未經程式碼審查的情況下將程式碼推送到生產環境。但在你剛開始工作時，你可能會寫很多不會進入生產環境的程式碼。例如，你可能會進行原型設計、編寫工具、做實驗專案，或者發現自己在獨立工作。

即使程式碼審查不是硬性規定，也要努力獲得你寫下的所有程式碼的回饋。如果身邊有更有經驗的人，可以請他們提供額外建議，幫助你更快地進步。大多數人都樂意花點時間幫助初級同事。

如果很難獲得額外的程式碼審查，你可以請同事與你組隊，向他們展示你的程式碼，並請他們指出可以改進的地方。如果團隊裡沒有合適人選，嘗試找到團隊外熟悉相關技術或領域的人，提供你有意義的回饋。

人工智慧（AI）工具也是有用的程式碼回饋來源。但要注意，並非所有AI提供的回饋都是準確的，這些工具可能不會考慮到你的具體脈絡，而你的同事會。AI工具雖然比沒有回饋好，但無法替代全面的同儕審查。

從程式碼審查中學習。記下你得到的回饋意見。如果你經常看到類似的評論，應該考慮改進。例如，審查者經常指出你的函數做了太多事情，或你忘記加上測試等等。透過解決審查者提出的評論，改進你寫程式的方式，避免同樣的意見重複出現。

如果你不理解評論背後的原因，可以與給出評論的開發人員交流，了解他們的想法。

如何處理刻薄的評論？ 在閱讀程式碼審查的回饋意見時，難免會遇到一些讓你感到刺痛的評論，這些評論的語氣缺乏同理心，或者其實你不同意比你更資深的工程師的意見。

Angie Jones 是 Block 的開發者關係副總，同時也是 Java Champion，曾是 Twitter（現更名為 X）的資深軟體工程師。她寫了一篇文章〈The 10 commandments of navigating code reviews〉（應對程式碼審查的 10 條戒律）[1]，這篇文章對此問題的解答，是我讀過最全面的。她寫道：

> 「在我多年的軟體開發過程中，我總結出應對程式碼審查的 10 條戒律。這些戒律在我參與的每個團隊中都奏效，希望對你也有幫助。
>
> 1. 不要將它視為針對你個人的批評。（中略⋯）
>
> 我以寫程式為職業已經有 15 年了，並且早就決定不將程式碼審查的評論視為針對我個人的批評。相信我，當我加入新團隊時，我確實收到了不少無禮或自視甚高的意見。然而，這類批評很快就消失了，因為我學會了如何應對程式碼審查（無論潛在問題是什麼），讓這些評論的語氣不再困擾我。納悶為什麼我會收到無禮的評論，只會讓我更焦慮，所以我決定姑且相信，評論都是針對程式碼本身，而不是針對我個人。」

讀寫並重

雖然寫程式的熟練度會透過持續練習而快速提升，但閱讀程式碼同等重要。如果你只專注於編寫程式碼，可能會不小心發展出沒有人使用的風格和慣例，最後可能很難理解其他人所寫的程式碼。而且，「壞習慣」一旦被嵌入你寫程式的風格中，可能一下子很難改掉。

通常，閱讀程式碼的最簡單方法是儘早參與團隊或程式碼庫的程式碼審查。即使你不是該語言的專家或者不太熟悉程式碼庫，也要養成這樣的習慣。養成瀏覽每位同事所做的程式碼改動的習慣，理解它們的作用，

---

[1] https://angiejones.tech/ten-commandments-code-reviews

並記錄所採用的方法。一有不明白的地方時，與寫下程式碼的人交流，了解更多資訊。

閱讀團隊或公司外部的程式碼也是一個很好的方式，如果你有權限查看公司的其他專案，可以關注那些你依賴的程式碼庫的負責團隊所做的程式碼改動和程式碼審查。團隊和公司通常會遵循特定慣例。

閱讀開源的程式碼是另一個好方法，看看其他人如何編寫程式碼，並了解公司以外的情況。嘗試找到一個活躍、以你熟悉語言開發的開源專案。GitHub 是尋找開源專案的好地方，不妨尋找一個專案，熟悉它的工作原理，然後開始關注程式碼改動情形。嘗試理解這個專案中正在發生的事情、正在編寫的程式碼類型，以及程式碼審查者給出的回饋。

在編寫和閱讀程式碼之間找到平衡，不要過於偏重其中一方。

寫更多程式

除了工作專案之外，還有一些額外方式可以練習寫程式。以下是一些建議：

- **打造業餘專案**：為你、你的朋友或家人解決小問題的小型專案，是一種很好的寫程式方式，甚至可以學習新的技術堆疊。業餘專案給你一個理由去嘗試新方法。你的目標是編寫可運作的程式碼，不過你仍然可以放膽嘗試，挑戰使用那些你平時不會使用的語言部分，把事情複雜化。

- **完成附帶程式練習的教學／訓練課程**：入門教學和訓練課程提供了結構化的學習過程，你只需跟著課表學習，不用自己思考現在該做什麼。這類訓練課程非常適合深入學習特定語言或技術。入門教學和訓練課程的最大挑戰是找到完成它們的時間和動力。如果你的公司支持或提供實體訓練課程，請善加利用這一機會，這是深化技術實力的絕佳方式。

- **進行程式設計挑戰**：解決 Leetcode、Project Euler 或類似網站上的寫程式挑戰，是練習你所用語言的好機會，同時還可以磨練你的演算法實力。

- **定期進行程式碼練習**：這有助於熟悉一門語言，並提高你的問題解決和演算法能力。在網路上搜尋每日程式碼練習挑戰。程式碼練習應該是一個短時間的投資。你的目標是定期練習，頻率最好是每天，並且持續幾週，直到這些練習不再具有挑戰性。

為資源付費可以提高專注力。深入學習一門程式設計語言需要耗費大量時間，很容易在你覺得自己已經「足夠好」時擱置這項任務。畢竟，總會有需要解決的實際工作出現，而這些問題不需要多酷的語言功能。

一個幫助我保持專注、不半途而廢的技巧是，為我要學習的資源付費。這讓我意識到如果不完成學習，錢就白白浪費了。儘管許多免費資源的品質往往與付費資源相似，但我更願意購買一本書、線上課程或實體課程，因為這麼做能讓我更有動力不半途而廢。

2. 可讀性高的程式碼

「可讀性」是程式碼最重要的特徵之一，與「正確」、「可如期運作」等特徵同等重要。

然而，驗證程式碼是否可讀比驗證程式碼是否正確要困難得多。程式碼的正確性可以透過測試判斷，答案非黑即白，只有「正確」與「錯誤」兩種答案。然而，目前卻沒有類似的方法可以判別難以閱讀的程式碼。

錯誤的程式碼無所遁形，不可讀的程式碼卻可能長時間不被察覺。它靜靜地躺在程式碼庫中，直到某位開發人員在修復錯誤或增加新功能時，絞盡腦汁想理解它的實際作用。他們需要了解這段不可讀的程式碼有什麼作用，以及是否需要更改。

如果程式碼不可讀，後續接手的工程師在進行更改時會花費大量時間在本應很簡單的工作上。他們可能會誤解程式碼，並以未預期的方式使用它，然後花多次迭代來修正。或者，他們可能會更改程式碼，卻無意中破壞了其他地方的功能。如果此時有自動化測試，也許只會造成小麻煩。但假如沒有，這表示會出現更多的問題，需要花費更多時間進行正確的程式碼變更。

在某些情況下，開發人員可能會花費大量時間試圖理解程式碼而失敗，最終可能會完全重寫它：刪除原來的程式碼並編寫新的實作。然而，這次重寫也許未能涵蓋所有邊角案例，可能導致花費的時間比當初寫下那段程式碼還要更多。

不可讀的程式碼的最大風險是，它會開始一個低可讀性的惡性循環。一位工程師在更改程式碼時花費大量時間試圖理解它的作用。與其使程式碼更易讀，他們可能會做出最小的改動，變相導致程式碼更難閱讀。下一個人將花費更多時間來理解程式碼，還有可能不小心破壞系統，或者乾脆放棄，刪掉這段程式碼，重新開發。

不可讀的程式碼是技術債的主要貢獻者之一，技術債由多種原因累積疊加，包括缺乏自動化測試、缺少持續整合（CI）或持續部署（CD）等流程，以及缺乏良好的入職訓練課程和文件。技術債是導致團隊工作速度減慢的重要原因。

這就是為什麼程式碼的可讀性和徹底測試是成為務實工程師的兩大關鍵原則。可讀、經過充分測試的程式碼使得重構、擴展和修改程式碼庫得以變得盡可能簡單。可讀、經過充分測試的程式碼是打造堅實程式碼庫的核心基礎，使工程師能夠自信地進行改動。

什麼是可讀性高的程式碼？

所謂「可讀性高的程式碼」因團隊、公司和程式語言的不同而略有差異。有兩個重要的判斷標準來衡量程式碼的可讀性：你自己以及其他閱讀它的人。

可讀性高的程式碼，首先必須是*你自己容易閱讀的程式碼*。在完成編寫程式碼後，先休息一下把大腦清空，然後重新閱讀，彷彿第一次讀到這段程式碼一樣，假裝自己對這些改動和背後原因一無所知。

你能夠理解你的程式碼嗎？變數和方法的名稱是否有助於理解它們的功能？在程式碼不足以說明問題的地方是否有加上註解？程式碼的風格是否在這些改動中維持一致？

思考如何讓程式碼更加易讀。也許你會發現有些函數做了太多事情而顯得太長。也許你會發現將變數重新命名，可以更清楚地表達它的用途。進行修改，直到你覺得這段程式碼達到了表達清晰、簡潔和易於展示的程度。

衡量程式碼可讀性高的標準很簡單：其他人能否理解它？ 透過程式碼審查獲得回饋。詢問程式碼是否足夠清晰易懂，歡迎人們在有疑慮的地方提出問題。程式碼審查（尤其是仔細、深入的審查）是獲得回饋的最佳來源。

可讀性高的程式碼不會引起太多的澄清問題，審查者也不會誤解它。因此，當有人弄不懂你為什麼寫某段程式碼或者提出澄清問題時，就要特別注意了。每一個問題和誤解都是讓程式碼變得更可讀的改進機會。

一個獲得更多關於程式碼清晰度評價的好方法是詢問對程式碼庫不熟悉的人。請他們針對程式碼易讀性給出評價。由於你的同事不會是這個程式碼庫的專家，他們會集中注意力在能夠多大程度上理解你的程式碼。大多數他們提出的評論將與可讀性相關。

如果你對程式碼的清晰度感到滿意，且其他開發者也覺得它可讀，那麼你就是走在正確的道路上。使程式碼更易讀和更清晰的方法有很多。但在深入探討這些方法之前，首先要專注於讓你自己和同事都能輕鬆閱讀的程式碼的基本原則。

注意事項

在寫程式時，你應該始終牢記兩個主要目標：

1. 程式碼應該是正確的，這意味著它在執行時能夠產生預期的結果。
2. 其他開發人員應該容易閱讀和理解這些程式碼。

程式設計是一種社交活動。你的程式碼不會孤立存在，執行單一任務。你編寫的程式碼會被其他開發人員多次閱讀，被理解或修改其作用。

程式碼需要方便其他工程師進行維護。而這一切就從程式碼的可讀性開始。以下是一些需要注意的事項：

- **命名**：使用能「顧名思義」且言簡意賅的名稱。採用與程式碼庫一致的命名方式。
- **良好架構**：程式碼庫的架構方式符合邏輯，函數、類別和模組皆遵循邏輯架構。格式在類別和程式碼庫中保持一致。
- **保持簡單（KISS 原則）**：KISS 代表「保持簡單愚蠢！」（Keep it simple, stupid!）程式碼越簡單，越容易閱讀和理解。為此，使函數和類別盡可能越小越好，避免引入複雜的程式碼解決方案。
- **單一責任原則**：確保函數只做一件事，類別則需有主要責任。單一關注點能夠更容易測試程式碼的正確性，測試也更可重用。
- **DRY 原則（Don't Repeat Yourself，不要重複自己）**：避免複製貼上程式碼。如果需要重用，考慮重構程式碼，使其遵循單一責任原則。
- **註解**：關於註解有兩派意見，有些工程師堅持程式碼應該自我文件化，而另一些人則認為註解是寫下程式碼自身無法表達的來龍去脈的必要方法。制定你的註解方法，記住，你的最終目標是讓其他人能理解你編寫的程式碼。以經驗法則來說，請在註解中解釋「為什麼」，而不是「如何」。註解內容可能是出於某個業務原因需要添加某個邊角案例，或者在註解中加上一個超連結，紀錄某個故障導致奇怪的程式碼路徑。
- **持續重構以保持可讀性**：程式碼庫會自行增長。一個簡單的類別會獲得更多的責任，規模變得愈來越大、也越來越複雜。可讀性高的程式碼庫透過持續重構來保持其可讀性。一個新的複雜類別可能會被拆分成多個部分，或者以其他方式進行更改，確保這些程式碼易於閱讀。

有許多書籍和其他資源深入討論了什麼是可讀性高的程式碼，以及如何使你的程式碼更清晰。我推薦以下這些：

- Kent Beck 的《Tidy First?》
- Dustin Boswell 和 Trevor Foucher 的《易讀程式之美學－提升程式碼可讀性的簡單法則（The Art of Readable Code）》

3. 寫出高品質的程式碼

身為一個稱職的軟體開發人員，你應該撰寫有著適當的抽象層並且能夠可靠執行的程式碼，並且考慮可能發生的錯誤情況。當然，高品質的程式碼的前提是保證程式碼的可讀性，正如我們在上一節討論的那樣。

使用適當的抽象層

當你將程式碼結構化處理時，會建立一些抽象類別。這些類別會將實作細節抽象化，從程式碼的其他部分中隱藏起來。例如，你可能會遇到一個名為「PaymentsIntent」的類別，它在一個檔案中實作以下功能：

1. 傳送 API 請求以進行付款
2. 接收 JSON 回應並檢查 JSON 中的簽章來評估其有效性，並將其轉換為「PaymentsResponse」物件
3. 傳回「PaymentsResponse」回應

這個類別的功能不多，但你可能會認為將第 2 點的功能抽象到一個單獨的類別中更有意義。這樣一來，「PaymentsIntent」就會執行以下操作：

1. 傳送 API 請求以進行付款
2. 使用結果建立一個新的「PaymentResponse」，並傳回這個物件

為什麼我們要將剖析付款回應 JSON 的功能抽象化呢？有以下幾個原因：

- 其他部分的程式碼現在也能使用同一功能，而不需要重複邏輯。這符合「不要重複自己」的 DRY 原則。
- 類別的職責減少了，每個類別都有單一職責。
- 將來如果支付 API 的回應發生變化，辨識出需要修改的程式碼會更加簡單，因為剖析功能只存在於一個地方。

在《軟體設計的哲學（A Philosophy of Software Design）》一書中，作者 John Ousterhout 描述了資訊隱藏（information hiding）的好處：

「資訊隱藏以兩種方式減少複雜性。首先，它簡化了模組（或類別）的介面。這個介面提供了更簡單、更抽象的視圖，並隱藏了細節；這減少了使用模組的開發人員的認知負荷。

其次，資訊隱藏使得系統的演變變得更容易。如果一個資訊被隱藏了，那麼在模組之外就不會有對這個資訊的依賴，因此與這個資訊相關的設計變更只會影響一個模組。」

建立具有「正確」抽象層次的系統是一個隨著你經驗增長而逐漸改善的過程。畢竟，你不想將系統分解得過於零散，因為「過多」的小型類別會增加不必要的認知負荷。

妥善處理錯誤

在我的經驗中，許多系統中斷的根源在於程式碼中的錯誤處理不當。作為一名軟體開發人員，在撰寫程式碼時，必須考慮到可能出現的問題，並投入足夠的時間和精力進行錯誤處理。

採用一致的錯誤處理策略： 當你遇到一個可能出現錯誤的情況時，應該採取什麼行動？你會拋出例外，紀錄錯誤，還是兩者兼之，或是採取其他措施？

你應該能夠解釋如何處理錯誤，理想情況下，這應該與團隊中每個人的做法保持一致。記錄錯誤是一個合理的策略，你也應該為此制定策略，本書第 23 章〈軟體工程〉提供了範例作法。

不確定時，採取防禦性程式設計。 這種方法假設來自其他部分的輸入值是不可靠的，甚至可能是惡意的。抱持這種心態，你會傾向對系統、類別甚至是函數的輸入進行質疑和驗證。

以下是一些防禦性程式設計的方法：

- **驗證輸入，尤其是來自使用者的輸入。** 假設輸入可能是惡意的或是錯誤的資訊。例如，你預期函數中的一個字串參數是一個正數，但你仍然需要驗證這一點，並在不是正數時拋出錯誤。

- **預期無效回應：** 在呼叫函數時，不要假設它總是會傳回「有效」（valid）的值，而是要預期到空值或異常值。例如，在呼叫

`GetSalaryForEmployee()`函數時，該函數應傳回該指定員工的薪水數值，你需要驗證傳回的值不是零或負數，也不是一個非數字值。

- **預期惡意輸入**：假設攻擊者可能會嘗試故意傳送破壞系統的輸入。例如，攻擊者可能會嘗試提交可能被用於 SQL 注入攻擊[2] 的字串。或者，在網頁上，攻擊者可能會嘗試使用跨站腳本攻擊（XSS）[3] 來注入惡意腳本。

- **預期例外和錯誤**：在呼叫函數時，要準備好處理可能拋出的例外或錯誤值。

有些情況下，你不需要進行防禦性程式設計。比如當你處理的類別已經透過設計自動驗證了所有輸入時。此外，在使用強類型語言或支援函數聲明其可能拋出的異常的語言時，也不必過於擔心。語言對錯誤處理的約束越多，編譯器就越能對不正確的假設提出警示。

小心「未知」狀態

一個常見的問題是將 API 回應對應到成功或失敗的代碼，以及如何處理「未知」情況。例如，某個付款 API 在請求付款時可能傳回「成功」、「額度不足」或「API 暫時不可用」等回應。你需要在程式碼中將這些回應對應為「成功」或「失敗」。

你知道付款 API 可能會在以後新增或移除回應，因此你希望建立一個足夠穩健的系統來處理未來可能引入的新代碼，比如「需要使用者採取行動」。以下是兩種常見的處理方法：

白名單（Allowlists）：建立一個成功回應的清單（白名單），並假設其他所有回應都是失敗。因此，白名單中的回應被視為「成功」，而其他回應則被視為「失敗」。

這種方法更具防禦性。如果有一個回應不是嚴格意義上的失敗，例如「需要使用者採取行動」，則可能會出現問題。

---

[2] https://en.wikipedia.org/wiki/SQL_injection
[3] https://owasp.org/www-community/attacks/xss

黑名單（Blocklists）：建立一個被認為是失敗的回應清單（黑名單），並假設其他所有回應都是成功。這種方法風險更高，因為 API 可能會引入新的錯誤代碼，而你會將其對應為成功。

處理「未知」狀態可能會導致意外問題：不幸的是，無論是使用白名單還是黑名單，都無法一招打遍天下。如果 API 提供者引入了一種從未見過的回應代碼，據我所知，最佳方法是除了「成功」和「失敗」之外，再設置第三種狀態「未知」（Unknown），並觸發錯誤、警報或其他通知，以便工程師檢查。

無論你對未知狀態或回應做出何種決定，都可能是基於錯誤的假設。通常，正確的處理方法是不處理它們，而是「拋出錯誤」（throw an error）。

CHAPTER

9 軟體開發

如何成為一位被視為能力出眾、穩健高效,並且擁有堅實軟體開發知識的開發者呢?本章將涵蓋以下主題:

1. 精通一門程式語言
2. 偵錯
3. 重構
4. 測試

1. 精通一門程式語言

深入了解一門程式語言,對箇中知識信手捻來。當你真正透徹了解一門語言時,你會達到一種新的理解、認識和能力。什麼樣才叫「透徹了解」呢?這表示你知道如何使用該語言,你對語法、結構和運算子瞭若指掌。你懂得最佳實踐並且理解其推薦理由。這也意味著深入了解底層機制,理解記憶體管理和垃圾回收機制,了解程式碼如何編譯,以及哪些因素對效能存在影響。

學習語言的核心基礎

深入學習一門語言,可分為不同的層次。首先,你必須掌握該程式語言所提供的功能,包括內建的資料類型、變量和資料結構、運算子、控制語句、類別和物件,以及標準的錯誤處理方法。接著,了解並嘗試該程式語言的進階內容,比如泛型、平行處理 / 多執行緒處理、更加複雜的資料類型,以及該語言支援的其他功能。

想要打下程式語言基本功,一個好方法是參考說明文件;找到好的參考資料、查看程式碼範例,或者閱讀一本基礎知識的書。帶有程式碼範例的影音課程同樣有效——對某些人來說,這些資源更加貼合學習需求。

找到適合你的學習方式。擁有可以隨時查閱的參考資料很方便，所以我的建議是購買一本好書。

更進一步

當你知道如何使用語言後，試著再更進一步。透過提問來深化你對該語言的理解，例如：

- 在你宣告一個變量、一個函數或一個類別時，實際上發生了什麼？
- 程式碼將如何被編譯成機器碼，並且可能會進行哪些優化？
- 程式佔用了多少記憶體？你如何觀察記憶體的使用情況？
- 記憶體如何被釋出？假設語言使用垃圾回收機制，又是如何運作的呢？
- 如果這個程式語言支援泛型，是否也支持協變與逆變（covariance and contravariance）？
- 泛型程式碼如何被解釋，在底層又是如何被優化？

尋找關於語言進階內容的書籍、影片、線上課程和其他資源。AI 工具可以針對某些問題提供簡潔回答，但它們可能不如書籍或線上資源一般詳盡深入。在嘗試回答上述問題時，不要忘記，這些複雜的領域，可能涉及了一些你不熟悉的知識或技能。

我學習程式語言的方式是透過閱讀相關書籍，修習進階課程，閱讀深入探討細節的文章，最近還會讓 AI 助手為我總結概念，並驗證答案的正確性。在任何前沿技術領域中，總有多位專家深入探討語言的各個方面，並分享真知灼見。請尋找深入的資源，並花時間潛心學習。

學習並使用工具來了解底層機制並獲得更多資訊。這些工具可能包括記憶體和 CPU 分析器、開發者工具和診斷工具。它們不僅能幫助你更好地理解語言的內部工作原理，還在進階的偵錯任務中非常有用。

成為我們團隊 Go 專家的實習生

在 Uber，我們團隊使用 Java、一些 Python 和 Node.js 作為後端語言。這一個程式語言大雜燴，源於我們需要處理用這些語言編寫的服務。

Go 是一種在公司內部開始受到人們青睞的程式語言，許多新的服務都使用 Go 進行構建。我們團隊喜歡探索新技術，所以我們用 Go 建立了一個新服務，如此一來就有了學習這門語言的正當理由。

有一名實習生加入了我們的團隊，他非常喜歡 Go。甚至在實習之前，他花了大量時間製作教學課程、閱讀有趣的部分、組織個人專案，並試驗不同的語言特性。這位實習生立即參與了程式碼審查，並開始向隊友提供如何用「Go 的風格」編寫程式的建議。團隊中的工程師開始更多地邀請他參與工作，請他對 Go 程式碼進行審查，並與他組隊共同構建服務。

這位實習生成為了我們團隊的「Go 專家」。他是如何做到的呢？他比其他人投入了更多的時間和精力，不斷深入研究這門語言的運作原理。

這是一個很好的提醒，即便缺乏經驗，你仍然可以透過投入時間和精力來掌握一門程式語言、框架或特定領域，從而成為專家！

學習你使用的「主要」框架

如今，用同一種語言打遍天下是很少見的，儘管你很可能會將你的「主要」語言與某個框架一起使用。例如，如果你在前端使用 JavaScript 或 TypeScript，你可能會使用 React、Next.js 或其他有特定風格的前端框架。如果你寫 Ruby 程式碼，你可能會用到 Rails。如果是 PHP，則可能會用到 Laravel，等等。在構建產品時，有特定風格的框架可以讓進度更快，因而非常受歡迎。

學習框架時，遵循與學習程式語言相同的方法：先學習框架的基礎，再深入了解其底層原理。

開源框架的優勢之一是你可以直接查看其底層程式碼，儘管其程式碼庫起初可能會讓人不知所措，無所適從。這是一個大多數程式語言所不具備的優勢。

許多開發者滿足於對主要框架的認識「過得去」、「還可以」，所以不會投入太多時間深入了解其工作原理和原因。

如果你願意更積極一點，投入更多時間深入挖掘框架，在排查棘手的程式錯誤、做出架構決策或遷移到框架的新版本時，你所獲得的知識必定能創造優勢。

學習第二門程式語言

在你對第一門程式語言足夠熟悉之後，可以找機會學習第二門語言。例如，如果有些團隊成員在用另一種語言編寫程式碼，你可以自告奮勇，主動加入，向他們明確表示你有興趣學習這種新語言。

學習第二種語言比常人想像的好處更多：

- **更容易比較優缺點**：在開始使用第二種語言時，你會發現某些事情更難做，而其他事情更容易。假設你對第一種語言爛熟於胸，那麼你應該能立即看到新語言在哪些方面更好，在哪些方面不如第一種語言。

- **更透徹理解你的第一語言**：這似乎有些違反直覺，但學習第二種程式語言往往有助你成為第一種語言的專家。這通常發生在你試圖用「主要」語言實現第二種語言所支援的功能時。此時，你會更深入地了解第一種語言的限制，發現新功能，或者更加理解像動態型別、泛型和其他進階語言特徵等概念。

- **打破「僅」使用「主要」語言的習慣**：如果你只精通一種程式語言，你可能永遠只使用它。然而，單一程式語言很少能打遍天下，適用於所有專案和情境。你會遇到一些使用新程式語言而帶來好處的情況──比如你可以使用的函式庫，或更好的效能特徵。養成不害怕學習新語言的習慣，其祕訣就是不斷學習新語言。

- **更容易學習更多語言**：你的第一種程式語言通常是最難學的。第二種語言仍然很難，但接下來的事情會變得容易得多。你學會的語言越多，就越能欣賞它們的不同特徵和功能。

AI 工具可以極有效率地幫助你學習新語言的語法。許多 AI 助手可以將程式碼從一種語言「翻譯」到另一種語言。它們還可以回答類似「展示如何在『某種語言』中宣告函數的不同方式」等問題。善用這些 AI 工

具，可以加快你的學習速度。不過要小心它們可能會給出錯誤答案──所以一定要驗證它們的輸出結果！

廣度發展或深度發展？

稱職的軟體開發者擁有後盾般存在的深度知識，這意味著他們至少能非常深入地了解一種語言和框架。然而，這種語言或框架可能不是他們學會的第一門語言。

我建議開發者在職業生涯的早期至少「深耕」一個領域。遵循我們討論過的方法，比如鑽研深入資源。另一種好的方法是與某個領域的專家組隊，向他們虛心學習，同時尋求自學資源並按部就班完成。

另一種深入研究的方法是學習你每天碰到的「無聊」但必要的東西。軟體工程師 Ben Kuhn[1] 稱之為「Blub 學習」（Blub studies）。「Blub」一詞出自 Paul Graham（Y Combinator 的聯合創辦人）的一篇文章[2]，其中「Blub」是某種虛構語言的名字。在 Ben 的文章〈In defense of blub studies〉（為 Blub 學習辯護）[3] 中，他描述了為什麼深入研究框架和語言中看似無聊、無意義的細節並非無用：

> 「假設你的 Blub 是 React。你可能擔心學習這個語言的詳盡細節後，萬一你轉往不同的技術堆疊，甚至是不同的網頁框架，這些知識將毫無用處。是的，確實可能如此。但 React 的核心思想（編寫純渲染函數，使用 Reconciliation 演算法使更新更快）是極其強大且通用的。事實上，它現在已被下一代 iOS 和 Android 的 UI 框架所複製沿用。掌握 React 背後的運作原理，能夠使學習其他框架變得更容易。事實上，它甚至可以成為將知識「導入」到下一個程式語言或框架的有效方式。
>
> Blub 學習的適用範圍出乎意料地廣泛，因為即使你在學習某個特定的「Blubby」（此指僅適用該程式語言的）系統細節，該系統的設計仍包含一個豐富的、非「Blubby」的，可被歸納提煉的通用核心原則。

---

[1] https://www.benkuhn.net
[2] http://www.paulgraham.com/avg.html
[3] https://www.benkuhn.net/blub

Blub 學習的複合效應比你的天真預期還要更多，這有兩個原因。首先，理解了一個 Blub 之後，會讓你在學習其他的 Blub（例如上文出現的 React/SwiftUI 範例）變得更容易。其次，了解更多一個 Blub 能幫助你更快學習在技術堆疊中相鄰的其他 Blub。」

事實證明，你可以在廣泛學習的同時深入學習，而 Blub 學習（了解你使用的工具和框架實際上是如何工作的）就是一個很好的例子。只要你花時間學習超出你舒適區的東西，那麼你的知識技能的深度與廣度就能同步增長。

2. 程式碼偵錯

在編寫程式碼來解決問題時，它並不總是能按預期運行。經驗越少，這種情況發生的頻率就越高。所以，如何找出問題所在呢？逐句逐行地檢查程式碼，直到找到錯誤。基本上，這就是偵錯（debug）。

能夠快速有效地偵錯的工程師，就能更快地修復錯誤，並更快地進行迭代。雖然有些人似乎天生就擅長偵錯，但這些技巧都是可以後天學習的。那麼，該如何提高程式偵錯能力呢？

了解你的偵錯工具

大多數整合開發環境（IDE），如 VS Code 或 JetBrains IntelliJ，都配備了強大的執行時期偵錯工具。但我發現經驗較少的工程師往往不知道這些工具的強大威力。在程式碼執行時進行檢查，是發現錯誤假設以及程式碼實際行為的最佳方式之一。與「修改－執行－寄望程式碼正常工作」的陽春方法相比，偵錯工具可以節省多達數小時的時間。

首先，了解你所使用的 IDE 的內建偵錯工具。設置斷點，並檢查區域變數。進入／退出／跳過函數，並檢查呼叫堆疊。查找如何使用更多進階功能的說明文件和教學。某些偵錯器可能支援以下實用功能，包括但不限於：

- 動態修改變數
- 在偵錯過程中評估表達式

- 條件斷點和異常斷點
- 監視點（設置在變數上的斷點，在變數變更時觸發）
- 切換呼叫堆疊中的框架（從呼叫堆疊的另一部分重新開始偵錯）
- 多執行緒之間的跳轉
- 在偵錯器執行時修改原始碼
- 修改環境變數
- 模擬感官輸入（如行動裝置上的硬體環境）

像 Visual Studio、JetBrains IDE 和 Chrome DevTools 等工具幾乎支援上述所有功能，現代開發環境為提升開發者的生產力，也都涵蓋了這些功能。如果你還沒試過，現在是個好機會。

觀察有經驗的開發者如何偵錯

提高偵錯能力的一個被低估的方法是，觀察那些非常擅長偵錯的開發者是如何辦到的。當你聽到某個開發者提及某個棘手的程式錯誤時，詢問是否可以觀摩或與他們組隊偵錯，並提出你有興趣了解他們是如何找出錯誤的根本原因。

在你的團隊中，試著至少與每位開發者組隊一次，一起進行程式偵錯。你保證會學到新的偵錯技巧，並且可能會認識新的偵錯工具。

學習不使用工具進行偵錯

有時，你可能無法使用偵錯工具，例如在命令行工具上工作時，或你決意不使用偵錯工具。這時候可以透過無工具偵錯來發現問題所在。這些方法通常需要額外的工作，但你可能會學到更多。以下是幾種方法：

- **記錄到控制台**：這是最簡單的方法。在函數呼叫時，輸出訊息；印出變數的值和其他可能有幫助的資訊。然後，重新執行程式碼，透過查看控制台日誌紀錄，釐清發生了什麼。
- **紙上偵錯**：拿出紙筆，或者使用白板。寫下你想了解的關鍵變數，開始在腦中執行程式碼，記錄這些變數每次變化的情況。筆記越精細詳盡，越有幫助。如果你遇到困難，可以請別人一起跟進，確保你在腦

中正確地執行了這些程式。這種方法在你有偵錯工具的情況下尤其有效。先進行紙上偵錯，然後跑一次偵錯器，驗證你是否在腦中將程式正確執行。

- **編寫（單元）測試**：這種方法類似於測試驅動開發（TDD），在偵錯函數時尤其有用。編寫測試來指定預期的輸入和預期的輸出。執行並檢查哪些測試成功了，哪些失敗了。然後，修改程式碼並快速重新執行測試。這種方法很有效果，因為編寫好測試之後，你就能快速得到回饋，了解你的改動是否能用。此外，正如我們在第 14 章〈測試〉中所介紹的，測試是可維護程式碼的基礎，所以你可能無論如何都需要編寫測試。

3. 重構

重構（refactoring）是一個重要卻常被忽視的部分。學習重構與學習寫程式很相似，你可以閱讀大量相關書籍和資料，但如果不實際動手操作，你永遠無法真正掌握它。想成為重構高手，你必須經常練習。

盡可能多練習重構

在完成編寫程式碼後，重構自己的程式碼。當你完成一個任務並且你的程式碼能正常執行時，請用批判的眼光閱讀所有改動。哪些地方可以做得更好、更具表現力？怎樣才能讓程式碼看起來更簡潔？

當你看到可以改進的地方時，請做出更改。這些通常是小改動，可能感覺不像是在重構，但這是一個很好的開始。

透過程式碼審查獲得重構的點子——並付諸行動：當人們審查你的程式碼時，或者你查看其他程式碼審查時，會有一些評論指出程式碼中可以改進的地方。這些評論可能與更改的程式碼無關，而是涉及周圍的程式碼。這類評論經常暗示了重構其他部分程式碼的機會。

如果某個評論指出了程式碼變更的機會，請欣然接受並自告奮勇去進行重構。與某位可以確認重構是個好主意的同事組隊，並在完成後請他們進行審查。將這次重構作為一個單獨的任務或拉取請求以便審查。

通讀程式碼：在閱讀程式碼時，記錄不一致和難以理解的部分。透過程式碼審查獲得重構點子的方式有時候不夠可靠。一種更專注的方式是閱讀程式碼並嘗試理解它的作用。這有兩個好處：

首先，你將深化對系統的理解程度。透過閱讀程式碼，你將更加理解系統各環節的工作原理。這將幫助你更好地偵錯程式碼和推敲程式碼的運作原理。請參見第 8 章的「讀寫並重」小節。

其次，你將發現許多不一致的地方。一些不同的命名方式，或者看起來像是重複的內容，以及許多其他問題。一些部分難以理解，你會疑惑某個方法的用途或某個類別存在的理由。你將看到難以閱讀的程式碼。

將所有這些問題記錄下來。你可以把它們放到一個私人的文件中，或者可以使用 IDE 的擴充功能來記錄你自己的評論，將這些評論存放在本機檔案中，對其他人不公開。

列出你想要重構的專案，然後徵求他人的意見。雖然馬上跳進去修復所有你發現的問題很誘人，但這並不是最妥當的方式。團隊可能已經知道你的一些觀察結果。在少數情況下，他們可能會出於效能或可維護性的原因，選擇在程式碼的可讀性上做出讓步。例如，Kubernetes 原始碼中的某些部分就是這樣的情況。你也可能發現一些需要重構的地方實際上是團隊已經商定好的慣例。

反之，先徵求第二意見，並與熟悉程式碼庫的人討論你的觀察結果。爭取他們的回饋，並判斷哪些是有意義的重構，而哪些不是。根據這個新清單，估算每個重構所需的工作量，並按優先順序排列。小建議：將較簡單的重構工作放在前面。

當你有了一個優先順序的清單後，你可以將其視為你的「重構待辦事項清單」。如果你的團隊會記錄待處理的任務，那麼你可以建立工單。從你的常規工作中抽出一些時間來進行一次重構。你可以在等待程式碼審查或在不同任務的空檔之間進行。嘗試完成第一次重構；將其審查，合併，然後徵求他人的回饋。重複這個流程，逐步完成清單中的專案。當清單快完成時，尋找新的機會來改進程式碼。

在一個健康的團隊中，人們會為你做這類工作而喝彩，特別是那些認為重構是個好主意並給予回饋的人。你可以收穫多重好處：你不僅可以練習重構，還可以更深入了解程式碼庫，並透過進行清理工作累積來自同事的善意。此外，如果你在開始重構之前經常徵求回饋，你會學到在同事眼中哪些事情是重要的或不重要的，以及其原因。

了解 IDE 的重構功能──並使用它

許多 IDE 支援簡單重構操作，例如重新命名變數、更改函數簽章、將邏輯提取到自己的函數中等等。無論你使用哪種 IDE，都值得花時間學習它所提供的重構支援功能。

如果手動進行簡單的重構任務，會非常耗時且容易出錯。使用工具可以讓你更快完成重構，並且不必擔心重構是否值得花費時間，因為這通常只需要眨眼間就能完成。

重構是多方面的。請從簡單的重構開始，再逐步進行更複雜的重構。舉例來說，簡單重構的例子之一是處理函數的一部分；首先是對變數重新命名，然後將功能提取到其他方法中。下一步是重構多個函數，例如刪除重複。然後是在類別層級上進行類似的工作。最後是在服務／庫／框架層級上進行重構。

重構所牽涉的範圍越小，越容易做到正確並測試是否沒有破壞現有功能。雖然任何重構都是一次很好的工作經驗，但要小心不要貪多。如果你正在進行的重構工作逐漸失控，並且你發現很難追蹤所有改動，這時請縮小範圍。你能否將重構分成更小的部分，一次完成一部分就好呢？如果事情變得過於複雜，此時是向更熟悉程式碼庫的人尋求幫助的好機會，了解他們如何處理這類問題。

重構測試

重構專案的單元測試，是一個被低估的重構機會。通常，這些程式碼存在許多重複、結構不佳，並且不遵循許多最佳實踐。增加測試的人通常遵循既定的風格，很少主動改進。

重構測試可以從單個測試開始，使其更具可讀性，然後透過程式碼審查獲得回饋。之後，你可以清理整個類別。將常見功能提取到它們自己的方法中，簡化測試並使其更具可讀性，這些通常能創造輕而易舉的勝利。你還可以促進討論，確定團隊要遵循的風格和實踐。

在團隊層面上達成一些實踐和慣例後，你可以繼續重構其他類別。重構測試通常被視為一項無人感激的工作，但我認為它們很重要。此外，你可以練習使用 IDE 快捷鍵來提高重構效率。這些測試具有長期效果：你所做的改進將會被許多編寫新測試的開發人員遵循，並按照你改進的慣例進行。

對未經充分測試的生產程式碼進行重構時要加倍小心。在頻繁重構時，關鍵是要擁有一個安全網——也就是程式碼的單元測試。如果嘗試重構沒有自動化測試的程式碼，你將花費更多的精力來驗證事情是否正確運行。

在某些情況下，重構未測試的程式碼是實際可行的。這通常限於團隊故意不測試的程式碼部分，例如使用者介面（UI）層。然而，如果你必須手動驗證重構所觸及的每個用例，那麼從快速重構中獲得的效率必然消失無蹤。

讓重構成為日常習慣

強化你的重構能力。唯有經常練習、犯錯並從中學習，才能學會無所畏懼且輕鬆地進行重構。每當你交付幾個份內任務後，請務必也進行一個重要的重構任務。

4. 測試

稱職的軟體開發人員被認為是可以依靠的人，這部分來自於他們能夠對複雜度合理的工作給出相對準確的時間預估。但更重要的是，出自這些可靠開發人員之手的程式碼能夠正常執行。他們是如何確保程式碼正確執行的呢？

他們在請求程式碼審查或提交之前，對程式碼進行測試。這裡不一定是指自動化測試。在完成編寫工作後，可靠的開發人員首先會手動測試他們的程式碼。在請求程式碼審查或推送到生產環境之前，他們會進行測試。

他們會考慮程式碼可能遇到的邊緣案例，並執行簡單的測試。如果他們建立了一個 API 端點，他們會在本機啟動它，並向端點傳送各種請求以測試其功能。如果他們編寫了一個用於執行某些邏輯的函數，他們會確保函數在邊界條件下正常執行。

可靠的開發人員非常關注邊緣案例。他們會遍歷可能的邊緣案例，並與相關方確認在這些情況下應該發生什麼。例如，在建立使用者輸入欄位時，可靠的開發人員會確認需要驗證使用者的輸入值，以及如果使用者輸入了不同的內容應該怎麼處理。或者，在一個充值現金帳戶的應用程式中，他們會考慮到像負數或非數字值這類的邊緣案例。

可靠的開發人員甚至會在著手開發之前就寫下測試案例，並且在開發過程中發現新的邊緣案例時會補充擴展這份案例清單。當程式碼就緒時，他們會測試所有情況，只有在確信程式碼執行正常時才會提交程式碼。

開發人員通常會忽略邊緣案例和測試案例，並假設程式碼會正常運行，結果導致錯誤頻繁叢生。幾乎可以肯定的是，這些程式錯誤是被忽略的邊緣案例所引起的。一個開發人員可能會認為：「沒什麼大不了的，這在每個人身上都會發生。」是的，這確實會發生。但奇怪的是，這種情況並不常發生在那些花時間考慮邊緣案例且在確認所有假設後才推送程式碼的可靠開發人員身上。

自動化測試是稱職的開發人員常用的工具。他們已經梳理並定義出各種邊緣案例和測試案例。在他們職涯早期，他們可能會手動測試所有這些情況。然而，一旦熟悉了單元測試和整合測試工具，他們再也不會回到緩慢且痛苦的手動測試過程中。

有些人會嘗試測試驅動開發（Test-Driven Development，TDD）的作法，這是一種事先建立單元測試，然後編寫能通過這些測試的程式碼。然而，大多數開發人員會同時進行程式碼編寫和有意義的自動化測試。我們在第 14 章〈測試〉會深入探討不同類型的自動化測試。

CHAPTER

10 高效工程師的工具

為了成為一名高效的開發人員，你需要充分理解可用工具，並且掌握自如。

在某些職業中，會有一套針對「行業工具」的正式教育訓練。我父親從事化學領域工作，他告訴我，進入化學實驗室工作，第一步是學習各式儀器，了解它們的用途。在最一開始，以助理的身分在監督之下操作簡單儀器。在足夠熟練之後，才能接觸更複雜的工具和任務。累積幾年實務經驗後，實驗室工作人員能夠完全獨立操作複雜儀器，並訓練新助理。

但在軟體領域，這樣的職業訓練相當少見。即便一些公司在教育專業人士如何使用工具、構建、部署和其他系統方面做得不錯，但通常情況下，你需要抽絲剝繭，親自摸清這些門道。

本章旨在改善這一情況，概述各家公司組織中成為可靠軟體工程師需要了解並掌握的各式工具與系統，涵蓋以下內容：

1. 你的本機開發環境
2. 常用工具
3. 快速迭代的方法

1. 你的本機開發環境

精通你的程式碼編寫環境：你的互動式開發環境（IDE）或程式碼編輯器。熟悉它，透徹了解它的功能！

你的開發環境是否支援「在特定文件中搜尋」、「在目前文件中替換」、「提取方法」以及「更改變數名稱」？可以一鍵構建並執行專案嗎？一旦你掌握要領，IDE 將變得非常強大。以下是現代 IDE 應該具備的一些功能：

- **重構**：你是否能更輕鬆地重構程式碼，例如重新命名變數／函數／類別或提取方法？請查看你的開發環境內建的重構功能。
- **編譯**：設置一鍵構建／編譯專案的功能。你可以使用哪個鍵盤快捷鍵來執行這一步驟？你能否設置在每次儲存文件時進行編譯或構建？
- **執行專案**：你如何只需一鍵或快捷鍵就能執行編譯專案？這對於前端應用程式如網頁應用程式或行動應用程式尤其重要。
- **熱重新載入**：是否可以在程式碼執行時進行改動，並在儲存文件且環境自動重新載入後即時生效？
- **偵錯**：熟悉如何設置斷點、單步執行（進入／跳過／退出）。你在哪裡可以看到堆疊追蹤？如何查看區域變數？
- **進階偵錯**：可以使用條件斷點嗎？你能忽略條件 N 次才中斷嗎？你能在斷點命中時更改變數嗎？
- **執行測試**：如何執行自動化測試，例如單元測試或整合測試？可以只用一鍵或快捷鍵來執行這些操作嗎？
- **偵錯測試**：你如何設置斷點並偵錯測試？你能否單獨偵錯一個特定測試？如果可以，該如何操作？
- **建立 PR**：你能否在 IDE 內進行原始碼管理（版本控制），例如直接在 IDE 內建立 PR（拉取請求，Pull Request）？

掌握這些細節需要投入時間。與更有經驗的工程師組隊，你會進步得更快。向他們請教如何執行上述操作並向他們學習！有效運用你的 IDE，將大幅縮短程式碼迭代週期，加快你的工作速度。

快速「編輯 → 編譯／執行 → 輸出」週期

如果從編輯程式碼到查看效果不能在幾秒鐘內搞定，那麼你的大腦可能會因為在不同狀態中來回切換而浪費時間。使用現代化工具和效能優異的硬體，沒有理由得在查看改動效果時等待超過一兩秒，無論是重新整理瀏覽器中的程式碼、執行後端的單元測試，或是在行動裝置模擬器中顯示新一輪改動。

不要默默忍受慢吞吞的週期，從編輯到程式碼更動在你的環境中上線，這應該是幾秒鐘的事情。請教隊友他們如何工作，並學習那些不會浪費時間等待機器回應的方法。如果每個人寫程式的迭代週期都很慢，那麼不妨到網路上搜尋，在論壇上發問，找到加快這個過程的方法。

快速迭代將提升你的生產力，並讓你在工作時保持「心流」狀態。

配置 IDE 與工作流

在熟悉目前環境和公司的開發工作之後，接下來可以考慮讓你的工作流程更加便捷。以下是一些方法：

設定常用操作的快捷鍵：例如「執行專案」、「執行測試」、「搜尋程式碼庫」等動作。

如果你經常透過點擊 IDE 選單來執行各式操作，不妨為其設定快捷鍵或查看預設的鍵盤快捷鍵。這些提升效率的小動作將幫助你維持「心流」，因為它們已經成為你的「肌肉記憶」。

色彩配置：對某些人來說這是一個無傷大雅的小細節，但對其他人可能舉足輕重。選擇一個讓你的 IDE 更易於使用的色彩配置；這也許是簡單的深色或淺色模式，或者是更為複雜，與終端機風格呼應的色彩配置。編輯器提供了很多色彩配置套件，比如 Zeno Rocha 的「Dracula Color Theme」或 Dayle Rees 的「Colour Schemes」。

設定程式碼格式與風格檢查工具（linting）：在編寫程式碼時，「if{}」語句中的括號應該在同一行還是下一行？縮排時應該使用多少空格？還是應該只使用 tab 鍵做縮排？

如果你的團隊已經有程式碼格式和風格檢查規範，請確保你的本地開發環境採用這些設定。

如果沒有硬性規定，可以考慮為程式碼選定一個格式化與風格檢查工具，確保你編寫的所有程式碼都是保持風格一致。在大多數這類工具中，可以設定在儲存文件時自動格式化程式碼，或透過鍵盤快捷鍵進行格式化。在團隊中工作時，每個人遵循相同的程式碼風格幫助很大。可以考慮與隊友討論並確定一種統一的做法。

如果你的 IDE 有遊樂場功能，請使用它：在某些開發環境中，IDE 帶有一個遊樂場組件，用於快速試驗；例如，iOS 開發環境的 XCode，就提供了 Swift Playgrounds。認識並熟悉這個環境，然後加以運用，因為它有助於快速設計原型。

不妨考慮替代的開發環境和遊樂場：市面上有很多開發環境。如果你的團隊已經選定其中一個，當然要優先學習那個。考慮替代選項的好處是，以防在某些使用情況下另一個工具更好。例如，在開發網頁，需要製作原型的時候，像 JSFiddle 這樣的遊樂場是一個快速組合概念的好選擇。

2. 常用工具

Git

認識並熟悉 Git，因為它極有可能是你在工作上用於版本控制的工具。請學習 Git 的版本控制工具和背後的概念，諸如：

- 分支（Branching）
- 重整提交歷史（Rebasing）
- 解決衝突並合併
- 挑選提交（Cherry Picking）

最重要的是找到一個你用起來順手的 Git 用戶端。許多開發人員堅持學習使用命令列來操作 Git，而不是依賴圖形化使用者介面（GUI）。如果你能這樣做，就不會依賴任何一個特定的版本控制應用程式。我鼓勵你嘗試這種做法，但如果命令列比圖形化介面更不吸引你，也不用擔心。Git 只是一個工具，最重要的是你能夠建立 PR 並處理衝突，這是軟體開發中最常見的操作。

命令列／終端機

命令列是一個純文本介面，也是一個強大的工具。它在不同的作業系統上有著不同的名稱：

- Mac：「終端機」應用程式（Terminal）。
- Linux： shell 應用程式。Linux 有多種 shell 應用程式可供選擇，如 sh、zsh、csh、ksh。
- Windows：「命令提示字元」（Command Prompt）或 cmd，或者是更強大的 PowerShell 命令列。

你還可以在 IDE 中找到命令列。例如，在 Visual Studio Code 中，命令列顯示於「終端」分頁。命令列在操作遠端機器時特別有用，這時你可能需要透過 SSH 連線，然後使用命令列介面。

熟悉並記住一些常見的命令列指令，例如「導至目錄」、「列出目錄內容」、「執行腳本」（如 Python 或 Node 腳本）、「在文件內容中搜尋」或「設置環境變數的值」。

最好的方法是開始用命令列來完成工作任務。你可以搜尋「how to do X with the command line」（如何使用命令列完成 X）來找到方法，其中「X」是你要完成的工作任務。對命令列的操作越嫻熟，工作流程就越富有效率。

正規表達式

學會足夠多的正規表達式（regex），因為它們可能會對你有幫助，尤其是在搜尋某些文件或進行批次編輯／重新命名的時候。學習基本的語法並在搜尋文件和替換內容時使用正規表達式。

尋找一個能幫助你測試和驗證正規表達式的工具，以便在需要時使用。這個工具可以是網站，也可以是 AI 助理。

SQL

SQL 是用於查詢關聯式資料庫的語言。在構建資料儲存應用程式或服務時，通常會使用到關聯式資料庫或 NoSQL 資料庫。然而，在查詢任何類型的資料時，很有可能你需要使用一些 SQL 語法。

因此，學習 SQL 的基礎知識有其必要，舉凡如何建立表格、如何使用 SELECT 指令搭配 FROM、WHERE、ORDER BY、GROUP BY、HAVING

等子句，以及一些更進階的內容比如聯結表格（join）或使用視圖（view）。了解這些語句的效果，以及表格索引在執行更複雜查詢（如聯結）中的重要性也是很有幫助的。

對 SQL 具備一定程度的了解後，就可以在進行資料操作時運用這些知識。

AI 程式輔助工具

從 2023 年初開始，AI 程式輔助工具蔚為流行，並且越來越高效。這些工具大致分為兩類：

1. **內建的程式輔助工具**：這些工具類似強化版的「自動補完」功能，根據現有的程式碼建議接續的程式碼。例如 GitHub Copilot、Sourcegraph Cody、Tabnine 等。
2. **生成式 AI 聊天介面**：許多生成式 AI 聊天應用程式以原始碼和程式概念為訓練基礎。這些工具可以與你「討論」與程式相關的主題和問題，並且對架構程式碼框架，或是生成包含多個文件的大段程式碼非常有用。實際例子包括 ChatGPT、Google Bard 和 Phind.com。

請教同事他們使用哪些輔助工具，親自嘗試並選出那些「最適合」你的工具。弄清楚哪些是有幫助的提示，並將其紀錄在可供日後參考的文件。

AI 程式輔助工具只是另外一種提高生產力的工具，只要你學會如何使用並理解它們的限制。任何工具都有缺點，AI 工具的一個大缺點是有時它們產出的程式碼不是你想要的，或者程式碼可能有錯，模型可能會出現幻覺，編造出不存在的 API。當心這些工具的限制，幫助你更有效地運用它們。

公司內部的開發工具

你所在公司內部經常使用哪些內部（極有可能是自訂的）開發工具？當你加入團隊並開始進行頭幾回程式碼修改時，你很可能會遇到幾個這樣的工具。

例如，在規模較大的科技公司中，通常會有自訂的 CI/CD 系統、程式碼審查工具、監控和警報工具，以及自訂的功能標誌和實驗系統。即使工具不是自訂的，不同的公司也往往使用不同供應商提供的工具，因此你有必要讓自己熟悉這些工具。

請教同事他們經常使用哪些工具。製作一份清單，弄清楚如何存取它們，以及這些工具的作用與運作機制。建立你自己的「快捷指南」，以便高效地使用這些工具。

你的「生產力快捷指南」

當我在 Uber 工作時（公司使用大量的內部自訂工具），我記錄了一份關於內部工具和儀表板連結、指令、提示和查詢的參考文件。多年以來，這份文件一直很有用！

不妨考慮建立一份屬於你自己的「生產力快捷指南」。從一份空白文件開始，寫下工具的名稱以及相關簡述、超連結、指令和其他備註。這份小文件可以幫助你很多，尤其是在你加入新團隊的前幾個月。

3. 快速迭代的方法

閱讀並理解現有程式碼

編寫程式碼的挑戰通常不在於如何編寫，而在於編寫什麼。特別是在處理較複雜的程式碼庫時，你會發現理解程式碼的運作方式，並且能在程式碼庫中自在導航，會讓你更加高效。以下是一些可以幫助你的方法：

請求他人幫助：請有經驗的工程師為你導覽，介紹一遍程式碼庫的構成，各部分的功能以及需要注意的事項。

繪製類別／模組圖：手繪或使用 Excalidraw、LucidCharts 等工具，繪製程式碼庫的各部分並記錄它們的角色以及它們之間的連結。

分享程式碼地圖：將你建立的地圖與隊友分享，徵求他們的回饋。這通常是一個不錯的話題開場白，並且不僅你自己會學到新東西，其他人也可能從你的地圖中發現需要改進的地方或此前沒注意到的關係。

建立備忘錄：記下關鍵程式碼部分的位置以及經常使用的模組或類別。這可以是一個簡單的文字檔案或文件。當你經歷「靈光一閃」時，請記錄下來。

了解如何在 CI/CD 流程中偵錯

CI 代表「持續整合」，CD 代表「持續部署」。大多數科技公司和新創都會引入 CI/CD 系統。

每隔一段時間，你可能會遇到測試在 CI 伺服器上意外失敗或在 CD 部署時出現問題。這些問題雖然罕見，但通常很難找出根本原因。

去了解公司和團隊的 CI/CD 系統如何運作，幫助你瞭解這套流程的背後機制。了解哪些腳本會執行，執行順序為何，以及如何檢查相關設定。向資深工程師或更有經驗的工程師請益關於這個系統的指導。如果有專門維護 CI/CD 系統的團隊，請與該團隊的工程師交流。

了解如何存取 CI/CD 日誌檔案，它們是理解某些構建失敗的關鍵線索。問題根源究竟是出自 CI/CD 基礎設施故障，還是源自最近程式碼變更中的遞迴問題？

更多關於 CI/CD 系統的內容，我們會在第 23 章〈軟體工程〉中詳細介紹。

了解如何存取生產紀錄與儀表板

假如無法對可能發生的問題具備一定程度的掌握，那麼想對波及使用者的生產問題進行偵錯是很有挑戰性的。因此，你需要弄清楚如何存取以下內容：

- 生產日誌、儀表板和指標
- 對這些日誌進行篩選，找到特定使用者的問題
- 查詢各種相關資料來源以進行偵錯
- 存取特定使用者的損毀傾印（crash dump）、錯誤和異常
- 偵錯生產日誌時需要遵循的流程。例如，在偵錯生產資料時如欲存取個資，這時可能需要遵循資料保護流程。請教你的經理和更有經驗的工程師。

如果你紀錄著一份「生產力快捷指南」，可以將這些細節加入其中，以便日後快速參考。

進行小範圍的程式碼變更

你很可能會在將程式碼改動以拉取請求（Pull Request，PR）的形式提交的環境中工作，並且需要附上關於此次 PR 的摘要敘述。以下是一些有效處理 PR 的方法：

- 盡量提交小範圍的 PR：將程式碼改動分割成一個個小 PR，每個 PR 只更改一處。
- 簡述「為什麼」和「做了什麼」：在摘要中用幾句話說明為什麼要進行這些改動，並簡述你更改了哪些地方。記住，PR 註解將來會被其他人閱讀，好讓他們了解為什麼需要做出這些改動。寧可解釋過多也不要解釋不足。
- 當 UI 發生變化時，以示意圖說明：一張圖片勝過千言萬語。附上程式碼改動前後狀態的示意圖。
- 提到已考慮和未考慮的邊緣案例：明確說明你考慮到的邊緣案例。
- 在 PR 摘要中明確定義此次改動所涵蓋的範圍，這麼做對於日後預計推出後續追蹤的 PR 時尤其重要。
- 尋求對於 PR 摘要的意見：請有經驗的工程師查看你最近的 PR，詢問他們喜歡哪個部分、不明白什麼，並請教如何撰寫更清晰、更簡明的摘要。

編寫並執行自動化測試

撰寫程式碼最耗時的事情往往是實際編寫程式碼本身。這包括設計方法、撰寫正確的程式碼和測試程式碼是否正常執行。其次最耗時的事情就是修復新程式碼引入的問題！

想要寫出不出錯且不引起回歸問題的程式碼，最好的方法就是進行測試。當然，你應該在更改程式碼後進行手動測試。然而，更高效的方法是執行程式碼庫中已經存在的自動化測試，並撰寫新的自動化測試來驗證你的程式碼，並捕捉未來可能的回歸問題。

我們在第 14 章〈測試〉中會詳細介紹測試的重要性及常見方法。在這一節，你應該加以熟悉以下測試的重點摘要：

- **單元測試**：這是最簡單的測試類型，也是大多數環境中的基礎測試。假設你的團隊已經在使用單元測試，加入其中並學習如何撰寫高品質的測試。然後請求團隊的回饋。
- **整合測試、截圖測試和端到端測試**：這些測試更為複雜，涵蓋的功能範圍更廣。對於後端開發，整合測試可能更為相關。對於網頁和行動應用程式開發，截圖測試和端到端測試可能更為常見。了解你的團隊是否採行這些測試，並且學習如何撰寫和維護這些測試。

別坐等程式碼審查：主動要求

等待漫長時間通過程式碼審查，這無疑會拖慢你的工作進度。當你提交程式碼，請求審查時，可以考慮知會經驗豐富的開發人員，及時進行程式碼審查會幫助你更快推進。

找出何時以及如何請求程式碼審查的最佳方法是請教團隊中的其他開發人員：當你有程式碼需要審查時，他們是否介意你向他們發出請求？團隊是否有專門的頻道供大家宣佈審查？

經驗豐富的開發人員會明白快速進行程式碼審查能大大加快開發人員的工作進度，並會優先處理此事。但如果他們尚未這麼做，請詢問如何才能最好地告訴他們，你需要他們的幫助來解決問題，並獲得那個急需的審查結果。

獲得頻繁回饋

成為可靠軟體工程師的兩個最快方法：

- **構建東西**：透過編寫程式碼解決問題，並將程式碼部署到生產環境。
- **獲取回饋**：你的解決方案是否如預期工作？是否達到你想要的效果且沒有副作用？

透過部署到生產環境獲取回饋：獲取工作回饋的最直接方法是將其部署到生產環境，然後確認其是否如預期執行。這種方法的美妙之處在於，如果你的程式碼存在錯誤或問題，很快就能從使用者那裡獲得回饋。

當然，從生產環境獲取回饋的缺點是你可能會弄壞東西。幸運的是，還好有更安全的回饋來源。

請求對你工作的回饋：有時候，向你信任的同事或經理請求直接的回饋更有效。

請求回饋的最佳時機是當你完成一項任務或結束一個專案時。這時候人們會給出最具體、最有幫助的評論。下次你完成一項工作時，考慮找一位經驗豐富的工程師，詢問他們對你做得好的地方和可以改進的地方的看法。

如果你與經理有一對一會議，請求對具體工作或專案的直接回饋。如果你的經理沒有和你密切工作，可能無法立即給出回饋，但他們可以從團隊成員那裡蒐集回饋並與你總結。

許多工程師不擅長給出回饋，這不是因為他們不在乎能不能給出好的回饋，而是因為他們不知道如何給出具體且可行動的回饋。如果你收到的回饋聽起來帶有評判性或不夠有幫助，例如「你可以做得更快」或「你請求了很多幫助」，不要太在意。相反，可以進一步詢問，將這些意見轉化為更具行動性的回饋，並詢問這些行動是否能解決回饋中所反映的問題。例如，「你可以做得更快」的回饋可能是不佳的表達方式，實際上是想說你在遇到延誤時沒有及時告知。具體可操作的回饋應該是未來更清晰地溝通障礙。

比較你的產出與團隊成員的產出：工作不是一場你爭我奪的競爭，但了解你的產出和迭代速度與同事相比如何，有助於你了解自己的狀態。觀察團隊成員提交 PR、將程式碼推到生產環境以及完成任務的頻率。

此時的目標僅聚焦在掌握自己與團隊正常工作節奏相比的表現如何。在最初的適應期過後，通常會工程師被期待發揮合理程度的生產力及工作效率。掌握自己的資料點，了解自己的表現，即使在收到他人明確回饋之前也大有裨益。

重點整理

稱職的軟體開發人員能夠在符合其經驗程度的合理複雜度專案中完成工作。想要可靠地完成定義明確的任務和小型專案，需要妥善運用你的技術技能、專業知識和經驗，有很多東西需要學習。

「練習、練習、再練習」是幫助自己成長的最佳建議。除了構建軟體，以下幾點可以加速你的專業成長：

- 在能夠向其他開發人員學習的團隊中工作
- 有機會向導師或同事請教問題
- 能夠與開發人員組隊工作
- 有足夠的時間深入研究某項技術
- 有機會在專案和任務上工作足夠長的時間，熟練掌握這項技術，但也能夠頻繁地切換以持續學習

許多開發人員急於爭取升遷到下一職級。這確實合情合理，畢竟更高的職稱有著更多分量，承諾更好的薪酬和更優秀的發展機會。

然而，打下扎實的軟體開發知識和經驗基礎，學會如何辨識自己在何時卡關、如何解決問題，並養成持續學習的習慣，都不是一蹴可幾，而是需要時間厚積薄發，最終對於你的職業生涯有所助益。如果你能夠堅持持續學習和成長，那麼，在初級職位上積累的時間絕非一種「浪費」，而是成就日後的養分。

關於更多延伸閱讀，請參考第二部的線上資源：

Getting Things Done as a Software Developer: Exercises

pragmaticurl.com/bonus-2

PART III 全面發展的資深工程師

從本章開始，我們將討論「軟體工程」而不是「軟體開發」。因此，我們選擇以「軟體工程師」這個稱謂取代「軟體開發者」。儘管軟體開發和軟體工程兩個詞語經常被交替互用，在此改用這個稱呼是有目的性的。在我個人的使用方式與認知中，軟體開發是軟體工程的一個子集。此外，不同於軟體開發，軟體工程牽涉到對軟體產品進行更長時間跨度的思考。

軟體開發 vs. 軟體工程

軟體開發指的是構建軟體的過程，這一過程包括：

- 制定基本計劃
- 編寫程式碼
- 測試
- 部署
- 偵錯

在許多情況下，軟體開發者被賦予明確的任務，工作範圍僅限於完成這些任務。在更傳統、非科技主導的公司中，由產品經理、業務分析師、專案經理或架構師完成對於一項工作的拆分，而不是由軟體開發者主動進行。

軟體工程的涵蓋範圍比軟體開發更加廣泛，它還涉及：

- 蒐集需求
- 規劃解決方案並分析不同方法的利弊
- 打造軟體
- 交付到生產環境
- 維護解決方案

- 擴展解決方案以適應新的用例
- 遷移到其他解決方案

軟體工程師應該注意他們的工作在長期和短期內的影響。使用「軟體工程師」一詞的另一個原因是為了強調，在資深及以上職等，軟體工程師應該思考自己工作成果的長期影響，而不是僅限於解決眼下問題（例如修復一個持續存在的錯誤）。常見的長期影響包括：

- 如何確保錯誤不會再次發生？其中一個解決方案是自動化測試。
- 如何確保類似問題能夠迅速被檢測？監控和警報是一個解決方案。
- 如何使修復在未來容易維護？可行選項包括編寫易讀的程式碼、說明文件，或使程式碼對未來用例擴展性更好的程式設計決策。

從這一章開始，我們將以更長遠的宏觀視角來討論活動和建議。著眼於所編寫的程式碼和所做的工作之長期影響，是軟體開發者和軟體工程師之間的一個重要區別。

在《Google 的軟體工程之道｜從程式設計經驗中吸取教訓》這本書中，作者 Hyrum Wright、Titus Winters 和 Tom Manshreck 主張，軟體工程是軟體開發（或程式設計）在更長時間框架的延伸：

> 「我們認為『軟體工程』不單單是編寫程式碼的行為，而是涉及到一個組織用來長期構建和維護程式碼的所有工具和流程。一個軟體組織可以引入哪些實踐來最有效地保持其程式碼的長期價值？工程師們如何使程式碼庫更具永續性，並使軟體工程本身更加嚴謹？（中略）
>
> 軟體工程可以被看作是『隨著時間推移而整合的軟體設計』。我們可以對程式碼引入哪些實踐來使其更永續（能夠應對必要的變動）在其生命週期中，從概念成型到引入，再到維護，直到棄用？」

不同等級公司對資深工程師的期望

在第 1 章〈職涯發展路徑〉中，我們討論了根據薪酬劃分的三種公司等級：

- 第一級：與當地競爭公司進行基準對比
- 第二級：在所有當地公司中達到市場頂端
- 第三級：在所有區域／國際公司中達到市場頂端

第三級公司給予資深工程師的薪酬通常比第一級公司高出數倍。這種薪酬差異使得第三級公司對資深工程師有更高的期望。

在本章中，我們將探討第二級和第三級公司對資深工程師的合理期望。

常見的資深職稱

不同公司對軟體開發人員的職稱有所不同。以下是最常見的職稱：

- 資深軟體工程師／資深開發者：大部分科技巨頭和許多新創企業／成長階段公司
- 軟體工程師：在一些不願意對外公開職級的公司（如 Meta）
- 資深技術人員（eBay 和 VMWare）、首席技術人員（Oracle）

「職稱通膨」在較低層級的公司中尤為明顯。在 Meta、Google 或 Uber 等第三級公司中，需要連續兩次晉升才能拿到「資深工程師」此一職稱。而在 Microsoft，你需要升職四次：初級工程師的職等從 L59（SWE 1）開始，而資深工程師從 L63 開始。

然而，有許多公司的初級軟體工程師，經歷第一次升職後，就能拿到「資深工程師」的職稱。顧問公司就是一個例子；在這些地方，擁有 2-3 年經驗的開發者被稱呼為資深工程師，而在科技巨頭，擁有 5-10 年經驗的工程師可能仍處於 SWE 2 職級——這是資深工程師的前一職級。

當然，職稱通膨的情形不僅限於資深工程師這一職級，但這個職級是不同公司之間期望差異首次出現明顯差異的節點。不同公司對資深（senior）職位的不同期望，也解釋了為什麼在某些（通常是較低層級）公司中的「首席」（principal）職稱可能等同於較高層級公司中的資深工程師。

常見的資深工程師期望

話說回來，科技公司對資深工程師通常有什麼期望呢？以下是一個摘要。別忘了，每間公司都是獨特的，沒有兩家公司有完全相同的期望。

領域	常見期望
範圍	中型任務或更加複雜的專案
指導	在大多數任務中獨立工作
完成任務	自行移除障礙
採取主動	被期待在分內範圍內主動採取行動
軟體開發	遵循並改善團隊實踐，幫助其他隊友理解價值
軟體架構	為領導的專案設計架構並尋求回饋
工程最佳實踐	遵循現有的最佳實踐，並引入有助於團隊更好的實踐
協作	與團隊內的其他工程師和利益關係者合作
導師	可指導更資淺的工程師，同時尋求指導
學習	渴望學習
普遍的產業工作經驗	5-10+ 年

▲ 資深軟體工程師的常見期望

資深工程師作為最終職等

在一些公司，資深工程師這一職位被視為職涯終點。這意味著公司不會再期望工程師在此基礎上進一步升職。這也表明，從資深職等升到下一個職等的機會更加稀缺，而且更具挑戰性。

許多公司為什麼決定將資深工程師設為「終點」？原因在於資深工程師被期望能夠自主工作，並能夠自己解決複雜的專案和問題。很多團隊和專案並不需要更加艱深的專業知識。我們在第 4 章〈升職〉中對最終職等概念有更多著墨。

CHAPTER

11 完成任務

更多湧入的請求、頻繁的狀態切換和更複雜的工作,這些因素使得資深軟體工程師與初級工程師的工作量有所區別。

想被視為一個能夠「完成任務」的工程師,不僅僅要遵循第 7 章〈完成任務〉中討論的方法。當然,第 7 章描述的許多方法在此同樣適用,例如:

- 專注於最重要的工作
- 為自己移除障礙
- 拆分工作
- 尋找導師

然而到了「資深」職級,還有一些額外洞察和實用方法可以學習。本章將深入探討這些內容:

1. 完成任務:感知與現實
2. 你的分內工作
3. 你的團隊
4. 大局觀

1. 完成任務:感知與現實

你的經理會形容哪些工程師能夠「完成任務」?這個人會是你自己,還是那個看起來更加游刃有餘的同事?

從你的角度來說,你就是那個使命必達、完成任務的人,但在你的經理眼中真是如此嗎?如果你不擅長做好溝通工作,而你的同事在這方面做得很好,那麼你的經理很可能會認為是同事更擅長完成任務。

感知與現實不見得一致

「完成任務」的指示，與透過解決難題實際完成任務的過程，不見得是同一件事。你的經理看不到為了在指定期限內完成重要專案而付出的努力，例如你極力追蹤並修復棘手錯誤，或者你採用了有創意的變通方法和捷徑。有時，知識豐富、能夠觀察並協助你推進工作、可以一起配合的隊友不見得存在，因此你只能獨自完成任務。

要被視為能夠完成任務的資深工程師，需要具備兩點：

1. 以務實的方式解決複雜工程問題的能力
2. 與同事和經理溝通你的工作，包括進度、遇到的障礙、解決方案以及工作的複雜性。

溝通你的工作

隨著資歷越深，妥善溝通你的工作進度與成果越來越重要。不要假設你的同事或經理全盤了解你工作中的「簡單」或「困難」部分。相反地，你應該在狀態更新報告、一對一會議和團隊會議中明確分享你目前的工作進展。例如，如果你解決了一個複雜的問題，應該在每週會議上告訴團隊：

> 「上週，在我們的後端遷移計劃中，我遇到了一個具有挑戰性的邊緣案例。我與另一個團隊合作解決了這個問題。雖然花了比預期更長的時間，但現在已經完成了，遷移工作已經準備就緒。」

雖然這樣的說法還算及格，但其實資訊度很低。這段話沒有解釋工作內容、為何具有挑戰性、做了這些事的重要性，或者你的努力如何符合任務的複雜性和結果。以下是一個更好的溝通版本，傳達了更豐富的資訊：

> 「上週，在對我們的遷移腳本進行更多驗證時，我注意到約 2% 使用者的付款請求的影子輸出（shadow output）與預期不同。這些差異是因為巴西地區出現了貨幣轉換問題。如果我們推出這個變更，那麼巴西地區的使用者會被多收費。
>
> 當我深入研究差異的原因時，發現新的貨幣轉換系統缺少幾個國家，包括巴西在內。我與構建此系統的團隊合作，新增了這些國家，

並幫助他們設置當出現貨幣轉換請求時的警告訊息。我預期這項工作將大大提高新服務的可靠性。

儘管新的貨幣服務的所有權不屬於我們團隊，但我協助進行改動，使用 Go 語言並審查了這個團隊的程式碼。在進行修改後，我構建了兩個整合測試來測試這個功能。

透過這一兩天的額外工作，我們現在有了一個安全機制（包括單元測試和兩個整合測試）我們讓新的貨幣服務比之前更可靠。

我一直在監控影子系統和生產系統，過去 4 天內沒有輸出差異：我們的回應百分之百一致。」

保守承諾，超額交付，並且多加溝通

被視為能夠完成任務的人，最好的方法之一就是交付出令人滿意的成果，甚至超越預期，並且持續這麼做。

想達到這個境界，你需要具備良好的判斷力，確定你能真正承諾的工作量，避免陷入過度承諾的窘境。這意味著，你在明確了解工作內容的基礎上，承諾在特定日期或期限之前交付成果，或承擔你有能力和時間完成的困難專案、錯誤修復和調查。

在你超額完成任務時，不要忘記告訴你的同事和經理。在溝通成果和自吹自擂之間，存在一條很細微的界線，重點是讓人們知道你超越預期。例如，在完成一個專案並構建一個日後可能帶來用處的小工具時，你可以這樣說：

「我完成了 PayPal 的整合，同時做了一個日後可能有用處的小工具。」

以下是一個更好的表達方式：

「我上週完成了 PayPal 的整合，耗時一週，與預估的工時一致。然而，在構建過程中，我發現自己花了太多時間手動測試它是否能正常工作，於是我想：**我們能自動化一些測試嗎？**

因此，我編寫了一個簡單的腳本，使用 UI 自動化來驗證付款方法是否正常工作。我首先為 PayPal 編寫了這個腳本，這實際上加快了開發速度，因為測試變得更容易了。現在我們有了這個小工具，可

以很輕鬆地修改它來測試其他類型的付款方式，比如銀行卡。這裡有一份關於如何使用這個工具以及如何修改它的 wiki 頁面。」

及早溝通障礙並提供替代方案

軟體開發的特色是意外問題永遠會出現，比如函式庫不按預期工作、一個離奇的錯誤需要很長時間才能修復、新的依賴項突然出現並阻礙你的進度，以及無數其他問題。

被認為不可靠的工程師通常不會及時溝通，反映他們遇到了新的障礙。他們試圖閉門造車，想以一己之力自行解決，卻常常苦苦掙扎，直到另一位工程師介入幫忙後才取得進展。

反之，高效的工程師善於自行移除障礙（如同在第 7 章〈完成任務〉討論過的那樣）並且有能力辨識出哪些障礙將會延誤專案進度。

當意外工作突然出現時，你應該與你的團隊、經理和專案負責人分享這一情況。但不要只反映障礙，而是要提供替代方案，避免純粹延誤工作。例如：

- 縮減專案的範圍，好讓你「當下」不需要處理這個障礙。
- 想出一個臨時方案在短期內解決這個阻礙，之後再進行適當的修復。基本上，你是在提倡為了現在能更快前進而承擔技術債。
- 找其他人來解決這個阻礙，例如，平台團隊或第三方供應商是否能做出改變以解決問題？

發揮創意，做好取捨，尋找替代方案。逼迫自己考慮不同的選項，可能會讓你更接近以更聰明、更快的方式解決障礙。

2. 你的分內工作

高效處理湧入的工作請求

資深工程師面臨更多的工作請求，例如：

- 「你能參加下週的規劃審查會議嗎？」
- 「明天需要你來當面試官，因為有位工程師生病了。」
- 「你能成為我的績效評估同儕審查者嗎？」
- 「我們下個月有一個校園招募活動。能請你擔任講者嗎？」
- 「我需要你的幫助來解決一個你兩年前建立的組件中的奇怪錯誤。你能撥出幾分鐘和我一起看看嗎？」

這些都是正當的請求，這表示你過去的經驗很有價值。然而，它們也是將你從更重要工作中拉開的干擾。

湧入的工作請求和來自他人的拜託總會出現。隨著時間推移，這些請求的數量可能會變得令人無法負荷。雖然沒有一以貫之的最佳處理方法，但以下是一些我觀察到有經驗的工程師成功使用的方法：

預留時間進行不被打擾的深度工作。分配一些時間專注於你的工作。將這段時間標註在日曆上，拒絕會議和其他干擾。把這段時間視為一種高優先級的會議。當然，也不要過度預留時間！

在進入工作狀態時說「現在不行」。當你進入工作狀態並取得良好進展時，擋下來自各方的干擾。關閉聊天通知，並告訴人們如果他們直接找你，你會晚一點再回覆。

限定一段用來幫助別人的時間段。當有人請求協助時，限制你在這上面要花費的時間，比如 5 至 10 分鐘。這會促使你更有效率地指點同事，而不是親自下場解決問題。

將同步請求轉為非同步請求。例如，與其參加一個你幾乎沒有發言的會議，不如請求獲得會議摘要，以便在你方便的時候閱讀。這麼做可以將一個同步請求（會議）轉化為一個非同步請求（會議記錄），讓你可以稍後查看。你可以將許多請求轉變為非同步的方式來處理。

將工作請求重新派發給能受益的同事。讓經驗較少的工程師接手一些請求，有助於促進他們成長，同時減輕你的負擔。

隨時了解你的「首要優先任務」。如果你今天只能完成一件事，那會是什麼？如果你這週只能完成一件事，什麼是最重要的？這就是你的首要優先任務。了解這項任務是什麼，並確保你有足夠的時間和空間完成。

評估請求的優先次序。使用「緊急／重要」矩陣來評估某個請求有多需要你的產出。

	重要	不重要
緊急	現在就做	轉交或拒絕
不緊急	放到待辦清單	拒絕！

為工作請求排定優先處理次序的一種方法

依照緊急和重要程度區分任務

- **緊急且重要的任務**：立即處理，或者在你不再「進入心流狀態」後處理。這類任務可能包括協助處理當前的故障或幫助團隊成員排除阻礙。
- **重要但不緊急的任務**：記錄下來，稍後再處理，例如對設計文件的回饋、進行急需的重構等。有些任務隨著時間推移，可能會變得「緊急且重要」。
- **緊急但不重要的任務**：這類工作不一定需要你親自處理。例如，已經有其他人簽核的程式碼審查、已經有足夠人手參與的故障排解，或新郵件的回覆（通常可以稍後處理）。如果不重要，克制你想立即行動

的衝動，避免分散自己對「主要」工作的注意力。是否可以將這些任務轉交給其他人，或者直接說「不」？
- **不緊急也不重要的任務**：直接說不。例如，參加你無須發言且不關心的會議，閱讀與你無關的專案之狀態更新郵件等。注意，參與這類工作有其價值，但這應該是基於對你有益的前提，而不僅僅是因為被要求這麼做。

系統化記錄重要但不緊急的工作。一個常見的挑戰是如何記錄這些工作。找到一個適合你的方式，比如記錄在：

- 一個文件檔案
- 待辦事項清單
- 你喜愛的編輯器或筆記工具
- 實體筆記本
- 手機備忘錄

嘗試不同的方法，找出最適合你的方式，不要害怕做出改變。

對於不重要的事，直接說不。禮貌地拒絕的方式包括：

- 「我很想幫忙，但不幸的是，我有一項首要工作必須完成，所以很遺憾現在無法幫忙。」
- 「我已經有太多事情要做了，無法再接手這個任務。」如果你有一個正在處理的專案清單，展示給對方看會更有說服力！
- 「我覺得我不是最合適的人選，建議你問問……（合適人選的名字）。」
- 「我想這不需要我來解決：這裡有一些你可以自己解決的方法。」

定期清理待辦事項清單。許多工程師在清理「不緊急但重要」的待辦事項時容易感到沮喪。然而，我認為這是一種讓事情重新歸位的好方法。

實際情況是，對你來說重要的事情會隨時間而改變。任何你建立的重要工作清單最終都會變得陳舊。當這種情況發生時，你有兩個選擇：

1. 查看現有清單，移除已經不再重要的工作。
2. 打掉重練，製作一個更精簡的「現在真正重要」清單。

第二種方法更快，並迫使你重新優先考慮工作，只記錄最重要的任務。這也減少了對其他事項的壓力，並減輕了未來的心理負擔。只要記得與相關同事分享，讓他們知道那些請求不再存在你這一份新的精簡清單中。

意識到感到不堪重負是正常的。資深及以上職等的工程師經常出現的抱怨之一是，無論採用哪種方法，他們仍會感到負擔過重，沒有足夠的時間處理「重要」的工作。這很正常，以下是一些應對方法：

- 蒐集你應該做的一切，並與你的經理和導師討論這些清單（如果你還沒有導師，考慮尋找一位）。哪些事情是你真的需要做的？哪些可以交給隊友？哪些任務可以在經理的支持下直接說「不」？你的經理可能不知道你正在經手的所有事情，而他們會幫助你優先考慮對團隊真正重要的工作。
- 在你的清單縮小之前，對新的請求說「不」。或者，僅在你能刪除清單中的其他項目時才接受新的請求。看看當你因為負擔過重而拒絕時會發生什麼。
- 休息一兩天。回來後，清理你的清單並重新開始。但如果你太常這麼做，請考慮採取其他方法。

3. 做事必須徹底完成

那些能夠「徹底完成」工作的軟體工程師，會被賦予讚美、收獲好評。能夠快速完成工作的工程師絕非罕見，但他們的程式碼往往存在各種問題，諸如程式錯誤、未納入的邊緣案例或匆忙拼湊的使用者體驗等等。

被視為高效的工程師不一定是最快完成工作的人，但他們交付成果的速度足夠快，而且最重要的是，最終結果能如預期般正常運作。

問問自己，以下任一情況是否發生在你身上過？

- 發布新功能後，有時會出現程式錯誤
- 你很少為你的功能編寫測試計劃，沒有針對各種情況進行驗證
- 完成功能後，你不見得會列出不支援的邊緣案例及已知錯誤
- 發布新功能時，沒有進行自動化測試、監控和警報設置

很少有工程師完全避免上述情況，這是因為大家習慣於快速行動、先把東西推上線再來修復問題。因此，那些在上線之前就解決好所有問題、深入了解邊緣案例的工程師會顯得格外與眾不同。

那麼，如何成為一名徹底完成工作的工程師，讓同事和利益相關者信任你的工作成果呢？以下幾種方法可以幫助你達成這一目標：

將規範書面化。產品中的許多錯誤是由於利益相關者的期望與軟體工程師的構建之間存在誤解所致。為了避免這種誤解，請提供一份描述功能運作、邊緣案例和範圍界定的技術規範。在實作階段之前，與產品經理和業務相關者一起檢視、釐清這些內容，讓彼此達成共識。

在開始工作之前，確保你完全了解產品和客戶的需求。將這些需求書面化以避免誤解。

規範不必冗長，產品經理也不一定需要親自撰寫。如果沒有規範，與產品人員或業務相關者討論功能的預期工作方式，以條列式要點總結出一至兩頁的重點摘要，然後與對方確認這些內容是否符合事情正確的運作方式。這一小時的工作可以為你省下數天的工作時間。

此外，如果能夠提供一份書面化的技術規範，產品人員有機會為你指出錯誤、缺失的細節或邊緣案例。

制定測試計劃。在實作一個重要功能之前，請先做一些規劃並敘述你的方法，例如你準備建立和修改哪些組件、架構如何修改、方法的取捨以及你選擇的方法。

你將如何測試所實施的功能是否按預期工作？有哪些手動測試案例？哪些部分可以使用單元測試、整合測試或端到端測試進行自動化？哪些部分只能在生產環境中測試，在宣布功能準備就緒之前，要如何進行這些測試？

許多工程師會跳過事前測試計劃，因為直接進入實作階段更令人興奮且更有動力。然而，思考測試和測試內容的最佳時機是在計劃階段，而不是實作階段。

當你有測試計劃時，請分享給產品經理、業務相關者、其他工程師或 QA 人員，並尋求回饋。你很可能會訝異他們指出了遺漏的邊緣案例或替代的測試方法！

在估算中包含測試、監控和警告。在處理大型程式碼庫或為可能對業務造成重大影響的產品構建功能時，測試和監控應該是「徹底完成工作」的一部分。

然而，許多工程師忘記在估算中加入自動化測試和監控／警告，或者他們將這部分工作視為單獨的項目。問題在於，產品人員和業務相關者往往會跳過這部分工作，因為他們認為這是節省時間和加快進度的機會。

「完成工作」和「確保你的工作在生產環境中經過測試和監控」，這兩件事緊密相關。跳過測試和監控，你的工作將變得不那麼可靠。因此，不要對這部分工作妥協，做就對了。

不要將工作「丟給」QA。如果你所在公司很幸運地擁有專職的品質保證（QA）人員或團隊，不要光顧著把你的工作「丟給」他們。我觀察到的一個反模式是，一些與 QA 團隊合作的工程團隊往往預設測試和品質保證完全是 QA 團隊的責任。因此，他們傾向於在構建完功能後，將其交給 QA 進行測試，而不願意花時間考慮邊緣案例，也不進行簡單的手動測試。

毫無疑問，這意味著工作會花更長的時間才能完成。QA 會發現一些明顯的問題（這些是任何工程師透過最基本的測試就能發現的問題），然後將其退還給工程師進行修復。工程師修復這些問題後，再次交給 QA 進行測試。QA 接著會發現一些更細微的錯誤，這些可能是工程師未注意到的，並再次將其退還，讓工程師進行修復。最後，在工程師解決這些問題後，QA 會進行第三輪測試，宣布功能正常運行。

如果這種情況說的就是你，那麼你是在讓自己吃虧。

在規劃階段就讓 QA 參與進來，並與他們一起制定測試計劃。QA 工程師通常對異常邊緣案例和難以捕捉的錯誤有很好的敏感度，所以你可以向他們學習，了解他們如何對系統進行「壓力測試」，並利用他們的專業知識制定出更健全的測試計劃。

不要只把事情「丟過去」。與 QA 並肩工作，這樣你就不會在等待 QA 測試時無所事事地閒坐著。

同時，不要把 QA 視為理所當然。許多工程團隊並沒有專職的 QA 人員。所以，如果你和 QA 一起工作，請與他們合作，向他們學習，並提高你的 QA 技能。因為很有可能在你下一個團隊或角色中，不會有專職的 QA 人員，而擁有這種技能將幫助你交付更高品質的工作。

短迭代

從提出一個想法，到展示一個運作中的原型，通常需要多長時間？從發現一個錯誤，到修復並部署到生產環境，通常需要多長時間？如果這些問題的答案是數週而不是數小時或一兩天，那麼你不大可能會被視為一位高效的工程師。你最多被認為是「穩定而緩慢的產出者」，在最壞的情況下，你只會被認為是「工作效率太慢」。

每天都交付一些成果。高效的軟體工程師幾乎每天都能（並且確實）交付程式碼。我在小公司和大公司都觀察到這一點，甚至在擁有數千名軟體工程師的大公司也是如此。在擁有 20,000 名軟體工程師的 Google，每位工程師每天平均有兩次程式碼改動被部署到生產環境中。這包括一些自動化的改動，但這些並不是大多數。

要這麼頻繁地交付，唯一的方法是進行「短迭代」，這意味著：

- 將工作拆分為更小、獨立的部分：這些可能是可直接交付的小迭代，或者是將大型工作拆分為小步驟的邏輯步驟，如：搭建鷹架（scaffolding）→ 首個業務邏輯 → 其他邊緣案例 → 清理
- 生成足夠小的程式碼改動 / PR：更容易建立、更容易審查、更快審查，因此能更快交付

- 激勵你的隊友也這樣做：更小的改動意味著不會在一個程式碼審查上卡住幾個小時

長週期

有些情況下需要進行更長的迭代週期。快速迭代是一種穩定快速進展的好方法，但對於每種問題來說，快速迭代並不是唯一的解答。以下是一些例子：

- **研究**：當研究新技術、框架或函式庫時，這時的目標是分享研究成果並給出採用與否的建議。儘管這類研究可能相當花時間，在這一點上快速迭代通常沒有意義。
- **改進工具或基礎設施**：改進團隊使用的工具通常需要研究，然後進行原型設計或構建新方法。例如，決定將開發環境容器化是一項涉及較長研究階段、大量原型設計／概念驗證以及最終推廣的浩大任務。通常，研究和原型設計的工作週期較長，而推廣階段則會進行迭代。
- **重大重構**：有些重構無法拆分成更小區塊來完成。一位有經驗的工程師可能會對複雜的重構任務進行重大但必要的變更。大多數的大型重構工作可以分成數個小塊來展示更多可見的進展——只要你刻意為之。
- **重寫**：類似於重構，不過重寫通常有具體目標，例如解決效能問題。雖然重寫可以分塊進行，但如果由一位工程師一次性完成整個變更，通常效率更快。「不過要注意重寫的風險；它們非常昂貴，可能不會帶來預期的好處」。

這些需要較長時間的工作，通常是由一系列短迭代組成，但工程師選擇不建立單獨的 PR。也許是因為在這些迭代中，產品的部分功能會被故意打破，或者工程師認為短迭代會打斷他們的工作流程。不管原因如何，這類工作的進行總有其方法。

長週期的工作意味著較少的回饋：

- 如果在進行過程中不提出好幾個單獨的 PR 來進行程式碼審查，那麼最終的 PR 會變得非常複雜，多數同事會難以給出全面的回饋，甚至可能錯過重大問題。
- 如果不分享每一步的概要，人們無法給予回饋、指出遺漏之處或確認你是否走錯了方向。如果這些回饋在最後才到來，很有可能需要重做大量工作。

在不需要回饋建議的情況下，長週期的工作是合理的。這些情況包括建立新公司、新產品或證明概念的原型。然而，大多數涉及團隊合作和需要諮詢產品人員、業務利益相關者或客戶的情況都需要回饋。

4. 你的團隊

拆解和估算專案

作為資深工程師，你的工作焦點通常會放在專案層面。確保你了解整個專案需要完成的工作，並將其拆解到必要的層次。

這部分工作與技術負責人（tech lead）的責任有所重疊，我們在第四部中會深入探討如何進行這些工作。

為他人撰寫文件

當你向隊友解釋某些事情時，不妨將關鍵內容寫下來，這樣當下一個人詢問時，你可以向對方提供一份備註或圖表。如果你的團隊已經有一個 wiki 頁面或內部知識庫，那麼就把文件新增到其中。如果還沒有，就自己建立一個，以身作則開始新增內容。

第 13 章〈軟體工程〉中會詳細討論更多關於文件編寫的內容。

解決團隊的障礙

到目前為止，你應該已經善於察覺自己什麼時候被卡住，並且尋求幫助來解決自己的障礙。作為資深工程師，你應該試著判斷同事何時被卡住了，並挺身幫助他們解決問題。

和他人組隊工作。當你看到同事在任務或問題上卡住時，主動提出與他們組隊工作。如果你的團隊有定期的狀態更新會議，比如每日站會（stand-up），此時是判斷同事是否卡關的好機會。如果一位工程師在同一個問題上卡了好幾天，那麼他們可能真的被卡住了。

在協助解決障礙時，即使你知道解決辦法，也請盡量避免直接告訴他們。例如，如果問題出在一個程式錯誤，而你明確知道是哪一行程式碼出了錯，也不要馬上直接指出來。相反地，你應該幫助他們學會如何自己解決問題。試著透過提問來指導他們找到有問題的程式碼，也許你可以展示一種新的偵錯方法。

以身作則地解決外部障礙。有一些障礙是來自團隊外部，例如等待另一個工程團隊審查計劃文件，或者等待平台團隊對他們的 API 進行更改。如果你的團隊成員遇到他們無法自行解決的外部障礙，可以考慮由你介入解決問題，並向同事說明解決流程。

這需要與利益相關者和外部團隊溝通。如果你在公司內有打理好人際關係，認識阻礙團隊的人，那麼解決問題會更容易。如果沒有，那麼主動聯繫他們是解決障礙的好方法，也是結識新朋友的契機，這是建立良好關係的起點。

提升「跳出框架思考」的能力

高效的工程師能夠「跳出框架思考」，提供跳脫巢臼、卓有成效的解決方案。例如，在 Uber，行動平台團隊注意到 Android 應用程式中的記憶體流失問題逐漸增加，導致使用者體驗不佳。他們認為這些問題正在影響業務指標，但沒有確鑿證據。逐個修復這些記憶體流失問題非常具有挑戰性，因為大多數流失問題出現在功能程式碼中，平台工程師很難理解其中的業務邏輯。即使他們設法修復，新的記憶體流失仍會不斷出現。

平台團隊的一位工程師提出了一種非常規的方法來解決這個問題：為什麼不將修復記憶體流失問題變成一場競賽，並藉此教育工程師如何發現、修復和避免記憶體流失呢？這位工程師聯合了其他幾位成員，並號召來自不同平台團隊的多位關鍵成員，一起展開這場行動。他們錨定出一些最嚴重的記憶體流失問題，並邀請外部講者進行技術講座，啟發和

教育工程師解決 Android 系統的記憶體流失問題。此外，行動平台團隊還設置了專門的 Office Hour，幫助團隊進行偵錯。為了衡量對產品的影響，與記憶體流失相關的所有修復都被特意標記，置於功能標誌後面，並透過實驗來衡量它們對業務指標的影響。結果顯示，這些修復的綜合效應確實對業務有顯著影響！

如何提升「跳出框架思考」的能力？以下是一些方法：

- **擴展經驗範圍**：親自接觸自己領域以外的領域。許多「跳出框架思考」的思考模式，實際上是將一個領域的常見方法應用到另一個領域。例如，如果你熟悉構建前端應用程式的常見（或非常見）做法，或許其中一些方法可以應用到後端開發中！
- **深入鑽研**：成為某些領域的專家，深入了解其全部運作方式。這可以是一種語言、一個框架或一個程式碼庫。一旦你全盤理解了它們的工作原理，「跳出框架思考」其實就等同於提出專家通常會提供的解決方案。
- **提出多個潛在解決方案**：面對問題時，你可能會想到一種解決方法。例如，當需要修復後端的重要錯誤時，顯而易見的解決方案是進行程式碼變更。在眼前有一份明顯的解決方案時，這時請挑戰自己，去尋找潛在的替代方案。例如，這個錯誤是否可以透過更改配置來修復而不是透過程式碼進行改動？如果需要發布程式碼變更到後端，那麼能否先在金絲雀版本中驗證修復效果呢？修復是否可以作為 A/B 測試進行發布，觀察其是否對應該積極影響的指標產生影響？
- **觀察並向具有創造性解決問題的工程師學習**：詢問他們如何解決問題，他們的想法從何而來，以及如何知道某個想法是否可行。

5. 大局觀

成為產品思維型工程師

最具生產力的工程師並不總是最快的程式碼寫手，也不一定是最理解電腦系統的人。他們通常是那些對工程具備一定程度的認識，對產品、客戶和業務有著卓越理解的工程師。這有助於他們找到聰明的取捨方案、

更快地構建不那麼複雜的工程解決方案，並且同時提供能真正解決客戶問題的方案。

在第 5 章〈在不同環境下茁壯〉中，我們曾深入探討這一主題。回顧一下，想成為一名產品思維型工程師，你可以考慮採取以下方法：

- 了解公司成功的原因和方式
- 與產品經理建立牢固的關係
- 參與使用者研究、客戶服務等相關活動
- 提出有充分依據的產品建議
- 為你參與的專案提供產品 / 工程權衡方案
- 向產品經理頻繁尋求回饋

理解業務

作為軟體工程師，我們不是因為單純會寫程式才領到這份薪水。我們真正的價值在於，透過編寫程式碼來解決業務上的問題。請確實理解公司業務關注的重點，以及你所構建的軟體如何幫助公司實現其業務目標。第 21 章〈理解業務〉提供了一些幫助你更加理解業務的方法。

CHAPTER

12 協作與團隊合作

獨立工作時，編寫程式是打造軟體中最具挑戰性的部分。而在團隊中工作時，與同事合作同樣充滿挑戰。協作過程中需要顧及許多重要的事情：確保所有人遵循商定的方法、決定使用哪些程式設計模式、如何進行測試、遵循哪些命名規則等等。

當你成為更大團隊的一份子時（例如，多個團隊共同構建一個產品時），你需要確保你與其他人保持一致。例如，確保你公開的新 API 端點能夠按照另一個團隊使用時的期望運作，或者告訴某個團隊他們需要做出改變以避免阻礙你的進度。

在大多數公司，溝通、協作和團隊合作，是對資深軟體工程師的基本期望。在本章中，我們將探討最常見的協作情境，並探究如何在這些情境中脫穎而出。

我們將涵蓋以下內容：

1. 程式碼審查
2. 組隊合作
3. 指導
4. 提供回饋
5. 與其他工程團隊合作
6. 影響他人

1. 程式碼審查

一個好的程式碼審查會檢驗程式碼變更如何適應整個程式碼庫。它會檢查標題和敘述的清晰度，以及變更的「原因」。審查面向涵蓋程式碼的

正確性、測試覆蓋率、功能變更，並確保一切都遵循程式設計指南和最佳實踐。

好的程式碼審查會指出明顯的改進點，例如難以理解的程式碼、模糊的命名、被註解掉的程式碼、未經測試的程式碼或被忽視的邊緣案例。它還會注意到過多的變更是否被一股腦兒塞進同一次程式碼變更中，建議讓程式碼變更一次只做一件事（維持單一目的），將這一份程式碼變更拆分成數個小部分。

更好的程式碼審查會秉持更廣泛的系統脈絡來檢驗程式碼變更，並檢查變更是否易於維護。它們可能會詢問變更的必要性以及它如何影響系統的其他部分。它們會檢查引入的抽象層和這些抽象層如何融入現有的軟體架構。它們會觀察程式碼變更的可維護性，例如可以更加簡化的複雜邏輯、測試結構、重複性和其他可能的改進之處。

審查的語氣

口語交流和寫作所使用的語氣，對於團隊氛圍有著深刻影響。語氣苛刻的評論，會給人一種充滿敵意、處處針對的印象。帶有主觀性語言的審查會讓人變得有防備心，討論容易越演越烈，變成意氣之爭。相反，專業、進退有度和積極的口吻，有助於打造一個具有包容力的環境，在這樣的氛圍中，人們樂於接受建設性回饋，程式碼審查可以激發健康而熱烈的討論。

好的程式碼審查回覆會提出開放性問題，而不是做出強烈或主觀的聲明。它們會提供替代方案和可能更好的解決方法。這些回覆給人的感覺是，它假設審查者本人在撰寫回覆時有可能漏掉一些東西，因此會在要求（程式碼提交者）改正之前尋求澄清。

更好的程式碼審查回覆，是擁有同理心的。它們會意識到編寫程式碼的人花費了大量時間和精力在這一份變更上。這些回覆會讚揚好的解決方案，而且語氣通常是積極、給予肯定的。

在批准之前請求變更

好的程式碼審查在有未解決的問題時不會批准變更。然而，它們會明確指出哪些問題或評論是不重要的，通常稱這些為「吹毛求疵」或「雞毛蒜皮」的評論。在批准變更時，它們會給出明確的信號，例如給出「LGTM（Looks good to me，我覺得不錯）」等。在請求後續處理時也會給出同樣明確的指示，並使用程式碼審查工具或團隊慣例來傳達這一點。

更好的程式碼審查在有重要問題需要解決時不會批准變更。這些審查在原則上很堅定，但在實踐中具有靈活彈性；有時，作者會在後續程式碼變更中解決評論。對於緊急變更，審查者會盡量使自己抽出時間審查程式碼，以利快速推動工作。

多多溝通

良好的程式碼審查會問許多問題，如果作者沒有在修改後的版本中解決這些問題，好的審查會將其記錄下來。如果討論變成冗長的來來回回，審查者會親自聯繫作者，以免在程式碼審查工具上花費過多時間。

多條評論的出現表明此時存在誤解，而透過對話更容易辨識和解決這些誤解。高效的工程師知道當面溝通可以節省時間並避免不愉快的感覺。

吹毛求疵的評論

「吹毛求疵」（nitpick）指的是對不會顯著影響 PR 品質的小改動所提出的意見，例如建議使用另一個變數或函式名稱，聲稱變數宣告應該按字母順序排列，或是改進縮排等等。

好的程式碼審查會清楚指出哪些查詢是吹毛求疵，而且通常不會包含太多這樣的意見。過度吹毛求疵可能會令人沮喪，並分散對更重要議題的注意力。

更好的程式碼審查會意識到過多的吹毛求疵意味著缺乏工具或標準。經常遇到這些情況的審查者會尋求在程式碼審查流程之外解決問題。例如，大多數常見的吹毛求疵意見可以透過自動化的程式碼格式檢查來解

決。那些無法透過工具解決的問題，通常可以經團隊達成共識並遵循某些標準來解決，最終也許可以自動化。

新成員和程式碼審查

好的程式碼審查會一視同仁，對所有人採用相同的品質標準和方法，不論職位、職等或任職時間長短。它們會以進退有度、肯定積極的語氣，明確指出哪些變更需要在批准前進行。

更好的程式碼審查，會試著讓新成員最初提交的幾次程式碼審查體驗良好。它們會體諒新同事可能不知道所有程式設計風格指南，尤其是那些未明文規定的非正式慣例。審查者也非常清楚新成員還在熟悉程式碼庫，不了解所有的使用慣例。

更好的程式碼審查會花更多心思解釋首選方法並提供更多學習資源的建議。它們的語氣積極，並且會讚揚新成員對程式碼庫所做的前幾次變更。

跨辦公室和跨時區的審查

好的程式碼審查會考慮不同工作場所的時區差異，儘可能在雙方上班時間重疊時進行審查。對於有著多條評論的審查，審查者會主動提出直接溝通或視訊通話的方式。

如果經常遇到時區問題時，更好的程式碼審查會尋求超越程式碼審查框架的系統性解決方案。解決這類問題通常不簡單，可能涉及重構和打造新的服務／介面或改進工具。解決這類依賴性問題能使兩個團隊的工作更輕鬆，進展更高效。

有關如何做好程式碼審查的更多建議，請參見：

- Google 的 Code Review Developer Guide[1]
- GitLab 的 Code Review Guidelines[2]

---

[1] https://google.github.io/eng-practices/review

[2] https://docs.gitlab.com/ee/development/code_review.html

2. 組隊合作

對於經驗較少的工程師來說，組隊合作是一種極好的方式，不僅可以完成困難的任務，還能學到更多，累積實力提升技能。當你有了更多工作經驗後，組隊合作同樣有用。在某些情況下你會遇到瓶頸，這時與他人組隊可以幫助你解決問題。這種情況在處理新的程式碼庫或技術時特別常見。與你團隊或鄰近團隊中精通該程式碼庫或技術的專家合作，可以幫助你更快地克服問題。你還能從別人身上學習，同時累積更強的專業人脈關係。

組隊合作可以是結對程式設計，也可以是單純的組隊解決問題。

結對程式設計（Pair programming）通常是指在同一辦公室，兩人坐在一起在同一個螢幕上工作，輪流使用鍵盤編寫程式。在遠距情形下，這通常會是在視訊通話中共用螢幕，或更常見的是使用可以同時輸入文字的協作編輯器。

組隊合作（Pairing up）也可以指坐在一起討論，或者使用白板。在遠距辦公模式下，通常指根據需求在視訊通話中共用螢幕或協作編輯工具。我將使用「組隊」一詞來涵蓋這兩種活動，組隊是兩人之間解決問題最簡單、最有效的合作形式。

組隊合作的適用情況

對於軟體工程師來說，以下是以組隊合作來解決問題的最常見情況：

- **熟悉新團隊、程式碼庫或系統**：當你新加入一個團隊或接觸新的程式碼庫時，與熟悉程式碼庫的人組隊，能幫助你更快上手。這通常是組隊合作最常見的用途，因為老手能向你介紹關鍵資訊、初次設置、已知問題等。
- **實作新功能**：當工程師不確定如何實作某項功能時，與在該領域更有經驗的開發人員組隊合作，能讓他們學到如何實作並了解更有經驗的同事的思考模式。
- **偵錯棘手的程式錯誤**：有時候，即使嘗試了多種方法，你也無法找出某些問題的原因。這時候，拉另一個人來幫忙會非常有用，而且這個

人不一定要比你有經驗。通常，只需向他們解釋你的猜想和你嘗試過的所有方法，就有助於找到解決方案。

- **規劃和設計架構**：在開始構建一個涉及數天程式設計工作的複雜專案之前，與另一位開發人員一起討論你的方法是否明智。將你的想法寫下來，告訴他們你考慮過但排除的方法，概述你打算如何構建，包括技術、語言、框架和庫、現有組件的重用或修改、類別結構，以及如何測試和驗證你的解決方案。
- **確認你做的正確**：當你實作一項功能時，你可能希望與某人討論你的方法並向他們展示你所做的決定。與偵錯相似，他們不一定要比你更有經驗。
- **理解某些工作原理**：當你在處理一個難以理解的新系統、服務或組件時，與精通該系統或組件的人合作，可以更快、更容易獲得啟發。
- **觀察並學習其他開發人員的工作方式**：組隊合作的一個巨大好處是你可以看到別人是如何工作的。與他們交流，了解他們的思考模式，觀察他們的整合開發環境（IDE）、他們使用哪些快捷鍵、編寫和測試程式碼的方法等等。第一次與某人合作時，通常能讓我大開眼界，我會「借用」那些我喜歡的工具和方法。

除了分享知識，組隊合作還有助於與你合作的工程師建立個人交情。無論誰更有經驗，你們都能透過一起解決問題而相互學習。

當你資歷更深時的合作方法

當你是那位工作經驗更加資深的搭檔時，可以採取以下方法讓合作更高效：

- **定義問題**：請你的組隊夥伴解釋他們需要解決的問題。有時，工程師來找你組隊，但他本人其實不清楚哪些地方需要幫助。如果你先釐清這一點，這次合作會更加明確。是要實作某個功能，還是幫助他們了解某個組件的工作原理？保持具體明確，直到主題足夠清晰再開始行動。

- **了解緊急程度**：有人需要你出手介入，幫忙排除每分鐘影響數千名客戶的重大故障，與解決非緊急事項時的組隊合作，兩者之間有很大區別。

- **在有時間壓力時，先解決問題，其次才是教學分享**：當時間緊迫時，不要害怕拿下主導權。解釋你做了什麼事情來解決問題，以及為什麼要這樣做，以及如何驗證你的做法發揮效果。在問題得到解決之後，再回過頭來教他們如何自己解決。

- **目標是教會你的搭檔，而不是僅僅給出答案**：如果你快速有效地幫同事解決問題，然後回去做自己的分內工作，那麼這是低效益的付出。為什麼？因為下一次遇到類似問題時，他們還是毫無頭緒，仍舊會再來找你。如果你願意花時間教會同事如何解決問題，組隊合作就能變成一種高效益的活動。下次類似問題出現時，他們可以自行解決。

- **避免立即給出答案（即使你知道答案）**：當一位開發人員說有個錯誤讓他抓狂，而你正好知道癥結所在，你這時一定很想馬上告訴他。不過，你還記得自己是如何找出問題，並使用了哪些方法來排除其他原因嗎？請不要直接說出答案，而是指導他們，幫助他們走過同樣的學習過程！

- **給對方足夠的發言和操作空間**：你是經驗豐富的一方，很可能能更快解決問題。但別忘了，一次好的組隊合作經驗，應該要教會對方一些東西。所以，給你的夥伴表達想法的空間，如果你開始動手編寫解決方案，請將這個機會讓給他們，由他們來完成。

- **嘗試向你的夥伴學習一些東西**：作為這次組隊中經驗更豐富的一方，你可能認為是自己來教學和主導，你自己沒有什麼東西可學。但這可不一定！如果你指導對方並提出開放式問題，他們可能會提出你不曾想到的方法或經驗，給你帶來驚喜。

- **適時給予讚揚**：當你的夥伴完成部分工作時，請給他們積極肯定的回饋。這對他們意義重大，請持續強化這種行為。

- **有時走偏是正常的**：在組隊合作時，從主要問題中偏離是很常見的，尤其是在沒有時間壓力的時候。這種情況很正常。組隊合作既是解決問題，也是互相學習，更是彼此了解的機會。這段時間也充滿樂趣，所以如果你們發現一個有趣的領域，盡情去探索吧。

當你經驗較淺時的合作方法

不要害怕詢問是否可以和某人組隊合作！這種畏縮或害怕的感覺在經驗較淺的工程師中相當普遍，但我甚至見過資深工程師擔心詢問專家或首席工程師是否可以組隊會被認為無法勝任工作。事實並非如此：請求組隊合作是一種快速完成工作並學習的好方法。

當你請求某人與你組隊時，要尊重他們的時間，如果他們有緊急事情需要完成，更要保持彈性來應對。如果這個人願意幫助你，請感謝他們抽出寶貴時間與你合作。你可以在其他人面前表達感謝，這是一個很好的示範，可以鼓勵同事在看到你提出請求並受益後，提出自己的組隊請求。

組隊合作在遠距工作環境中特別容易被低估和忽視。我建議你利用組隊來幫助你周圍的其他人，主動提供幫助給那些似乎遇到困難的開發人員，並與可以幫助你解決問題的同事組隊。

3. 指導

作為一名資深工程師，你將有很多機會指導同事。與此同時，擁有更有經驗的導師也是一個不錯的主意，讓你向對方學習請益。

非正式指導

指導不需要是正式的才算是有效的學習經驗，而且大多數情況下都是非正式的。當開發人員一起工作和合作時，指導就會自然而然地發生。

程式碼審查或團隊專案中的合作都是常見的非正式指導例子。這類指導沒有制式架構，而是工程師們一起工作，給予和接受回饋，並相互學習。

與其他工程師進行非正式的一對一會議，簡單地聊聊他們在忙什麼，也可以是一種非正式的指導——即使這並不像正式指導的感覺，但它依然可以提供資訊，並且經常帶來嘗試不同方法的新鮮靈感。

正式指導

對於開發人員來說，更罕見的是正式的指導。這是一種刻意的安排，一位更有經驗的同事願意指導一位初級工程師，協助開展工作，並定期和他開會，幫助受指導者成長。但是，如果非正式的指導一直在發生，為什麼還要費心安排正式的指導關係呢？原因有幾個：

- 你不見得正在與有足夠經驗的人一起工作，因此需要額外尋找一個可以學習效仿的對象。
- 正式的指導關係可以幫助你更快成長、更加專心致志，因為你會在職涯成長方面投注時間心力。

有兩個地方很容易開始正式且專注的指導：架構體系更為完善的科技公司和線上社群。一些科技公司擁有導師計劃，但這些計劃很少會被廣泛宣傳。Uber、PayPal 和 Amazon 都有內部計劃，幫助人們更容易取得專注的指導。

線上指導社群也很歡迎新人加入，而且容易上手。有越來越多的網站提供這類資源，可以搜尋「開發人員指導其他開發人員」（developers mentoring other developers）來尋找這些資源。

在我作為開發人員的那幾年，如果能有正式的指導，我會成長得更快。因此，當我轉換跑道，擔任工程管理職位時，我特意在我的團隊中建立了資淺和資深工程師之間的指導關係。結果不出所料，初級工程師因為這種關係而成長得更快。更讓我沒想到的是，資深工程師在與專家或首席工程師的正式指導中也受益良多。

那麼，如何建立正式的指導關係呢？與任何專案一樣，一個好的開端有助於讓所有人（在這裡是導師和受指導者）達成一致。

啟動指導：初次會議

啟動正式指導的最佳方式是安排一次啟動會議（kickoff meeting）。我建議人們以這種方式向潛在導師提出邀請：「您是我非常敬仰的人。請問我可以安排一段時間與您談談我希望成長的領域，以及您作為導師可

以如何幫助我嗎？」為自己騰出時間來進行這次交流，分享一些背景資訊，看看彼此是否願意並有能力經營這段指導關係。

在啟動會議上，可以準備一份討論清單，例如：

- **背景介紹**：分享各自的背景，讓彼此更加熟悉。
- **「這對我有什麼好處？」**：你希望從這段關係中獲得什麼？你希望如何成長？也問問對方同樣的問題。最好的指導關係是雙向的，雙方都能從中受益。
- **討論的主題**：你對哪些方面感興趣？希望在哪些方面成長？有沒有什麼更緊迫的問題需要討論？
- **跟進頻率**：多長時間跟進一次？何時進行？大多數開發人員每兩週見一次面，在雙方都方便的時間，聊個 30 至 60 分鐘。
- **在每次跟進之間的溝通**：導師是否接受隨時聯繫？他們的時間安排如何？
- **短期目標**：在接下來的一個月內，你希望在哪個方面成長？從這個目標開始。
- **評估進展**：要以哪些標準來評估指導的效果？
- **挑戰**：坦然說出你可能面臨的挑戰。例如，你可以告訴潛在導師你對指導一無所知，又或者，你的導師可能會表示他們下個月工作非常繁忙。

如果你被請求成為導師，記住，你永遠可以拒絕。作為尋求導師的受指導者，我曾多次被潛在導師禮貌地拒絕。對某些人來說，理由可能是時間不夠，對其他人來說，他們可能覺得自己沒有你需要的專業知識。不要因為被拒絕而氣餒，詢問他們是否有其他推薦。你會很快找到合適人選。

作為導師的時候

以下是一些成為好導師的方法：

從一開始就明確期望：明確你可以投入多少時間，以及你對受指導者的期望。如果你希望他們準備一個要討論的問題清單，請直接說出來。如果你喜歡隨意輕鬆的風格，在問題出現時處理，那就請和對方討論這種方式。

傾聽受指導者的說法：這是導師最重要的角色。是的，受指導者需要可行的建議，但聊一聊他們的現狀和感受同等重要。

試著以這類問題開啟對話：「你現在在想什麼？」、「你現在遇到什麼困難？」、「你現在正在處理什麼？」、「你這週的目標是什麼？」仔細聆聽，挖掘你能夠提供幫助的領域。

避免直接提供答案：高效的導師不是直接解決別人的問題，而是幫助他們成長，讓他們自己解決問題。你希望盡可能推遲直接給出解決方案。

透過問問題、給出替代選項，並且克制自己告訴別人如何行事的欲望。採取「指導優先」的作法能夠幫助初階工程師成長，並加速他們的學習過程。

深入討論具體情況：這些問題可以由受指導者提出，或者由導師注意到。主題可能包括溝通、文化問題、技術細節、程式碼審查等等。

提供具體情況的背景和視角：你可能在行業中工作了更長時間，了解受指導者所面臨的困難情況。如果你們在同一家公司工作，你可能比他們更了解公司的運作方式。回憶你在面對類似挑戰時的經歷，這能幫助受指導者在遇到類似情況時感到不那麼焦慮。

利用你的人脈幫助受指導者：作為導師，你通常比受指導者有更廣泛的人脈，這在同一家公司工作時尤其強大。在這種情況下，你可以幫忙牽線，讓受指導者與可以幫助他們的同事聯繫。介紹並邀請他們與受指導者交流，會帶來很大幫助。

如果你們在不同的公司工作，你依然有機會可以讓受指導者與他人產生聯繫，或進行介紹。

讓受指導者知道你支持他們：尋求指導的人不僅需要建議，還需要支持。受指導者經驗越少，他們越有可能感到自卑，你的支持能夠幫助他們。鼓勵的話語比你想像的更有力量：

每位與我合作過的導師在我們的對話結束時都會說：「你一定可以！」或「你可以做到！」等類似的話。雖然只是短短一句話，但對我來說意義重大。

成為優秀導師的更多技巧：

- **試著從受指導者那裡學到新東西**。對他們想解決的問題保持好奇，理解他們的觀點。即使你知道正確答案，你也可能學到新東西，從新的角度看待問題。
- **幫助受指導者提出多種解決方案**。還要幫助他們說明個中取捨。解釋概念，而不是純粹提供解決方案，幫助受指導者理解解決方案，這兩件事通常不是非此即彼。這對技術問題尤其適用，也適用於大多數非技術問題。
- **針對技術和非技術主題調整你的方法**。技術問題通常更容易處理。你可以透過詢問他們已經嘗試了哪些方法，並透過問題引導他們找到可行的解決方案來進行指導。傾聽是解決非技術問題（如溝通、衝突等）的關鍵。

當你是受指導者時

在與導師建立好固定的溝通節奏、定期追蹤進展後，你如何從指導中持續獲益呢？我堅信作為受指導者，你必須投入時間和精力，才能從指導中獲得價值。

請在一開始就設定明確的期望。在與導師碰面時要做好準備，充分善用他們的時間。將想要討論的話題準備好，例如你遇到的挑戰、成功經歷以及你希望在哪些方面獲得建議。建立一份討論清單。當你獲得建議和想法後，就採取行動並付諸實踐，並且讓你的導師知道進展情況。

與導師共用一份持續更新的文件。在兩次碰面之間，你可以在文件中紀錄下次要討論的話題，例如：

- **關鍵事件**：簡單扼要地告訴導師最近發生的重要事件。保持簡潔。
- **上次會議的行動項目 / 指導 / 討論的反思**：如果你根據上次會議的討論做了某些事情，分享結果。回顧對你們雙方都有幫助。
- **目前的挑戰**：描述你目前面臨的挑戰，討論並思考解決方法。
- **近期的成功**：描述一個成功的工作進展，說明為什麼會成功，並請導師分享他們的意見。十有八九，他們的回饋會讓你重新評估如何處理事情。

指導的長期好處

指導對所有參與者都有著長遠的好處。軟體行業意外地小，今天你指導的新人，隨著時間過去會變得更加資深，未來你們可能會在不同職場裡再度相逢。如果你是曾給過幫助的導師，他們不會忘記這一點。畢竟，建立良好的關係，在未來的某個時刻可能會發揮極大功效。

指導沒有一種既定的模式。對大多數人來說，接受指導這件事混合了非正式知識分享和定期跟進。受指導者經常會有一次性的問題向導師請教。有些人喜歡面對面的指導，而有些指導關係不會超過程式碼審查的程度。每段指導關係都是獨特的；重要的是這段關係對導師和受指導者都有幫助。

4. 提供回饋

作為資深工程師，你會注意到其他開發人員的優秀工作，也會看到他們可以改進的地方。在這些情況下，你可以選擇說點什麼，或者保持沉默。在我看來，只要回饋旨在幫助對方成長，並且表達尊重，不給予回饋是一種浪費機會的行為。

給予正面回饋的更好方法

給予正面回饋很容易，對吧？畢竟，這是對某人的讚美。這裡有一些方法可以使回饋更有效：

- **具體明確：**不要光說「做得好」，而是進一步指出具體的內容，比如：「我很欣賞你在這次 PR 中處理了所有四個邊緣案例，並為它們寫了測試。我們需要更多這種徹底的工作；繼續保持！」
- **保持真誠：**不要陷入虛偽的陷阱，避免說出你心裡不認同的「好話」。這在短期內可能有用，但隨著時間過去，人們總會發現不真誠的回饋。如果你認為某人只能算做得還可以，不要稱讚他們很出色。相反，找到真正出色的細節並加以讚許，對其他部分則給予建設性的回饋。

給予建設性或負面回饋

在直接給予回饋之前**先問問題**。如果你不熟悉對方的工作，或者他們沒有明確要求回饋，這一點尤其重要。

例如，假設你注意到一個新同事的 PR 缺少單元測試，然而技術規範中要求必須有測試。你可以直接給予關於缺少測試的回饋。不過，更好的策略可能是問：「你有考慮過如何測試這個改動嗎？」改成以問問題的形式提出，給他們機會分享更多背景資訊，也可以糾正遺漏。在上述情況下，對方可能會有以下幾種回應：

- 「當然。我知道我們通常會寫測試，但這是為了解決一個緊急故障的修復。測試會在下一個 PR 中提交！」
- 「抱歉，我完全忘了。謝謝提醒。我現在就做，並保證下次不會忘記。」
- 「測試？什麼測試？我不知道這裡要寫測試？」

注意到了嗎？在這些回應中，沒有出現任何負面情緒。這就是在給予回饋前先提問的妙處！

以同理心給予建設性回饋。分享你的觀察，然後透過提問引導他們得出正確的結論。在他們明白之後，積極地強化這個行為。

你與接受回饋者之間的信任越多，你就能越「直接」地回饋，而不會冒犯他們。運用你的判斷力來確定哪些回饋什麼是合適的。不要忘記，給

予回饋的目標是幫助對方改進。只要你的回饋是鼓勵性的而不是打擊性的，你就能幫助他們成長。

在提供回饋方面表現出色是一個巨大的優勢。我在這方面最大的幫助來自以下兩本書：

- 《徹底坦率：一種有溫度而真誠的領導》（Radical Candor），作者是 Kim Scott
- 《關鍵對話：活用溝通技巧、營造無往不利的事業與人生》（Crucial Conversations），作者是 Joseph Grenny、Ron McMillan、Al Switzler 和 Kerry Patterson

5. 與其他工程團隊合作

你可能會出於多種原因需要與其他工程團隊合作，例如：

- 嘗試理解由另一個團隊的工程師編寫或最近修改的程式碼
- 修改由另一個團隊擁有的程式碼部分
- 有關如何使用由另一個團隊擁有的服務或組件的問題
- 計劃修改另一個團隊擁有的程式碼並希望遵循慣例
- 你需要另一個團隊幫忙解除你在他們系統上遇到的工作瓶頸

如果你的工作場所採用內部開源模型（即你可以存取大多數程式碼並為其建立 PR），那麼在你建立 PR 時，另一個團隊的工程師可能會擋下你的改動。這通常是因為該團隊擁有那部分程式碼，因此在進行改動之前最好先諮詢他們，尤其是在大型團隊中工作的時候。

在擁有少數工程師的小公司裡，很容易認識開發人員並了解他們的工作。例如，在一個包括你在內只有六名工程師的公司，你會知道 Bob 和 Suzy 負責後端，Sam 和 Kate 負責網頁，Tom 負責行動裝置，所以你知道該向誰問問題。對於擁有五個工程團隊的公司也是如此：平台和核心大多負責後端，而網頁核心（Web Core）、客戶支援和客戶體驗等團隊則是網頁、行動端和後端工程師的混合。

然而，在擁有十幾個工程團隊的公司中，弄清楚哪些團隊與你的小組有關係變得很棘手。通常，找到應該與誰交談的最佳方法是查看上次更改相關程式碼的人，然後主動聯繫他們。

繪製團隊地圖

畫出一張與你的小組相關的工程團隊地圖，並列出：

- 你的小組依賴的工程團隊，也就是你的團隊會使用其 API 或服務的團隊
- 依賴你的小組的工程團隊。小提示：查看那些對你的小組造成影響的故障，看看改動是由哪個團隊做出的（這很可能就是依賴團隊）
- 建立類似功能並有可能發生功能重疊可能的團隊（尤其是對客戶而言）
- 與你的小組的功能在同一介面上的團隊（如果你的團隊擁有使用者介面）
- 你的小組使用的基礎設施團隊（即使是間接使用）

一旦你有了這張地圖，展示給你的同事和經理看，確認是否有遺漏。

向其他團隊介紹自己

讓與你團隊有關聯的工程團隊認識你。參考你所屬小組的相關團隊地圖，安排與每個團隊至少一位成員會面。你可能已經在與其中一些團隊合作，但若尚未接觸，建議你這麼做：安排一個簡短的介紹性會議，與有經驗的工程師或團隊經理認識。告訴他們你希望更了解他們的團隊，也讓他們認識你。會面前先閱讀相關資料，做好準備。

會面時，先介紹自己，簡述你所屬團隊的工作內容，然後詢問對方的團隊情況。例如：他們在該團隊工作多久了？他們在團隊中擔任什麼角色？團隊主要負責哪些工作？使用哪些技術？目前面臨哪些挑戰？

介紹性會議有兩個主要目標：

- 蒐集其他團隊的資訊，為未來工作鋪路：例如，當你規劃新功能時，可能會發現需要其他團隊在他們的系統中做出相應調整。有了這層認識，你就能立即與認識的工程師討論，加快工作進度。
- 建立人脈：組織規模越大，與其他團隊建立個人聯繫就越重要。

此外，介紹性會議還能帶來意想不到的收穫：你得以深入了解其他工程團隊的運作方式，吸收新知識，或從他們的工作方法中獲得啟發，接觸不同的工程實踐，激發你嘗試新的方法和技術。

6. 影響他人

作為一名資深工程師，你在團隊和公司中的「影響力」至關重要。你的聲譽、知名度或影響力越高，你的意見就越被重視，也越容易將事情引導向你認為正確的方向。

那麼，如何成為一名更具影響力的工程師呢？以下是一些方法。

交付卓越的工作成果

「卓越」的定義因工作環境而異，關鍵在於在品質和效率間取得平衡。例如：在新創公司，「卓越」可能意味著快速交付可用的解決方案。在大型企業，「卓越」則可能著重於交付經過全面測試、結構清晰的程式碼，或是易於審查和長期維護的方案。

了解你的工程組織中對於「卓越」的標準，並定期從同事和經理那裡獲取回饋，了解你的工作表現如何。一旦你建立了作為優秀工作的聲譽，其他人會更加信任你。

深入了解你所在工程團隊對「卓越」的定義和期望。定期向同事和主管請教，了解自己的工作表現，並找出改進空間。根據獲得的回饋，持續調整工作方法，不斷提升工作品質。

當你持續交付卓越的工作成果，自然而然會在團隊中建立起值得信賴的專業形象。這種信譽會讓同事更願意與你合作，也更信任你的判斷和建議。

認識其他人

在職場中,主動走出工程圈子,認識其他部門的同事,如產品經理、設計師、資料科學家等,能為你帶來諸多裨益。

這不僅有助於你更深入地了解產品方向和業務策略,還能使你的工程工作更好地配合公司整體目標。考慮與產品經理定期會面,如每月一次,深入了解他們的工作內容、決策理由,以及你如何能夠提供協助。

同時,積極參與其他工程團隊的會議,能夠有效擴大你的專業網路和視野。在遠距工作環境中,不要過度依賴非同步溝通方式(例如電子郵件、聊天、文件和程式碼)。

主動安排視訊通話,與合作夥伴進行「面對面」交流,利用這些機會深入了解同事,例如他們在團隊的工作時間、目前的工作重點、所處環境的特點等。

與人交談時,不要只專注於工作議題,這樣做有多重好處:首先,你能夠更好地理解在那些電子郵件和程式碼請求背後的人。其次,當你獲得關於同事工作方式的背景資訊後,能夠促進更好的協作,還可能因共同興趣或觀點而建立意想不到的人際連結。

參與跨部門專案

參與跨團隊專案是拓展職場影響力和人際關係的絕佳方式。如果你的公司採用 RFC、設計文件或 ADR 等機制,積極閱讀其他團隊的計劃,並在你有專業知識可以貢獻時參與其中。

以 Uber 為例,其透明的 RFC 文化為我打開了新的視野,我透過閱讀 RFC 學習到其他團隊的運作方式,並因為參與討論而擴大自己的影響力。你的影響力和人際關係是相輔相成的;參與有趣的規劃文件,學習新知識,並協助同事,這是擴展人脈的有趣且有效的方式之一。

除此之外,**積極參與跨團隊專案也至關重要**。如果你只與自己的團隊成員合作,你的影響力就會受到侷限。透過與其他工程團隊和非工程團隊合作,你可以擴展自己的理解範疇,建立更廣泛的信任關係。當你在自

己的團隊中已經得心應手時，就應該尋找機會參與涉及不同工程團隊和非工程團隊的專案。

我發現，建立人脈最有效的方法往往不是刻意去「社交」，而是透過合作解決共同問題的過程中自然形成。例如，在 Uber，許多最緊密的人際連結是在日常與其他工程師、經理、產品經理或設計師合作完成重要專案的過程中建立的。

「宣傳」你的工作──適度而不炫耀

確保你的同事和主管了解你的卓越表現。這並非鼓勵你過度自我推銷，而是建議你適時展示自己的成果。例如，若團隊會議上有展示工作的環節，你何不也分享你的進展和成就？若你的團隊有機會在更大規模的會議上發表，主動爭取談論你參與的領域。

定期記錄你的工作內容，並適時與主管分享。可以參考第 2 章〈成為職涯的主宰〉中介紹的工作日誌格式。這樣做不僅能幫助主管了解你的貢獻，也有助於你自己回顧和整理工作成果。

致力於建立個人專業形象。彭博的產品經理 Leonard Welter 認為工程師應該注重「個人品牌」。他的建議如下：

> 「建立個人品牌的概念有時可能被誤解為一種消極的職場政治手段，尤其是當它流於形式而非實際作為時。然而，思考你在組織中的形象確實很重要。回顧職涯初期，我希望有人告訴我要思考自己的『品牌』是什麼。你是被視為能夠完成任務的人嗎？還是只有強烈意見但很少付諸實踐的人？在建立這種專業形象時，結果固然重要，但過程同樣不容忽視。」

CHAPTER

13 軟體工程

軟體工程從程式碼編寫開始,以保證系統長期可維護性和可擴展性的實踐結束。在本章中,我們將討論一位全面發展的資深工程師應該具備的能力:

1. 語言、平台和領域
2. 偵錯
3. 技術債
4. 文件編寫
5. 將最佳實踐擴展到整個團隊

1. 語言、平台和領域

一位全面發展的資深工程師應該對多種程式語言和平台具備扎實理解,例如前端、後端、iOS、Android、原生桌面應用、嵌入式系統等,並至少精通其中一種。我們在第 9 章〈軟體開發〉深入討論過如何精通特定語言。

然而,一名高效的工程師不會滿足於僅僅精通幾種技術,他們會持續擴展自己對各種框架、語言和平台的認知。

當你已經精通一種程式語言後,學習其他語言會變得相對容易。這是因為大多數程式語言在基本結構和概念上有許多相似之處。舉例來說,如果你熟悉 JavaScript,那麼學習 TypeScript 就會相對輕鬆。同理,掌握 Swift 後,你會發現自己能夠較為輕鬆地理解 Java、Kotlin 或 C# 的程式碼。

當然,每種語言都有其獨特的語法、特性、優勢和限制。透過實際運用這些語言,並將它們與你已熟悉的語言進行比較,你會逐漸發現並理解這些細微差別。

深入學習一種指令式、一種宣告式和一種函數式語言

程式語言主要可分為三種類型：

1. **指令式語言**：這是最常見的程式語言類型。在指令式語言中，程式按照一系列明確的指令逐步執行。例如：「如果條件 X 成立，則執行 A；否則，執行 B。」這種類型包括大多數廣泛使用的語言，如 C、C++、Go、Java、JavaScript、Swift、PHP、Python、Ruby、Rust 和 TypeScript 等。物件導向程式設計語言通常也屬於這一類別。指令式語言的特點是直觀易懂，能夠精確控制程式的執行流程。

2. **宣告式語言**：這類語言側重於描述程式的預期結果，而不詳細指定達成結果的具體步驟。使用宣告式語言時，開發者專注於「要做什麼」，而不是「如何做」。典型的例子包括 SQL、HTML 和 Prolog。宣告式語言通常用於特定領域，能夠簡化複雜問題的表達。

3. **函數式語言**：函數式語言是宣告式語言的一個重要分支，其特殊性使其值得單獨分類。在函數式語言中，函數被視為「一等公民」，這意味著函數可以作為參數傳遞給其他函數，也可以作為返回值。典型的函數式語言包括 Haskell、Lisp、Erlang、Elixir 和 F#。這類語言的特點是強調不可變狀態和無副作用的純函數，有助於編寫更可預測、更易於測試和並行化的程式。

你的第一門程式語言很可能是指令式語言。雖然學習更多指令式語言確實有其價值，但接觸不同類型的語言將更有助於你的專業成長。

指令式、宣告式和函數式語言各自需要不同的思維模式。從指令式轉向函數式或宣告式語言可能會有一定挑戰，但這個過程能顯著擴展你的理解範疇和技術工具箱。

舉例來說，函數式程式設計的概念已被廣泛應用於指令式語言中，因為遵循函數模型能夠確保狀態的不可變性。一個典型的例子是回應式程式設計[1]，它借鑒了函數式程式設計的思想，為 Java（RxJava）、Swift

---

[1] https://reactivex.io

（RxSwift）、C#（Rx.NET）、Scala（RxScala）等語言提供了更偏向函數式的程式設計範式 [2]。

當你精通每種類型中的至少一種語言後，學習其他語言會變得相對容易。這是因為不同類型語言之間的根本差異（例如指令式的 Go 與函數式的 Elixir）往往比同類型語言之間的差異（如指令式的 Go 與 Ruby，或函數式的 Elixir 與 Haskell）更為顯著。

熟悉不同的平台

軟體工程師通常會專注於某個特定的技術領域，例如：

- 後端
- 前端
- 行動裝置應用程式
- 嵌入式系統

然而，在實際專案中，工作範圍往往會跨越多個技術平台。舉例來說，推出一個新的支付功能幾乎必然會涉及後端、前端，甚至行動裝置端的改動。同樣，當在行動應用程式中排查問題時，可能需要全面調查，以確定問題是源於行動裝置的業務邏輯、後端系統，還是兩者之間的 API 互動。

如果你對相鄰的技術領域缺乏基本了解，在面對複雜的全端問題時將會遇到很大困難。這不僅會影響你解決問題的效率，還會限制你領導和推動跨平台專案的能力。

成為更全面的全端工程師

在當今科技行業，「全端軟體工程」已逐漸成為資深工程師的基本要求。這一趨勢源自於產品和業務相關人士並不關注嵌入式、後端和前端／網頁的技術差異，對他們而言，這些只是工程實現的細節。

---

[2] https://reactivex.io/languages.html

一位全面發展的資深工程師應該能夠解決各種問題，並懂得如何在不同平台間進行任務分解。要達到這個目標，你需要在自己專精的領域保持精進，同時對其他領域有充分了解。

以下是一些建立全方位技術視野的方法：

- **接觸其他平台的程式碼庫**：如果你的團隊涵蓋行動裝置、網頁和後端的程式碼，請嘗試接觸非你主要領域的程式碼。例如，身為後端工程師的你，可以查看網頁和行動裝置的程式碼，並學習如何編譯、運行測試，以及在本地部署。
- **參與其他平台的程式碼審查**：主動閱讀其他平台的程式碼變更，或申請成為非阻塞審查者。閱讀程式碼通常比編寫容易，且多數改動涉及業務邏輯，應該不難理解其目的。你甚至可能發現業務邏輯問題或測試案例的缺失。
- **主動承擔其他平台的小任務**：最好的學習方式是實際動手。選擇一個非緊急、不重要的任務，按自己的節奏完成。不要猶豫向團隊中的其他工程師尋求建議。
- **與其他技術堆疊的工程師組隊**：結對程式設計是快速學習新技術堆疊的有效方法。請求與經驗豐富的同事一起工作，這將大大加速你的學習過程。從觀察開始，隨著熟練度提高，嘗試主導會話並請對方提供回饋。
- **進行「交換月」計劃**：更深入地學習另一個平台的方法是進行為期數週或數月的工作交換。短期內你的工作效率可能會下降，因為你需要學習新平台的基礎知識。但從中長期來看，這將大大提高你的整體工作效率，因為你將擁有更全面的解決問題的能力和工具。

AI 輔助工具加速技術轉換

人工智慧（AI）輔助工具能夠顯著加快工程師在不同程式語言和平台之間的轉換過程。諸如 GitHub Copilot、ChatGPT、Sourcegraph Cody、Google Bard 等 AI 助手，可以大大簡化學習新程式語言或適應新平台的過程。這些工具的主要功能包括：

- 程式碼轉換：能夠將一段程式碼從一種語言翻譯成另一種語言，幫助你快速理解不同語言間的語法差異。
- 語法指南：概述特定語言中如何聲明函數和變數，為你提供快速參考。
- 比較分析：詳細說明不同語言之間的主要差異，幫助你更好地理解新語言的特點。

不過，許多 AI 輔助工具有時可能產生錯誤或不準確的輸出，因此務必驗證其提供的結果。但是，對於熟悉一門新語言或平台來說，AI 助手確實是加速學習的有力工具，能夠顯著縮短學習曲線。

2. 偵錯

在軟體工程領域，資深工程師與新手工程師之間的顯著區別之一就在於他們處理和解決複雜問題的能力，尤其是在偵錯和追蹤棘手錯誤方面。資深工程師通常能更迅速地進行偵錯，並且能夠輕鬆找出更具挑戰性問題的根本原因。他們對於問題可能出現的位置以及如何著手偵錯和解決問題有著更敏銳的直覺。那麼，他們是如何培養出這種能力的呢？

隨著寫程式碼的經驗越多，遇到的意外邊緣案例和錯誤也越來越多。這使得他們逐漸建立起一個潛在根本原因的「工具箱」，能夠更快速地識別和解決常見問題。

隨著時間推移，資深工程師不斷擴充自己的偵錯工具箱。在第 9 章〈軟體開發〉中，我們探討了如何提升偵錯能力，涵蓋了以下內容：

- 深入了解各種偵錯工具的使用方法
- 掌握在缺乏專門工具的情況下進行偵錯的技巧
- 熟練運用進階偵錯工具和技術

高效的偵錯能力往往是區分有經驗和經驗不足的工程師的關鍵。下文介紹將一些提升偵錯能力的方法。

熟悉關鍵監控儀表板與日誌系統

在大型科技公司中，你解決生產環境問題的能力很大程度上取決於是否知道在哪裡能找到生產日誌和生產指標，以及如何有效查詢這些資訊。即便如此，即使是資深工程師通常也需要幾個月的時間才能真正掌握這些系統的定位和重要性。

在擁有眾多服務的大型企業中，找到適當的儀表板和日誌入口尤其具有挑戰性。這是因為每個團隊可能採用不同的日誌記錄方式、使用不同的系統儲存資訊，或者採用不同的日誌格式。

因此，當你加入一家新公司時，應優先掌握生產日誌的儲存位置以及系統健康監控儀表板的所在地。這些資訊可能分散在各種系統，例如 Datadog、Sentry、Splunk、New Relic 或 Sumo Logic 等，或者存在於基於 Prometheus、Clickhouse、Grafana 或其他自定義解決方案等技術構建的內部系統中。在實際情況，公司可能同時使用多種上述系統的組合。你的任務是找出這些系統的確切位置，獲取必要的存取權限，並學會如何有效查詢這些系統。值得注意的是，這個過程不應僅限於你所在團隊負責的系統，還應包括與你的工作相關的其他系統。

為他人簡化偵錯過程

作為一名資深工程師，你不僅應該熟悉各種必要的監控儀表板和日誌系統，更應該具備在這些系統不存在時，自行建立並優化它們的能力。

我們將在第 24 章〈可靠的軟體系統〉中詳細探討這個話題。

深度了解程式碼庫

對於規模較小的程式碼庫，通常不超過 10 萬行程式碼且由不超過 20 人開發，你應該能夠**全面掌握每個部分的具體位置和功能**。建議仔細檢視程式碼庫的整體結構，廣泛閱讀程式碼內容，並繪製程式碼不同部分之間的關聯圖。

根據你閱讀過的程式碼內容，繪製出一張架構圖，並請團隊成員驗證你的理解。你的目標應該是達到能夠準確指出哪部分程式碼負責什麼功能的程度。

對於大型程式碼庫，情況則有所不同。在大型公司中，程式碼庫通常超過 100 萬行，由數百名工程師共同開發。雖然深入了解如此龐大的程式碼庫是不切實際的，但你應該**了解其整體結構，掌握如何快速定位相關部分**。你的目標是對整個系統有「廣泛」的理解，以便能夠深入到你需要工作的特定區域。

對於使用單一存放庫（monorepo）的公司，你需要了解單一存放庫的整體結構，理解不同部分的職責劃分。同時，掌握系統各部分的構建方式和測試的運行機制也很重要。

如果你所在的公司使用獨立儲存庫，那麼你應該主動尋求相關程式碼庫的權限。專注於了解與你的團隊相關的系統的工作原理。一個很好的練習是實際檢查一些程式碼庫，嘗試構建這些程式碼庫，運行其測試套件，並在本機環境中運行相關服務或功能。

熟悉並精通程式碼庫的搜尋方法對於提高工作效率至關重要。大多數公司都擁有某種「全局程式碼搜尋」工具，這可能是內部開發的自定義解決方案，或是如 GitHub 程式碼搜尋或 Sourcegraph 等第三方供應商提供的工具。你的首要任務是找出如何使用這些全局程式碼搜尋工具，並深入了解它們支援的各種功能。例如，你應該掌握如何在程式碼中搜尋特定文件夾、如何查找測試案例，以及如何僅搜尋你所在團隊負責的程式碼庫。

此外，即使在允許工程師存取大部分程式碼庫的大型公司中，某些程式碼區域可能因合規、監管或保密等原因而設有存取限制。通常，這些限制不會對你的日常工作造成太大影響。然而，如果你發現這些限制確實阻礙了你的工作進度，可以考慮向相關部門申請必要的存取權限。

掌握必要的基礎設施知識

在處理生產環境問題時，你會發現許多問題實際上源於基礎設施層面。因此，深入了解公司的基礎設施運作至關重要。這包括了解服務如何

部署到生產環境、機密資訊的儲存方式，以及憑證的設置流程。更進一步，你還應該熟悉基礎設施的管理方法，以及相關配置檔案的存放位置。

即便你所在的公司擁有專門的基礎設施團隊，也不應該在遇到疑似基礎設施問題時立即尋求他們的協助。雖然這看似是最直接的解決方法，但長遠來看，這種依賴會減緩你的工作效率和個人成長。相反，主動深入了解基礎設施的內部運作不僅能滿足你的求知慾，更是成為一名全面的資深工程師所必備的基本技能。

從故障中學習

提升故障偵錯能力的最佳方法之一，就是在故障發生時「親自參與」偵錯過程。當你的團隊遇到系統故障時，主動協助調查並找出原因，以便能夠有效緩解問題。

故障偵錯需要學習多項技能，包括存取和分析生產日誌、找出負責特定業務邏輯的程式碼、進行程式碼修改、驗證更改並將其部署到生產環境中。這些步驟通常都在緊急情況下進行，因此及時行動至關重要。

除了等待系統不小心出現問題外，還有其他方法可以提升故障偵錯能力。例如，仔細閱讀公司過去發布的故障事後分析報告。閱讀時，嘗試透過定位問題日誌並找出故障背後的程式碼來模擬「偵錯」過程。研究歷史故障不僅是了解新儀表板和系統的好方法，還能讓你學習到新的故障排解步驟。

3. 技術債

「技術債」對資深軟體工程師絕不陌生，它描述了隨時間推移，軟體系統中積累的額外成本。當程式碼變得越來越複雜，技術債就會產生。

技術債的特徵類似於財務借貸。明智地運用債務可以加速進展，但不當使用則可能導致難以維持的局面。技術債也有「破產」的風險：當維護和修復程式碼的成本超過重寫整個程式碼庫時，就達到了技術債的破產點。

軟體工程師和工程組織與技術債之間的關係通常經歷以下幾個階段：

- 無意識階段：軟體工程師剛開始構建系統時，通常會有一段短暫的時期不了解技術債的存在。
- 否認階段：初級工程師傾向認為自己不會製造出技術債，或者認為技術債不是大問題，因此選擇忽視它。
- 接受階段：大多數工程師很快會意識到，編寫程式碼和引入技術債通常是一體兩面的，特別是在時間緊迫的情況下。一個公司的工程文化越好，工程師和工程領導者在承認技術債方面就越坦誠。

雖然技術債是不可避免的，但遵循某些健康的工程實踐可以大大減緩技術債的積累速度。這些實踐包括：編寫可讀性高的程式碼、進行充分的測試、執行嚴格的程式碼審查、實施持續整合／持續部署（CI/CD）、撰寫完善的文件、做出合理的架構決策等等。

償還技術債

對於小規模的技術債，應當隨時修復。遵循「偵察員規則」，確保程式碼庫在你離開時比你發現它時更加整潔。

面對較大規模的技術債，首先要進行全面盤點，並量化其影響及移除所需的努力。當技術債累積到一定程度時，不可能一次性全部解決。

若缺乏關於大型技術債的具體數據，很難做出合理的處理決策。特別是對於那些需要數週甚至數月才能修復的問題，團隊必須謹慎地進行優先級排序。在考慮償還技術債時，要權衡其價值與其他具有業務影響的工作。

有目的性地處理技術債，意味著要提出具有明確影響的項目。我們應該關注那些影響顯著、亟需解決的技術債。通常，提高系統可靠性、節省成本、加快開發週期和減少錯誤是推動解決大型技術債或完成系統遷移專案時常被提及的影響類型。

舉例來說，程式碼重複是一種常見的技術債形式，表現為將相同的邏輯複製貼上到不同位置。在這種情況下，我們需要評估將重複的程式碼整合到共享庫中的影響和成本。對於使用頻繁的程式碼庫，這種整合的效

益會更為顯著。相反，對於即將淘汰的程式碼庫，投入大量精力可能得不償失。

另一個例子是構建時間過長的問題。如果許多工程師頻繁地運行構建，那麼解決這個問題的影響可能相當可觀。可以透過計算每次構建節省的時間，乘以工程師每天運行構建的次數，再乘以涉及的工程師數量，來量化其潛在效益。

要成為一個被認為既高效又能有效處理技術債的工程師，**關鍵在於聰明地將技術債的移除與高影響力的專案結合起來**。與其單獨尋求批准來處理技術債，不如將其納入高優先級任務的一部分。

這些專案通常很有野心，且備受關注，在實施過程中往往會涉及技術債最多的系統。如果你需要修改一個技術債沉重的系統，這意味著你的工作會變慢。因此，如果你正在花時間修改充滿技術債的系統，順便提出減少技術債的建議是明智之舉。

減少技術債的積累

與其花費大量時間和精力來償還技術債，不如投入較少的心力來預防或減緩技術債的累積。以下是一些實用的做法：

- **編寫易於閱讀的程式碼**：容易理解的程式碼能降低後續工程師在修改時引入「黑客式」解決方案的可能性。當程式碼清晰易懂時，其他人就不太可能為了繞過他們不理解的部分而添加可能引發技術債的程式碼。

- **定期清理程式碼**：有些技術債源於未及時清理的冗餘內容。應該主動移除已完成的實驗、不再使用的功能標誌、已廢棄的程式碼路徑，以及尚未完成的程式碼片段。

- **以擴展性為目標構建系統**：許多技術債是在系統需要擴展，但時間緊迫的情況下引入的。在初期設計系統時，就應考慮到未來可能的使用場景，並預留明確的擴展途徑。善用知名的設計模式（如策略模式、裝飾模式或工廠模式），以及利用配置文件來指定行為，都能有效提高系統的擴展性。

- **記錄並持續處理小型技術債**：在日常工作中，你可能會注意到一些影響效率的小問題。把這些問題記錄下來，並在空閒時逐一解決。

「剛剛好」的技術債

技術債會有太少的情況嗎？確實，如果過度償還技術債，可能會面臨這種情況。這種現象被稱為「過早優化」，可能在關鍵時刻反而減緩團隊和公司的發展速度。

以新創公司為例，在初期階段，速度和快速迭代是生存和取勝的關鍵。這時，是否應該過分注重乾淨的 API 和精美的資料模型？還是應該將所有內容放入一個未結構化的 JSON 中，讓任何開發人員都能快速修改？許多成功的新創公司在早期都選擇了後者，承擔較高的技術債。

Uber 就是一個典型案例。當我加入時，公司遺留了許多早期的技術債和短期決策的後果。然而，這些技術債在關鍵時刻發揮了作用，使 Uber 能夠快速推進，實現產品市場契合。之後，Uber 才投入資源清理這些技術債。

技術債在早期專案、一次性原型、最小可行產品（MVP）以及驗證新創公司商業模式時是可以接受的。就像 Uber 一樣，技術債可以在後續階段透過投入時間和人力來解決。大多數處於快速成長期的新創公司通常會同時償還早期的技術債，因為此時他們擁有更多的資源來處理這個問題。同理，如果一個擁有成熟產品的團隊未能適當控制技術債，同樣可能面臨問題。

務實的工程師不會將技術債視為絕對的壞事；他們將其視為速度和品質之間的權衡。他們會在項目目標的背景下評估技術債，不會過度償還技術債。他們會持續追蹤技術債的狀況，在技術債積累到不可控之前採取行動減少它——必要時還會發揮創意。

總的來說，「剛剛好」的技術債意味著在開發速度和程式碼品質之間找到平衡點。它要求工程師具備洞察力，能夠判斷何時該承擔技術債以推動業務發展，何時該償還技術債以確保系統的長期健康。

4. 文件化

「文件化」確實涵蓋多個領域，並非所有類型的文件對每個專案都是必要的。以下是工程師常見的文件類型，以及它們在不同情況下的應用價值：

設計文件／評論請求文件（RFC）

這類文件提供系統的高層次概覽，通常包含圖表、技術選擇的理由及其權衡考量。其價值體現在開始程式碼編寫工作前，透過撰寫並共享設計文件，與各方進行溝通，獲取相關回饋意見，確保團隊構建出正確的系統，及早發現並解決潛在誤解。

測試計劃、上線計劃、遷移計劃

以下這些文件在專案規劃完成後扮演著關鍵角色，有助於確保系統的高品質和順利部署。

- **測試計劃**描述系統將如何測試，包括需要檢驗的邊界情況，以及測試是一次性的手動測試還是自動化測試。如果有手動測試列表（通常稱為「完整性測試」），那麼這個列表需要保持更新。
- **上線計劃**詳細描述了系統如何部署到生產環境，包括將使用哪些功能標誌，實驗將如何運行，以及預計推出到哪些地區或使用者群。這些文件通常需要來自產品或資料科學人員的參與。
- **遷移計劃**則描述從一個系統遷移到另一個系統的方法，如何驗證新系統在將流量轉移到它之前正確工作，以及遷移的各個階段。

在專案開始時撰寫這些文件非常有價值，因為它們能夠促進團隊成員間的溝通，提前識別潛在問題，並為專案執行提供明確指導。這些計劃有助於確保平穩的系統部署、降低風險，並協調跨團隊合作。值得注意的是，一旦專案上線或遷移完成，通常就不需要維護這些文件了。

介面和整合文件

API 或介面文件在開發供其他軟體工程師使用的 API 或介面時尤為重要。這類文件通常涵蓋以下內容：

- 如何使用 API
- 每個端點的輸入要求和預期輸出
- 可能返回的錯誤程式碼和相應訊息
- 使用 API 的程式碼示例

值得注意的是，API 文件需要隨著程式碼的變更而持續更新。為了提高效率和準確性，可以考慮採用自動編輯文件的方法，例如使用程式碼註釋來更新文件。

SDK（軟體開發工具包）文件以及整合或插件文件在性質上與 API 文件類似。這些指南的目的是幫助其他團隊順利使用你的 SDK、整合方案或插件。它們通常包含安裝說明、配置步驟、主要功能的使用方法，以及常見問題的解決方案。

發布說明

儘管在業界似乎不再普遍流行，但一些工程團隊仍然為每次重大發布編寫發布說明。這種做法通常簡單且不耗時。發布說明主要總結哪些客戶會注意到你的工作影響，或匯總所有已發布功能的影響。這不僅可以使更新 API、SDK 和整合文件變得更加容易，還提供了一個很好的反思工作的方式。發布說明也是與其他工程團隊或非技術團隊分享的絕佳參考。

入職文件

好的入職文件對新工程師了解團隊系統的運作至關重要。這類文件通常包括：

- 系統如何融入大局的高層次概述，包括其職責和與其他系統的互動
- 如何修改系統，包括查看程式碼和進行更改的方法
- 如何透過執行測試或檢查特定部分來測試和驗證變更

- 如何部署到生產環境（可能是透過 CI / CD 自動進行）
- 如何監控生產系統
- 警報機制如何運作，以及如何在需要時進行調整
- 如何在生產事故中對系統進行偵錯的提示

入職文件不僅對新成員非常有價值，有時對現有成員也很有幫助。然而，通常缺乏編寫或維護這些文件的動力，特別是在沒有新工程師加入團隊時。

我建議在有新同事加入時，投入一些時間編寫這些文件，並在每次有新成員加入時更新它。一個好的做法是讓新成員在入職接近尾聲時編輯文件，修正錯誤的細節並添加缺失的部分。這不僅能確保文件的準確性和完整性，還能幫助新成員更深入地理解系統。

團隊手冊

團隊手冊是一份全面性的文件，描述了團隊的運作方式以及其使命如何與業務目標相聯繫。這份文件通常涵蓋了以下幾個關鍵方面：

- 工作如何進行優先級排序
- 團隊成員如何提出問題並選擇下一步工作
- 團隊使用的各種流程
- 團隊的價值觀

如果你的團隊還沒有手冊，建議與負責人或經理討論編寫一個的可能性。如果你對團隊有足夠的信任，你甚至可以主動開始編寫這樣的手冊，並邀請其他成員提供意見和建議。

值班手冊

值班手冊是一份關鍵文件，為值班工程師提供處理系統警報的明確指導。這份手冊通常包含以下重要內容：當值班工程師收到來自系統的警報時應採取的具體步驟；相關儀表板和日誌的位置及存取方法；該系統

與其他系統的依賴關係。一份優秀的值班手冊能夠幫助值班工程師快速定位問題，有效地進行故障排除，縮短系統故障時間。

使用者手冊和指南

對於面向最終使用者的軟體，使用者手冊和指南是不可或缺的。這些文件需要以不同的程式設計語言來描述系統的工作原理，在這類文件中，截圖和視覺提示尤其有用，能夠更直觀地展示操作步驟和系統功能。

值得注意的是，即使這些指南已經存在，當你對系統進行更改以改變其行為時，確保標記並更新相應的使用者指南是非常重要的。作為進行更改的人，你對新功能或變化最為了解，因此最適合更新相關文件。

文件化是一項高槓桿活動

文件化確實是一項高槓桿活動。雖然前期可能需要投入較多時間，但從長遠來看，它能夠提高團隊效率，減少錯誤，加速知識傳播，並有效管理技術債。因此，將文件化視為產品開發過程中不可或缺的一部分，並給予足夠的重視和資源投入，是明智的選擇。

5. 將最佳實踐擴展到整個團隊

作為資深工程師，應致力於交付高品質的工作，並幫助團隊做到同樣的事。實現這一目標的一個明顯方法是採用最佳實踐。

「最佳實踐」是什麼？它指的是一種在你的工作環境中被證實非常有效的工程方法。遵循最佳實踐的個人和團隊通常能更快地完成工作，不容易發生錯漏缺陷，並產生更容易維護的程式碼。

然而，「最佳實踐」這個術語可能具有誤導性，因為每個團隊和公司的情況都不盡相同。對一個團隊非常有效的做法，也許對另一個團隊不見得奏效。

我建議用「**軟體工程實踐**」這個詞來替代「最佳實踐」。經過驗證的軟體工程實踐可以應用於軟體工程流程的多個部分，例如：

- **書面規劃流程**：在開始複雜專案的程式碼設計之前，先撰寫並分享計劃以獲取回饋。這可以是評論請求（RFC）、工程需求文件（EDD）、設計文件或架構決策記錄（ADR）。
- **自動化測試**：包括單元測試、整合測試、端到端測試、效能測試和負載測試等。這能提高品質和可維護性，並加快軟體交付速度。（下一章將會深入探討「測試」。）
- **測試驅動開發（TDD）**：在編寫程式碼之前先撰寫測試。
- **程式碼審查**：其他工程師在提交程式碼前進行審查和簽署。
- **提交後程式碼審查**：程式碼提交後再進行審查，可提高迭代速度，但可能導致更多回歸問題進入生產環境。這種做法最適合規模非常小的團隊或經驗豐富的團隊。
- **測試環境**：在中間環境進行進一步測試，而非直接進入生產環境。優點是對程式碼正確性有更高的信心。缺點是將東西發布到生產環境的時間更長，並且維護測試環境需要更多的工作。
- **分階段推出**：逐步發布新功能並蒐集回饋，而不是一次性向所有使用者發布。功能標誌、實驗和 A/B 測試都是分階段推出的工具。我們會在第 17 章〈發布到生產環境〉中詳細介紹。
- **安全地在生產環境中測試**：使用安全方法在生產環境中進行測試，如利用多租戶架構、功能標誌或分階段推出。

選擇適合團隊的實踐時，應該先辨識出團隊在發布工作時面臨的最大挑戰。例如，如果有太多錯誤進入生產環境，可以考慮採用 TDD、測試環境或在生產環境中安全測試等實踐。如果程式碼審查耗時過長，可以考慮調整審查流程或減小程式碼更改的規模。

熟悉各種工程實踐能幫助你更好地判斷何時採用特定實踐。學習這些實踐的方法包括閱讀相關資料、向有經驗的人請教，以及最重要的——親身實踐。透過實際應用，你可以更好地理解各種實踐的優缺點，並根據團隊的具體情況做出明智的選擇。

CHAPTER 14 測試

軟體測試是一項健康的軟體工程實踐，其重要性足以在本書中獨立成章。

如何確保軟體能如預期運作？答案是透過測試。一般而言，有三種測試方式：

- 手動驗證所有情境和邊界條件：例如，人工執行測試案例，並在宣告功能完成時進行測試。
- 自動驗證所有情境和邊界條件：例如，在持續整合／持續部署（CI/CD）流程中執行這些測試。
- 監控軟體在實際運作環境中的表現並檢測故障：一旦發現問題，團隊會建立自動化測試並將其納入 CI/CD 系統。

測試是任何科技公司工程文化的核心。現在的問題不再是工程團隊是否進行測試，而是如何測試以及採用哪些測試方法。

在自動化測試方面，有多種建立測試的方法。本章將涵蓋以下內容：

1. 單元測試
2. 整合測試
3. UI 測試（又稱為端對端測試）
4. 自動化測試的思維模型
5. 專門測試
6. 生產環境中的測試
7. 自動化測試的優缺點

1. 單元測試

單元測試是所有自動化測試中最基本的一種。這類測試針對獨立的元件進行，也就是所謂的「單元」。在行動應用程式開發中，大多數單元測試都是針對單一類別、方法或類別的行為進行測試。

隨著程式碼庫的擴大，對於具有多重依賴項的類別進行單元測試會變得越來越困難且耗時，除非在程式碼庫中引入依賴注入。這種做法乍看之下可能顯得多餘，但實際上是值得的，因為它使程式碼庫更易於進行單元測試，並且使類別之間的依賴關係變得明確，進而使應用程式的架構更加模組化。

程式碼庫越龐大，單元測試就越需要具備以下特性：

- **快速**：測試執行是否迅速，且所需的設置盡可能精簡？是否使用輕量級的模擬而非耗資源的實際實例？
- **可靠**：測試是否具有確定性且不易出錯？是否不依賴本機設定或地區設置，以確保在不同環境中都能以相同方式運行？
- **聚焦**：測試是否夠原子化，也就是說，測試的範圍是否盡可能小？聚焦的測試執行快速且易於偵錯，有助於維持其可靠性。

隨著系統和開發團隊的成長，單元測試的效益也逐漸增加。這些測試有助於驗證程式碼變更、強制分離關注點，並協助記錄程式碼的行為。它們還能減少程式碼庫中的意外回歸，並在重構程式碼時充當安全機制。

不寫單元測試的資深工程師

我曾在一個團隊中工作，其中一位最資深的開發人員對於單元測試並不買帳。在這裡以 Sam 稱呼這位開發人員。他是一位 C++ 高手，在電玩遊戲業工作了十年，並負責編寫遊戲引擎中最複雜的部分。Sam 堅稱他的程式碼幾乎沒有錯誤，即使有，單元測試也無法檢測到。基於這種自信，他認為編寫單元測試是浪費時間，自己應該專注於更具生產力的任務。

這導致我們的團隊分成兩派：一派是編寫單元測試的人，另一派是支持 Sam 認為單元測試不值得大費周章的人。

一切順利，直到 Sam 對程式碼庫進行了一次重大重構。他提交更改後，應用程式開始在各處發生故障，修復這些故障花了整整兩天時間。Sam 聲稱這些故障是不可避免的，不是他的錯；是他的程式碼改動揭露了現有問題。儘管如此，更多人對他的「無錯程式碼」說法表示懷疑。

在接下來的幾個月裡，Sam 的程式碼出現了越來越多的錯誤。然後，另一位資深工程師（這裡稱呼她為 Jess）站了出來。Jess 為程式碼編寫了測試。我們團隊當時還沒有 CI 系統，所以這些測試只能在本機執行。Jess 與 Sam 組隊完成了一項涉及更改大量 Jess 程式碼的任務。她讓 Sam 進行更改；他對更改感到滿意並想提交。Jess 要求 Sam 在提交之前運行單元測試套件。

單元測試失敗了，因為 Sam 的更改引入了多個回歸問題。當 Jess 和 Sam 一起查看更改的原因時，每一個問題都是由 Sam 的程式碼變更引起的。Sam 不情願地一一修復了這些回歸問題，並在測試套件成功通過後提交了程式碼。Jess 對 Sam 說出她的明顯結論：「看來你的程式碼確實有錯誤，而且單元測試確實能抓住這些錯誤。前提是這些單元測試被編寫出來。」

在這次事件之後，Jess 建立了一個運行單元測試套件的 CI 系統，並且團隊決定工程師應該為自己的程式碼編寫單元測試。由於 Jess 推動了團隊品質的提升，錯誤數量減少，Sam 的變更不再那麼頻繁地破壞主分支，她很快被提拔為團隊負責人。

從這一事件中，我得出了兩個教訓。首先，確實可以不寫單元測試來編寫好的軟體。Sam「確實」在沒有測試的情況下成功發布了遊戲。然而，在遊戲開發工作室，有人工測試人員和遊戲產業專門的其他進階測試方法，比如 AI 遊戲測試。基本上，有些環境中單元測試意義不大，回歸問題要透過其他方式檢測。

第二個教訓是不編寫單元測試會使重構大型程式碼庫變得困難，並且容易引入錯誤。如果 Sam 打從一開始就編寫單元測試並在重構時進行測試，那麼會有一個安全機制可以驗證程式碼是否按預期運作。這將節省大量時間，避免挫折。

2. 整合測試

整合測試是一種同時測試多個單元的方法。相較於單元測試，整合測試更為複雜，通常涉及多個類別，目的是測試它們之間的協同運作。

整合測試的範疇包括測試兩個或多個「單元」如何共同運作，例如同時測試業務邏輯「單元」和資料庫「單元」。這可能意味著驗證兩個服務之間的互動是否正確，同時模擬這些服務以外的其他依賴關係。

整合測試在複雜程度上介於相對簡單的單元測試和更為全面的端對端測試之間。因此，有些團隊選擇使用與單元測試相同的函式庫來編寫整合測試，唯一的區別是他們不會模擬測試中的所有依賴關係。另一方面，也有些團隊採用端對端測試的框架來進行整合測試，但會為測試模擬部分元件。

3. UI 測試

使用者介面（UI）測試（通常稱為「端對端」測試）是透過啟動應用程式並模擬使用者輸入來進行的。這類測試不使用任何模擬；測試時會執行網頁或行動應用程式，並使用 UI 自動化技術來模擬使用者輸入，例如點擊、文字輸入和其他操作。

UI 測試的最大優勢在於它最接近模擬應用程式的真實使用情況，遵循與實際使用者體驗相同的流程。然而，這種更強大的功能也帶來了一些取捨：

- 測試較為脆弱：在單元測試、整合測試和 UI 測試中，UI 測試最容易受到影響。這是因為端對端測試可能會因小細節而失敗，例如按鈕文字的變更可能導致測試無法定位元素。
- 執行速度慢：由於需要等待網路回應，這些測試有較高的延遲。此外，某些情況可能難以模擬，例如讓伺服器返回特定的錯誤訊息。

有些工程師構建的端對端測試並不完全是端對端的，他們會模擬網路層。這樣做是為了加快測試速度，並使測試邊界情況（如特殊的網路回應）變得更容易。一些團隊將這些測試稱為整合測試，而其他團隊則仍

使用 UI 測試這一名稱。我的觀點是，名稱並不重要，關鍵是團隊要清楚他們所指的是整合測試還是 UI 測試。

4. 自動化測試的思維模型

以下是單元測試、整合測試和端到端測試的一些常見特徵：

	單元測試	整合測試	UI 或端到端測試
涵蓋範圍	非常侷限	侷限	廣泛
編寫難易度	容易	中度至難度	中度至難度
維護時間長短	短	普通	長

▲ 三種自動化測試的常見特色

請注意，這些特徵是一般情況，具體情況會因平台、語言和環境而異。例如，在某些平台中，有些端到端測試框架使得編寫和維護端到端測試變得更加容易，甚至可以與某些環境中的單元測試相媲美。

那麼，假設這份表格準確描述了這些測試的特徵，那麼單元測試、整合測試和端到端測試的黃金比例是什麼呢？以下有兩種流行的心智模型可以參考。

測試金字塔

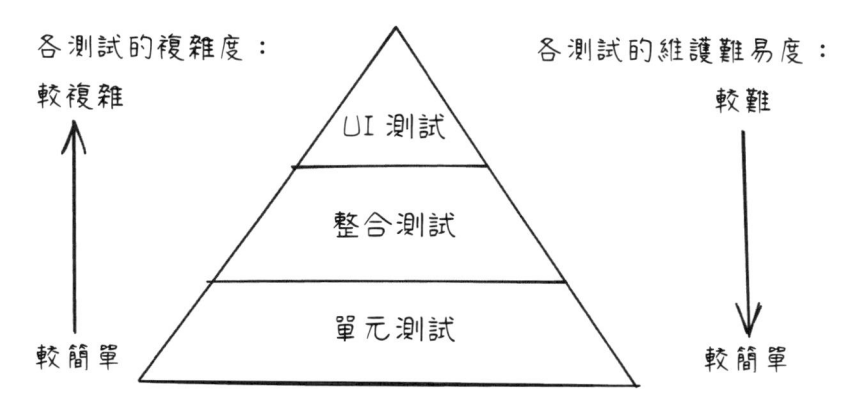

測試金字塔：一種思維模型，認為應該多寫簡單且維護成本較低的測試，如單元測試

測試金字塔是一種思維模型，它建議開發者應優先編寫較為簡單且維護成本較低的測試，例如單元測試。這個概念由 Mike Cohn 在 2009 年出版的《Succeeding with Agile》一書中提出。測試金字塔的核心理念是：以單元測試涵蓋盡可能多的測試範圍，盡量減少使用者介面（UI）測試的數量，而整合測試則介於兩者之間。這種模型很快獲得廣泛認可，並成為軟體工程界最常見的測試模型之一。

測試金字塔的方法在後端系統中特別有效，因為這些系統幾乎沒有使用者介面。在一些端對端測試和整合測試較為困難的原生行動應用程式開發中，這種方法也很實用。

然而，在前端開發領域，測試金字塔的實用性相對較低。這是因為在前端開發中，單元測試的作用往往不如整合測試來得重要。

測試獎盃

「測試獎盃」這一概念由軟體工程師 Kent C. Dodds 於 2019 年提出。其靈感來自 Vercel 創辦人兼執行長 Guillermo Rauch 的一句話：「編寫測試。不用太多。以整合測試為主。」[1]

以下是測試獎盃的示意圖：

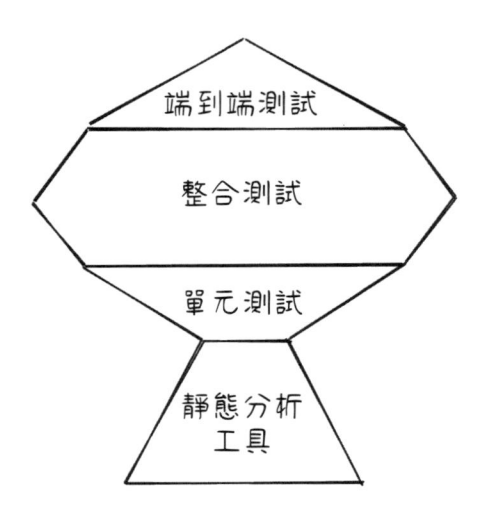

測試獎杯，首次在 Kent C. Dodds 的部落格中提出。

---

[1] https://kentcdodds.com/blog/write-tests

為何會出現測試獎盃的概念？自測試金字塔提出以來，特別是在前端開發領域，有許多變化發生：

- 程式碼變得更加模組化，因此許多錯誤發生在元件之間的互動中。
- 測試框架變得更加強大，使得編寫測試更為容易。
- 單元測試框架可以相對輕鬆地用於整合測試。
- 靜態分析工具有了長足發展，能夠指出執行時可能出現的錯誤。

對前端開發而言，整合測試在編寫所需時間和涵蓋範圍方面提供了最佳的「CP 值」。這個趨勢在全端應用程式開發中也越來越明顯。如欲深入了解測試獎盃的概念，可參考 Kent C. Dodds 的文章〈The testing trophy and testing classifications〉[2]。

這世界上沒有一種放諸四海皆準的最佳測試方法。測試金字塔和測試獎盃只是自動化測試分類的思維模型。與其嘗試讓你的測試方法去套用某個特定模型，不如反其道而行之。應該先思考：什麼樣的自動化測試對你的系統最有效？然後選擇適合的方法並不斷改進。如果你的方法不符合某個既定模型，也無須過於擔心。更重要的是，確保自動化測試能在團隊快速推進的同時保證產品品質，而不是刻意遵循某個思維模型。

當尋求測試方法的指導時，向處於相似發展階段或同行業的公司工程師請教可能會有所幫助。例如：Meta 是一家歷來在自動化測試上投資較少，但在監控和自動化部署上投資較多的公司。這種策略得益於其產品擁有數十億使用者的龐大基礎；銀行和較為傳統的公司通常發布頻率較低，因此往往更多地投資於手動測試；像 Google 或 Uber 這樣的科技巨頭，則在單元測試和整合測試上投入了大量資源。

5. 專門測試

除了單元測試、整合測試和使用者介面（UI）測試這些常見類別外，還有一些具有特定用途的自動化測試，在某些情況下極為有用。

---

[2] https://kentcdodds.com/blog/the-testing-trophy-and-testing-classifications

效能測試

效能測試用於衡量系統的延遲或回應時間。這類測試可以應用於多種情境，例如驗證程式碼變更是否：

- 未在行動應用程式中引入 UI 效能退化
- 未增加後端端點的延遲

然而，自動化效能測試的執行相當具有挑戰性，原因在於捕捉應用程式效能涉及許多細微因素，例如：其他程序可能影響被測試程式碼的效能、非確定性事件可能影響測量結果、在不同機器上執行測試使得結果難以直接比較等等。

要成功實施自動化效能測試，需要仔細考慮這些因素，並設計出能夠在不同環境中提供一致、可靠結果的測試方法。這可能涉及使用專門的效能測試工具、建立標準化的測試環境，以及開發複雜的統計分析方法來解釋測試結果。

負載測試

負載測試旨在確保系統在特定負載下能夠維持良好表現。舉例來說，一家電子商務公司預測在黑色星期五期間，其流量將是平常的 10 倍，因此希望測試其後端系統在這種情況下的回應時間是否仍然合理。這正是負載測試的應用場景。

負載測試主要針對後端系統，可以透過以下幾種方式進行：

- **專用測試基礎設施**：設置專門的測試基礎設施，向被測系統發送模擬的測試請求。這種方法需要建立一個能夠生成大量請求的獨立測試環境。
- **批次處理現有的生產請求**：在這種設置中，有意延遲處理生產請求。當積累了足夠多的請求後，再以增加的速率將這些請求發送到生產系統。這種方法適用於不要求第一時刻回應的請求類型。

- **使用縮小規模的基礎設施進行生產測試**：與其測試當前基礎設施是否能處理 10 倍流量，不如測試 1/10 規模的基礎設施是否能處理當前的流量。這種方法可以模擬高負載情況，同時降低測試成本和風險。

這些專門的測試方法在特定情況下非常有用，能夠幫助工程師更全面地評估系統在各種負載和效能需求下的穩定性和可靠性。

混沌測試

約在 2008 年，Netflix 將其架構從單一系統轉移到分散於數百個小型服務的架構。運行如此多的服務有助於減少單點故障，但也導致了看似隨機的故障情況，其中一個小型服務的異常或崩潰可能影響到系統中其他看似不相關的部分。面對這種情況，Netflix 的工程團隊想出了一種打破傳統的方式來模擬這些故障。

在 2010 年的一篇部落格文章[3] 中，Netflix 解釋道：

> 「我們的工程師在 AWS 上建構的第一個系統之一稱為『混沌猴子』。混沌猴子的工作是隨機終止我們架構中的實例和服務。如果不經常測試我們在故障情況下仍能成功運作的能力，那麼在意外故障發生時，這種能力很可能無法發揮作用。」

自此，Netflix 開源了其混沌猴子的實作[4]，這在運行大量服務的公司中變得非常流行。許多基礎設施團隊也實施了類似的方法，主動關閉服務或故意降低服務品質，以觀察系統的反應。

快照測試

快照測試是一種將測試輸出與預先記錄的輸出進行比較的測試方法。這種測試方法在網頁和行動應用開發中特別常見，其中快照通常是螢幕的圖像。測試的目的是確認網頁或行動應用程式的當前狀態是否與快照完全一致。

---

[3] https://pragmaticurl.com/netflix-chaos-monkey
[4] https://netflix.github.io/chaosmonkey

快照測試在 UI 驗證方面特別受歡迎，主要由於編寫成本低、運行速度快，且易於偵錯。當測試失敗時，可以直接比較生成的圖像與參考圖像，立即看到差異所在。

然而，快照測試也存在一些限制，例如儲存問題，用於比較的參考圖像可能會迅速累積，導致儲存空間的壓力。為了解決這個問題，許多公司選擇將大量快照測試的參考圖像存在程式碼庫之外。

應用程式大小／套件大小測試

對於行動應用程式和網頁應用程式，應用程式本身或初始載入套件的大小往往是開發團隊關注的重點。有些團隊會針對這一點進行監控，並在行動應用程式或網頁套件的大小超過某個值時發出警報。

冒煙測試

「冒煙測試」這個術語源自電子硬體測試領域。在《Lessons Learned in Software Testing》一書中，Cem Kaner、James Bach 和 Brett Pettichord 對這個術語的由來有如下描述：

> 「『冒煙測試』這個詞來自硬體測試。當你插入一塊新的電路板並開啟電源時，如果看到電路板冒煙，應該立即關閉電源。」

冒煙測試的核心理念是執行一系列簡單的測試（通常是自動化的）以驗證產品是否存在明顯的問題。

這些測試是完整測試套件的一部分，設計用於頻繁執行，並在任何生產版本發布之前進行。常見的冒煙測試項目包括：

- 應用程式啟動測試：驗證應用程式是否能夠正常啟動而不當機。
- 頁面載入測試：確認應用程式中的各個頁面是否能夠正常載入而不出錯。
- 基本連線測試：檢查核心連線是否正常運作，例如應用程式是否能成功連線到後端或資料庫。

- 核心功能測試：驗證關鍵功能是否正常運作，如登入功能或導航到應用程式中常用的部分。

手動測試和穩定性測試

穩定性測試是一組在每次重大版本發布前需要執行的手動測試集合，其目的是確認應用程式能夠按預期運作。這些測試可以由工程團隊或專門的品質保證（QA）團隊來執行。

這些測試通常附有詳盡的操作指南，明確指出需要執行的步驟以及應觀察的輸出結果。當團隊有更多時間和資源投入自動化時，這些穩定性測試可以成為部分或完全自動化為 UI 測試或端對端測試的首選對象。

為什麼不是所有的健全性測試都自動化呢？原因可能有幾個。首先，團隊可能還沒有時間處理這部分工作。其次，在某些情況下，自動化並不實際——舉例來說，如果某項健全性測試執行頻率很低，團隊可能認為投入時間建置和維護自動化測試並不划算。此外，有些測試本身就難以自動化，像是檢視使用者介面並確認版面配置是否美觀這類工作。

其他測試

自動化測試是一個不斷演進的領域。最關鍵的是自動化測試能否有效驗證系統的正確功能，而非測試的名稱或分類。除了前面提到的測試類型外，還有一些其他重要的自動化測試類型：

- **無障礙測試**：主要針對行動應用程式、網頁應用程式和桌面應用程式，目的是確保所有使用者，包括有特殊需求的使用者，都能順利使用應用程式。這類測試的自動化可能相當具有挑戰性。
- **安全測試**：旨在辨識和修復系統中的安全漏洞，保護應用程式免受潛在的攻擊。部分安全測試可以自動化，有些可能需要手動執行。
- **相容性測試**：用於驗證軟體在不同硬體配置、作業系統或瀏覽器版本上的運作效果。

6. 生產環境中的測試

在過去，軟體的自動化和手動測試通常在專門的測試環境中進行，如預備環境或使用者驗收測試（UAT）環境。然而，現在越來越多的公司選擇在正式運作環境（生產環境）中進行測試，這也是終端使用者實際使用的環境。雖然這種方法風險較高，但若操作得當，相較於在專門環境中測試，它具有顯著的優勢。

如何在生產環境中安全地進行測試？以下是一些安全測試的方法：

- **功能標記**：將新功能放置在功能標記之後。在部署到產線後，為自動化測試和手動測試開啟功能標記。當團隊確信功能運行正常後，再將其逐步向更多使用者開放。我們將在第 17 章〈發布到生產環境〉中詳細介紹功能標記。
- **金絲雀部署**：將生產變更部署到少數伺服器或使用者（稱為「金絲雀」組）。在這個小範圍內運行測試，並監控可觀測性結果。如果沒有出現警告信號，則繼續向所有使用者和伺服器推出。
- **藍綠部署**：維護兩個不同的環境：「藍色」環境和「綠色」環境。任何時候只有一個環境保持上線。將變更部署到閒置的環境，運行所有測試，當確信變更無誤後，再將流量切換到這個部署環境。
- **自動回滾**：結合金絲雀部署或藍綠部署，並設置自動監控系統。如果系統在推出新功能時檢測到異常，變更將自動回滾，讓團隊有機會進行調查和修正。
- **多租戶環境**：多租戶的概念是請求攜帶租戶上下文。接收請求的服務可以辨識這是生產請求、測試租戶、測試版租戶還是其他類型。服務內建邏輯支援不同租戶，並可能根據租戶類型進行不同處理或路由請求。Uber 在其部落格中描述了其多租戶方法[5]。

在生產環境測試的主要優勢：

- **信心**：在生產環境中運行測試，讓你對系統按預期工作更有信心。

---

[5] https://www.uber.com/blog/multitenancy-microservice-architecture

- **更簡單的偵錯**：如果發現問題需要偵錯，你應該具備在生產環境中偵錯的工具。一旦確定了問題，可以使用生產資料來編寫測試用例。
- **減少環境數量，降低基礎設施複雜性**：在生產環境中測試可以減少需要維護的測試環境數量。維護測試環境在硬體成本以及確保環境與生產環境足夠接近方面都很昂貴。

在生產環境測試的挑戰：

- **基礎設施投資**：團隊需要做大量工作以確保在生產環境中安全測試。例如，轉向多租戶設置可能是個漫長而痛苦的過程。同樣，構建具有自動回滾的金絲雀系統也是一個複雜且耗時的任務。
- **合規性和法律挑戰**：在生產環境中測試並不意味著工程師可以存取敏感的使用者資料，例如個人識別資訊（PII）。可能需要構建工具以確保在生產環境中偵錯和測試時遵循相關隱私法規。

7. 自動化測試的優點和缺點

編寫自動化測試雖需投入大量時間和精力，但對團隊而言，其好處不勝枚舉。以下列舉幾項最常見的優點：

- **驗證正確性**：自動化測試最大的優勢在於能夠確認程式碼是否如預期運作。若採用測試驅動開發（TDD）的方式，先撰寫測試再編寫程式碼，便能預先設定預期結果，確保程式碼符合測試要求。
- **及早發現回歸錯誤**：自動化測試能有效偵測回歸錯誤。若將測試套件整合至持續整合（CI）系統，便可在程式碼合併前發現問題；若整合至持續部署（CD）系統，則能在部署至生產環境前捕捉錯誤。
- **作為說明文件**：測試能清楚呈現程式碼的用意及其在邊界情況下的預期行為。然而，由於文件易於過時，測試套件必須持續更新，否則將導致測試失敗。
- **契約驗證**：測試可用於驗證正式契約，如介面或 API 的預期行為，確保其符合使用者的描述。

- **大型變更的保障**：全面的自動化測試套件為工程師提供了額外的安全機制。在進行大規模程式碼變更（如重大重構）時，測試套件能增強信心，提供更多保障。

然而，自動化測試亦有其缺點：

- **耗時**：最明顯的缺點是撰寫測試需要時間，這在程式碼已經正確的情況下可能感覺像是浪費時間。但測試的價值在於驗證工作成果並捕捉潛在的回歸錯誤。
- **測試執行速度慢**：隨著自動化測試數量增加或單項測試執行速度變慢，整個測試套件可能變得緩慢，進而拖慢開發進度。
- **測試不穩定**：某些類型的測試較易出現不穩定情況，即使應用程式運作正常，測試仍可能失敗。例如，在網路延遲時，UI 測試可能會中斷，但實際應用程式卻能正常運作。不穩定的測試會產生干擾，降低測試套件的可靠性。
- **維護成本高**：修改程式碼時，相關的測試也需要更新。對於簡單的單元測試而言，這個過程相對直接。但對於較複雜的測試，使其符合預期可能比撰寫程式碼本身更耗時費力。

測試一直是軟體工程的核心，自軟體開發早期階段便是如此。編寫程式碼僅是開發過程的起點；驗證其功能、部署至生產環境以及後續維護都是不可或缺的環節。自動化測試在這些後續階段中扮演著重要角色。

對於追求長期可維護性和支援性的軟體而言，自動化測試是不可或缺的基本要求，同時也能加快程式碼庫的迭代速度。因此，我們應當積極擁抱測試，嘗試各種方法，以建立完善的測試工具集，並根據當前專案的需求選擇最適合的測試類型。

CHAPTER 15 軟體架構

軟體架構涉及的設計原則和決策通常在專案規劃的早期階段就已確立。這些設計決策對系統的構建方式、擴展和維護的難易程度，以及新工程師熟悉程式碼庫的速度都有重大影響。

「軟體架構」和「軟體設計」這兩個詞彙常被交替使用。我個人偏好使用「架構」這個詞，因為它與建造實體建築的過程有相似之處。開發一個建築專案通常分為兩個明確的階段：繪製藍圖（架構階段）和實際施工。這兩個階段密切相關：如果在施工過程中發現規劃階段的某些假設不太合適，原始計劃是可以調整的。

然而，建造實體建築和設計軟體架構有一個關鍵的差異。建築的設計受到嚴格的物理定律約束，而軟體架構設計則相對自由。在軟體領域，可行與不可行的界限更加模糊。物理法則對軟體工程的約束遠不如團隊的能力和動態、技術限制等因素重要。

基本上，沒有一種放諸四海而皆準的軟體設計方法，但有一些在許多公司中廣泛採用的常見做法。在本章中，我們將探討以下幾個方面：

1. 設計文件、RFC 和架構文件
2. 原型製作和概念驗證
3. 領域驅動設計
4. 可交付的軟體架構

1. 設計文件、RFC 和架構文件

許多科技公司和新創企業在規劃過程中都會使用設計文件，這些文件通常被稱為 RFC（徵求意見稿，Request for Comments）。採用這種做法的

公司包括 Uber、Airbnb、Gojek、GitLab、LinkedIn、MongoDB、Shopify、Sourcegraph 和 Zalando 等[1]。

在這裡，我們使用「RFC」這個術語來指代設計文件，強調它們是一種蒐集回饋以改進設計的方法。一般而言，工程師在開始有意義的工作之前，會為重要專案建立 RFC。這些文件通常沒有嚴格的規定；它們的主要目的是分享背景脈絡、提出建議的方法、討論權衡取捨，並邀請他人提供回饋。

RFC 的目標

如前所述，撰寫和發布 RFC 的主要目標是透過及早獲得關鍵回饋來縮短專案完成時間。參與專案的工程師可以根據自身工作流程來決定如何運用 RFC。以下是幾種常見的方法：

- **原型設計 → RFC → 構建**：這種方式通常適用於未知因素較多的專案，例如在新框架上進行開發。透過原型可以探索未知領域。RFC 分享部分完成的計劃，可能會有一些未確定的部分。團隊獲得回饋後再開始正式構建。

- **RFC → 等待回饋 → 構建**：對於依賴項較多或有許多團隊依賴所構建內容的專案，提前蒐集所有利益相關者的回饋可能最終會加快進度。

- **RFC → 同時等待回饋和構建**：對於某些複雜度較高但不太可能出現重大問題的專案，在 RFC 發布的同時開始構建是較為務實的做法。團隊可以靈活地整合回饋，即使需要調整，也不會浪費太多時間。

- **構建 → RFC**：工程師先構建所需的內容，然後撰寫 RFC 記錄決策過程。這可能是因為專案比預期更為複雜，或是為了遵守內部 RFC 規定。這種方法可能會顯得有些尷尬，因為 RFC 可能被視為一種形式主義，團隊可能不太歡迎實質性的回饋。但這份文件對於存檔目的仍然有用，而且在這個階段獲得回饋總比很久之後才獲得要好。根據我的經驗，這種做法相當普遍。

---

[1] https://blog.pragmaticengineer.com/rfcs-and-design-docs

撰寫 RFC 的好處

撰寫 RFC 並徵求回饋有以下幾個重要好處：

1. **釐清思路**：你是否曾經急於開始編寫解決方案，卻在過程中發現自己走錯了方向？如果事先釐清了想要達成的目標，就能避免這種情況。設計文件迫使你以一種自己和他人都能理解的方式解釋你的想法。
2. **更快獲得關鍵回饋**：如果直接編寫程式碼並向團隊展示，通常會得到一些需要額外工作的回饋。例如，同事可能會指出遺漏的邊緣案例，或產品經理可能指出錯誤的使用案例。透過文件蒐集回饋，有助於盡可能消除誤解和額外的工作量。
3. **擴散想法**：若沒有設計文件，其他工程師要了解你的思路就只能直接與你交談。如果有五位工程師想了解你的設計方案，那麼他們都需要分別與你討論。透過書面記錄計劃，他們可以閱讀文件並向你提問，大大提高效率。
4. **促進寫作文化**：如果你的團隊成員看到設計文件的價值，他們更有可能在自己的專案中也採用這種做法。這對每個人都有益，包括你自己，因為將文件共享出來，通常能更快地獲得更好的回饋。

評閱 RFC

評閱 RFC 是獲得有價值回饋的關鍵環節。最常見的回饋方式包括：

- **非同步回饋**：透過文件中的評論功能蒐集意見。Google、GitHub 和 Uber 等公司都採用這種方式。
- **同步回饋**：組織會議深入討論 RFC 內容。電商巨頭 Amazon 偏好這種流程。
- **混合模式**：先分發文件蒐集非同步回饋，如果專案複雜度高或有大量評論，再召開會議討論。

影響二十個團隊的專案與僅涉及單一合作團隊的服務，其評閱方式應有所不同。重要的是要記住 RFC 流程的核心目標：透過及早獲得回饋來縮短專案完成時間。因此，在選擇評閱方式時，應該思考哪種方法最能節省時間，同時又能獲得最有價值的回饋。

架構文件

架構文件與 RFC 有所不同，主要在於其目的。架構文件主要用於記錄已做出的決策，而非徵求回饋。不同公司通常會有自己偏好的格式。以下是幾種常見的架構文件格式：

- ADR（架構決策記錄，Architecture Decision Record）[2]：這可能是最受歡迎的格式。

特色是使用 Markdown 格式，易於與 Git 版本控制系統整合。結構簡單明瞭，便於撰寫和閱讀。

- C4 模型[3]：這是一種更深入的軟體架構圖示方法，由獨立顧問和作者 Simon Brown 提出。特色是定義了四個圖表層次：上下文、容器、組件和程式碼。
- Arc42[4]：這是一種涵蓋 12 個部分的結構化模板，包括「上下文和範圍」、「解決方案策略」、「構建塊視圖」和「跨越概念」等。

2. 原型和概念驗證

如何構建一個能如預期運作的複雜系統？詳盡的規劃是一種方法。然而，另一種常被低估的方法是不從規劃開始，而是先展示系統如何運作，透過快速構建一個粗略的原型來進行演示。

複雜專案的挑戰在於存在諸多未知因素，規劃階段往往涉及對這些未知因素的討論。而構建原型可以解決部分未知問題，並展示某種方法的可行性。

我曾參與一個專案，目標是建立一個新的複雜支付系統，以取代兩個現有的支付系統。這個專案涉及約 10 個工程團隊。初期，各團隊各自規劃自己的方法。兩個月內，產生並傳閱了數百頁的 RFC（徵求意見稿）。然而，專案未能就進行方式達成共識。

---

[2] https://adr.github.io

[3] https://c4model.com

[4] https://arc42.org

隨後，團隊改變策略，從每個團隊選出一名代表組成新團隊，花了兩週時間構建了一個簡單的原型。這個過程中沒有規劃文件，也沒有徵求意見，只是讓人們聚在一起編寫程式碼，並透過原型展示想法。

短短兩週內，該團隊構建了一個原型，並解決了許多衝突和未知問題。雖然這個原型最終被棄用，但它為不同系統的所有權劃分及其互相通訊方式提供了框架。

探索性原型

許多我認為是優秀軟體「架構師」的工程師，都會建立可拋棄式原型來驗證觀點並展示他們的想法。畢竟，討論「具體」的程式碼比討論抽象概念要有效得多。

當專案存在許多未知因素或變動部分時，原型可作為有效的探索工具。這特別適用於缺乏足夠資訊來制定高度確定性計劃的問題。例如，如果需要整合第三方 API 但不確定如何進行，可以建立一個拋棄式原型來測試 API 呼叫，並提出可能的解決方案。

值得注意的是，如果「無法」對架構想法進行原型設計，可能意味著你已經脫離了實際開發，或者這個想法過於複雜。一般而言，你應該能夠透過原型來展示想法的可行性。

以拋棄為意圖進行構建

構建可拋棄的概念驗證時，應明確表示這些原型不是為了生產環境而設計的。原型設計的重點在於證明某個概念可行，在驗證後再開始正式構建。透過建立概念驗證並向他人展示，你將獲得寶貴的經驗，並能圍繞具體且明確的內容進行富有成效的討論。

明確表示所構建的內容是可拋棄的，可以加快開發速度，因此不需要進行程式碼審查、自動化測試或考慮後續維護的問題。說真的，這些都是不必要的，因為這是可拋棄的原型！

概念驗證的潛在風險在於，某些高層人員（如產品經理）可能會認為它看起來不錯並希望直接發佈。然而，這只是一個臨時拼湊的原型，並未

應用生產環境程式碼的最佳實踐。以這種狀態發布將是個糟糕的決定！在這種情況下，應堅持立場，拒絕發布原型。從頭開始構建一個正式版本才是正確的做法。這應該不會太困難，因為你已經有了一個可運作的原型作為參考。

如果面臨太大壓力要求發布原型，可以採用一個技巧：故意使用非生產技術來構建原型。例如，如果你的團隊在後端使用 Go 語言，可以用 Node.js 來寫原型，這樣就能「明確」表示這只是用於原型設計，不會被發布。

為了開發更好的架構方法，使用原型來構建概念驗證是一個強而有力的工具。你越常這樣做，就會變得越高效，而且你所構建的架構也會越來越好。

3. 領域驅動設計

領域驅動設計（Domain-Driven Design，DDD）是一種軟體開發方法，它強調首先建立業務領域模型，以深入理解業務領域的運作方式。例如，在開發支付系統時，首要任務是了解支付領域、相關業務規則和支付領域的上下文。

這個概念由 Eric Evans 在其著作《Domain-Driven Design: Tackling Complexity in the Heart of Software》中提出。DDD 的主要組成部分包括：

- **標準詞彙**：首要步驟是確保所有參與設計的人員使用統一的語言，DDD 稱之為「通用語言」。為建立這個共通詞彙，需要與業務領域專家共同定義使用的術語和行話。這看似簡單，但軟體工程師和支付合規專家可能對同一術語有不同理解，即使是「支付」這樣看似明確的詞語。

- **上下文**：將複雜領域劃分為較小部分，DDD 稱之為「界限上下文」（bounded context）。每個上下文都有其特定的標準詞彙。例如，支付系統的上下文可能包括註冊、支付、結算等。每個上下文可獨立建模並進一步細分。

- **實體**：實體（Entity）主要由其身分定義，具有生命週期。系統中的許多命名事物，如系統部分、人員和位置，通常都是實體。在支付系統中，會計條目就是一個實體的例子。
- **值對象**：值對象（Value Object）用於描述實體且不可變。例如，會計條目的貨幣就是一個值對象。
- **聚合**：聚合（Aggregate）是作為單一單位處理的實體群集。
- **領域事件**：領域事件（Domain Event）是其他領域部分應知悉並可能需要回應的事件。領域事件有助於使觸發器和對觸發器的反應更加明確。例如，當支付進入系統時，帳戶餘額會增加。引入 PaymentMadeEvent 這樣的領域事件後，原本隱含的邏輯變得明確：帳戶現在對 PaymentMadeEvents 做出反應，而非監控到達的 Payment 對象。

應用領域驅動設計（DDD）原則的最大優勢確實在於它迫使軟體工程師深入理解業務脈絡。這種方法要求工程師與業務人員進行深入交流，讓他們詳細描述其業務領域的運作方式。感謝共用詞彙（如上文）的存在，幫助工程師開發出的系統更加貼近實際需求，更能反映「現實世界」的複雜與變化。

應用領域驅動設計（DDD）方法確實能帶來許多好處：

- **減少工程師與業務間的誤解**：許多軟體專案因為工程師開發的產品與業務期望不符而延遲。DDD 方法從一開始就強調與業務利益相關者密切溝通，大大降低了誤解的可能性。
- **更好地處理業務複雜性**：業務規則往往十分複雜，DDD 透過界限上下文等概念來有效捕捉和管理這種複雜性。
- **提高程式碼可讀性**：明確定義的共用詞彙，使得程式碼變得更加清晰。類別和變數名稱更加一致且易於理解，整體程式碼更加整潔。
- **增強可維護性**：更易理解的程式碼和明確定義的詞彙，使得系統的可維護性得到顯著提升。
- **便於擴展和擴容**：當需要增加新的業務用例時，可以先將其融入現有的領域模型中。一旦邏輯擴展完成，在程式碼層面實施變更就變得更

加容易。這使得透過添加大量新業務用例來擴展程式碼庫變得更加簡單且不會造成混亂。

若想深入了解 DDD 的應用，建議閱讀以下書籍：

- Vlad Khononov 的 《Learning Domain-Driven Design》[5]
- Eric Evans 的 《Domain-Driven Design》[6]

4. 可交付的軟體架構

許多經驗豐富的軟體工程師常感到沮喪，因為他們的架構改進想法在傳播時遇到阻力，難以實施。那麼，如何將這些有價值的想法成功地應用到生產環境中呢？

明確業務目標

首先，退一步思考這項變更的業務目標。它將如何幫助您的產品或公司？它會改善哪些業務指標，例如收入、成本、使用者流失率、開發人員生產力或其他業務關注的事項？一旦您理解了這項變更的業務影響，就能更容易地為其優先級提出充分理由。

如果業務影響遠小於目前正在進行的專案，可以考慮在高影響力專案之間或同時進行這些相對低影響的工作。當高影響力專案較多時，可以在不影響主要專案的情況下，側重於這些低重要性的工作。

獲得利益相關者的支持

對於架構變更，通常需要其他團隊、資深及以上職級的工程師，甚至有時是業務部同事的支持。為此，你需要展示你的想法並贏得關鍵人物的認同。以下是幾種方法：

---

[5] https://learning.oreilly.com/library/view/learning-domain-driven-design/9781098100124
[6] https://www.domainlanguage.com/ddd

- 與關鍵人物會面並描述你的方法。這很耗時，且後續可能難以引用具體內容。
- 撰寫提案，發送給相關人員，蒐集意見並爭取認同。這種方法更具可擴展性，且決策過程更加清晰。
- 先書面記錄，然後與「持保留態度」的關鍵人物面談。之後根據這些對話更新提案。這是一種混合方法，適用於大多數情況。

為獲得關鍵人物支持，提前徵求他們意見是個常被低估的策略。因此，花時間向少數利益相關者展示你的想法。用白板呈現構思，徵求回饋並將其納入文件。然後告知這些人他們的意見已被考慮，這幾乎必定會贏得他們的支持。早期的支持也能促使其他人更易接受你的想法。

在尋求支持時，切記你的工作目標是支持業務，但可能會收到認為這項工作無助於業務的回饋。不要忽視這些意見，有時不做某些事對業務而言是正確的選擇。

打破決策僵局

有時，團隊在架構決策上因意見分歧而陷入僵局。以下是幾種突破僵局的方法：

- **明確能力需求**：這些需求決定了最終結果，而非實現方式。它們可能是系統層面的限制，如預期的延遲或可接受的一致性要求；也可能是使用者體驗方面的要求，如回應時間不超過 500 毫秒；或是業務層面的限制，如絕不允許重複收費。列出這些需求後，你可以從能力需求的角度來評估各種解決方案。先確定這些需求，有助於避免解決方案偏見，也就是在充分理解問題之前就急於提出解決方案。
- **事先指定決策者**：在討論開始前，先就可能出現的分歧情況約定一位決策者。這樣做最好在討論之前，因為在衝突發生時臨時引入決策者往往會引起爭議，質疑其中立性。例如，若某位參與者請自己的主管來做決策，可能會被認為偏袒自己團隊成員。
- **由編寫程式碼的人決定**：這是最簡單也最公平的方法。畢竟，他們還要負責日後的維護工作。

- **製作原型**：當討論陷入僵局時，可以繼續製作你想法的原型。這必定能推動事情向前發展，因為大家會轉而討論原型，而非繼續爭論。
- **爭取產品負責人的支持**：產品經理在權衡短期目標和長期維護成本方面，對為企業建立正確的解決方案有直接利益。獲得產品方面的支持是避免僵局的有效方法，但大多數軟體工程師並未充分利用這一點！

妥善推行變更

一旦變更完成開發，請務必投入足夠時間來進行適當的推行。因為若不謹慎處理推行過程，出錯的機會就會增加。

- **量化推行的意義**：找出能夠表明新架構如預期運作的指標。這可能包括追蹤「舊」系統與新系統的使用情況、效能指標、業務指標等。
- **制定推行計劃**：明確定義推行的各個階段。如何驗證某個推行階段是否「健康」，以及何時可以開始下一個階段？
- **確定適當的「醞釀期」**：在推出重大變更時，請花時間驗證系統的所有部分是否如預期運作。在宣布專案成功之前，給予新系統足夠的時間在正式環境中「醞釀」。同時，務必在醞釀階段測量關鍵的系統健康指標。
- **準備回滾計劃**：如果在推行過程中出現問題，如何撤銷變更？特別是當推行包含資料或資料結構的變更時，這會更具挑戰性。
- **進行「事前驗屍」演練**：如果推行失敗，可能的原因有哪些？列舉可能的情境，然後思考如何偵測這些失敗，並防止它們發生。

軟體工程中沒有最終決定

毫無疑問，你會遇到一些爭議，而明智的做法是讓步，接受一個你並不完全支持的方案。這樣的結果可能並不如聽起來那麼糟糕。因為在軟體領域中，沒有什麼決定是最終的！

幾乎每個決定日後都可以被推翻，包括技術變更、架構方法和新增的業務規則。推翻決定的成本各不相同，有些可能非常昂貴。只要決定相對容易推翻，那麼做出一個選擇總比陷入僵局要好！

具有回滾計劃的架構變更通常很容易推翻，以防它們沒有達到預期效果。對於涉及資料遷移的變更，應該有方法能夠遷移回原始狀態。

當你推翻一個決定時，請記錄下為何該方法無效的經驗教訓，並分享給相關人員，通常以文件形式呈現。這可以透過傳送電子郵件、在聊天中分享，或在會議中提出。

即使團隊決定了某種架構方法，並且已經建立和推行了，也不妨礙有人日後提出具有新優缺點的不同方法。畢竟，這正是軟體系統如何演進以跟上不斷變化的業務需求和現實世界的方式。

反思你的架構決策

當專案完成交付時，團隊通常會舉行回顧會議，討論哪些方面做得好、哪些方面可以改進，以及下次會有什麼不同。

你上一次反思自己的架構決策是什麼時候？一個問題是，新架構需要時間來「醞釀」並證明自己。此外，要了解一種方法的效果如何，你需要足夠親身參與，觀察工程師在維護和擴展時架構的表現。

你需要給新推出的架構足夠的時間，以觀察決策在較長時間內的表現。然後，你還需要有動力去蒐集使用者的回饋。

這並不總是容易的。以下是一些激勵你努力蒐集系統（以及架構）實際表現回饋的理由：

- **分享你的學習心得**：承諾分享你對架構的學習心得。
- **績效評估 / 升職**：你的管理鏈如何知道你在特定系統上的工作發揮多大效用？尋求回饋可以幫助你的工作獲得更多認可。
- **用你的學習心得幫助他人**：你可能會指導想要設計類似系統的工程師。回顧並獲取回饋，以反思你的設計決策效果如何，以及哪些方面可以改進。

在蒐集對你工作的回饋時，可能會傾向於只關注正面評價。聽到你的工作受到好評當然很棒，但這對你作為軟體工程師的成長幫助並不如有效

的批評。在聆聽回饋時，找出你的架構決策哪些方面沒有達到預期效果，並從這些寶貴的教訓中學習。太少工程師主動這樣做！

重點總結

要成為一名模範的資深工程師，掌握軟體工程技術是必要的，但僅僅如此還不夠。事實上，在資深層級，與程式碼相關的活動反而是較不具挑戰性的工作；有效地與他人合作並幫助團隊完成工作，則是更為困難的部分。

在資深層級，你工作的影響力比你投入的努力更為重要。因此，找到聰明的工作方式可以帶來巨大的回報。

另外，指導他人是一種被低估的方式，不僅能幫助他們成為更高效的工程師，也能促進你自己的專業成長。同樣地，尋求更有經驗的工程師的指導可以拓寬你的視野，並幫助你完成越來越複雜的工作。

「資深工程師」這個詞在業界往往定義模糊。在某些公司（通常在較低等級的公司中，如我們在第 1 章〈職涯發展路徑〉所述），它可能只是一個中級的工程角色。但在一些企業中，它指的是類似技術主管的職級。同時，其他公司對資深工程師的期望更接近於資深和首席工程師的程度。

無論「資深」的定義範圍多廣或多窄，以下是一個合理的期望：當一個資深工程師參與時，相對複雜的專案將得以完成。如果出現問題，資深工程師會找到解決障礙的方法。如果他們遇到困難，他們會及時提出警示，尋求幫助，並提出可行的選擇。

如欲進一步了解，請參考第三部的網路版補充章節：

Getting Things Done as a Senior Engineer: Exercises

pragmaticurl.com/bonus-3

PART IV 務實的技術負責人

技術負責人（Tech Lead）這個職位特別有趣，因為它更接近於一種角色，而非正式的職稱。

擔任技術負責人意味著你是一位經驗豐富、通常是資深或以上職等的工程師。你是專案的主導者，或是工程團隊在所有專案中的關鍵人物。有些團隊有多位技術負責人，每個重要計劃都指派一位；而其他團隊可能只有一位技術負責人，通常是團隊中最有經驗或資歷最深的工程師。

典型的技術負責人職稱

在 Google、Meta、亞馬遜、微軟和 Uber 等公司，並沒有「技術負責人」這個正式職稱。在資深工程師之上的是專家工程師。但在這些公司中，團隊或專案內部經常存在技術負責人的角色。相比之下，某些公司確實設有正式的技術負責人職位。

在將技術負責人作為正式職稱的公司中，最常見的職稱是：

- Tech Lead
- Lead Engineer / Lead Developer

技術負責人的典型期望

對技術負責人的期望通常與資深工程師相似，但還需要領導專案。在某些公司，對技術負責人的期望更接近專家工程師。關於這些職等的常見期望，可參考第三部（資深工程師）和第五部（專家工程師）的介紹。

此外，對技術負責人的期望可能與工程經理有所重疊。技術負責人不負責人事管理，但他們往往會承擔幫助團隊更加協調一致的管理責任。這通常是工程經理的工作範圍，直到他們有技術負責人可以委派：

各角色通常在這三項活動中投入多少時間？

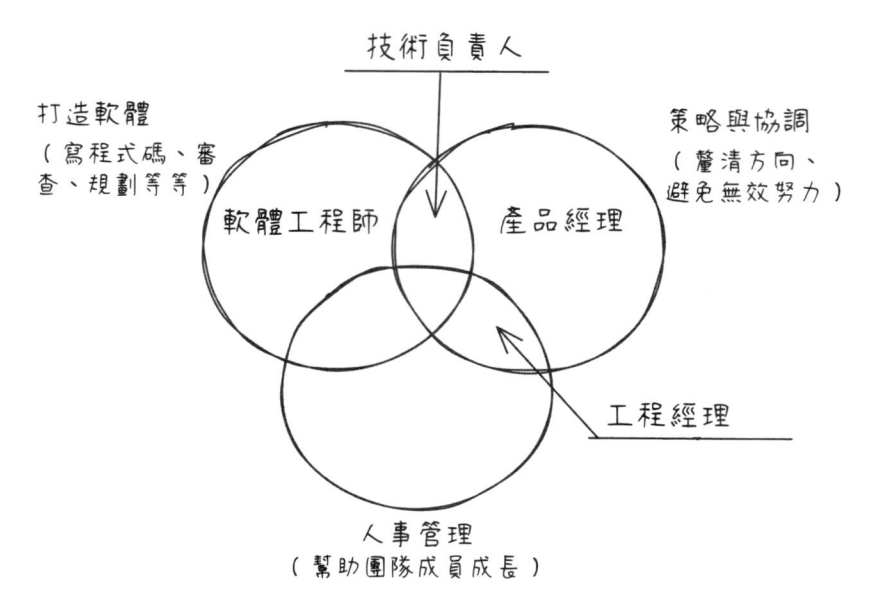

```
          技術負責人
              ↓
    打造軟體            策略與協調
    （寫程式碼、審       （釐清方向、
    查、規劃等等）       避免無效努力）

      軟體工程師         產品經理

                ↗
              工程經理

          人事管理
      （幫助團隊成員成長）
```

軟體工程師、技術負責人與工程經理分別在哪些領域投入大多數時間。
技術負責人將心力更多地投入於策略與規劃這類屬於工程經理工作範圍的活動。

個人貢獻者與管理者路徑的分歧點

表現優異的技術負責人通常是內部提拔為工程經理的首選人選。同時，技術負責人往往也有機會留在個人貢獻者的發展路徑上，並爭取成為專家工程師或更高職位。

在成長飛快且需要招募多名工程經理的公司中，技術負責人通常有機會轉往管理職發展。經理的角色與軟體工程師不同，而這種轉換超出了本書的討論範圍。若想了解如何順利過渡到經理角色，以下是我推薦的書籍：

pragmaticurl.com/engineering-management

CHAPTER

16 專案管理

在高速成長的新創公司和科技巨頭中,由各級工程師領導工程專案是常見的做法。作為一名工程師,培養這方面的技能對於成長為資深及專家級角色至關重要。

作為技術負責人或擔任類似角色的工程師,領導專案是一項常規任務。那麼,如何高效且自信地完成這項工作呢?

本章將涵蓋以下內容:

1. 工程師領導專案的公司
2. 為何需要專案管理?
3. 專案啟動和里程碑
4. 「軟體專案物理學」
5. 日常專案管理
6. 風險和依賴關係
7. 專案結案

1. 工程師領導專案的公司

哪些科技公司賦予軟體工程師擔任專案工程領導的權力,即使他們尚未達到資深或技術負責人的職等?實際上,這樣的公司不在少數。

在大多數公司,每個團隊都可以決定自己的運作方式,並沒有硬性規定某種既定的工作模式。以下是我確認過的一些公司,它們有多個團隊讓工程師領導專案,同時得到經理和更有經驗工程師的支持:

- **Shopify**:稱這個角色為「個人貢獻者冠軍」(IC Champion)
- **Amazon**:非資深工程師經常領導複雜度適中的專案

- **Atlassian**：中級工程師常擔任的角色，稱為「功能負責人」（Feature Lead）
- **Microsoft**：許多產品團隊採用這種方式
- **GitHub**：稱這個角色為「直接負責人」（DRI，Directly Responsible Individual）
- **X**（前身為 Twitter）：多個產品團隊稱這個角色為「專案技術負責人」（PTL，Project Tech Lead）
- **DAZN**（體育串流新創）：稱這個角色為「專案隊長」（Project Captain）
- **Klarna** 有些團隊正在嘗試這種方法
- **Trivago**：稱這個角色為「技術驅動者」（Tech Driver）
- **Skyscanner**：許多團隊讓經驗較淺的工程師先觀摩，然後再獨立領導一個專案
- **Thought Machine**（金融科技新創）：由工程師領導專案團隊，而工程經理則領導「元件團隊」
- **科技巨頭**：Meta、Google、Apple 和 Uber 的多個團隊使用這種方法

蘋果公司值得特別一提，聯合創始人史蒂夫賈伯斯認為個人貢獻者（IC）最擅長管理。他在 1985 年的一次訪談[1]中說：

> 「你知道誰是最好的管理者嗎？他們是那些偉大的個人貢獻者，從來沒想過要成為管理者，但最終他們決定攬下這份責任，因為沒有其他人能做得像他們一樣好。」

2. 為何需要專案管理？

「專案」一詞是被許多組織用來協調努力，以期推動特定業務目標的詞語。儘管少數專案可能只需幾週時間，通常，一個專案從開始到結束長達數月，長期專案甚至可能耗時數年。然而，在具有良好工程文化的科

---

[1] https://pragmaticurl.com/steve-jobs-interview

技公司，工程師每天都在交付業務價值，並且每隔幾個月就會完成被視為「完整」的專案。

但我們能否不進行任何形式的專案管理就完成工作呢？如果你是獨立工作，不依賴其他團隊，也沒有團隊依賴你的工作，那麼當然可以！你可以草擬出想要建立的功能計劃，編寫程式碼，部署，然後一切大功告成。你可能不需要本章提到的任何工具。

然而，當有更多人一起工作時，這時就需要：

- **目標**：清楚確認你要透過這個專案解決什麼問題。
- **規劃**：對如何解決這個問題有一個大方向的構想。在某些情況下，可能需要在計劃之前制定更正式的規格說明。
- **協調**：確認由誰來做哪些工作。
- **保持所有人步調一致**：隨著工作進展，讓所有團隊成員了解情況。
- **管理風險、變更和延遲**：軟體開發充滿風險，因為我們經常以新的、未經驗證的方式建立解決方案。

專案管理方法為上述所有方面提供了策略，並幫助回答我們工程師常常害怕的問題：「這需要多長時間？」

無論我們工程師是否喜歡，日期和截止期限對專案來說都很重要，特別是在以時程來協調和溝通各個職能部門的公司。大多數科技巨頭和高速成長的新創公司都是以時程為導向的企業。正如我在〈Yes, you should estimate software projects〉（是的，你應該估算軟體專案）[2] 一文中寫道：

> 「估算的重要性在於大多數人和企業都以時程為導向。上市公司依據季度進行規劃和預算。在決定投資專案和人力時，他們往往會問：『要多久才能上線？』受創投資金挹注的私人公司則致力於及時推出新功能，以其爭取下一輪融資。
>
> 誠然，有些企業不那麼著重於時程，但這種情況並不常見。私人經營的獲利型生活方式企業和公家機關可能是較不受時程拘束的例子。」

---

[2] https://blog.pragmaticengineer.com/yes-you-should-estimate

本章涵蓋的內容適用於任何框架中較為複雜的「工作單元」，對於簡單、明確定義的工作並不必要。任何涉及人員協調和跨多個依賴關係的大型工作都是可以從這裡介紹的方法中受益的專案。

3. 專案啟動和里程碑

我觀察到，專案失敗的一大主因是一開始就存在期望不一致的問題。這種不一致通常到了專案接近尾聲時才浮現，而這恰恰是工程團隊認為他們已經完成工作的時候。

啟動會議有助於確保在專案初期就消除可能的誤解，否則這些誤解可能導致大量工作被棄置或需要徹底重做。我將啟動會議視為一個釐清重大問題的場合，所有相關的利益相關者都應參與其中。

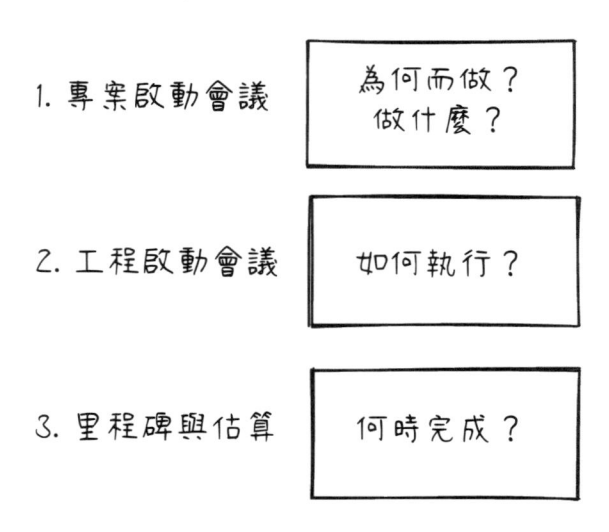

專案啟動

1. 專案啟動會議 — 為何而做？做什麼？
2. 工程啟動會議 — 如何執行？
3. 里程碑與估算 — 何時完成？

可以在啟動會議中釐清的相關問題

降低任何專案風險的最佳方式是舉行啟動會議。在會議中，所有專案利益相關者確認他們了解專案的目標和方法，並認可大方向規劃。

啟動會議的籌備方式取決於專案的複雜程度和利益相關者的數量。我認為，準備一份書面文件至關重要，可以提前分發給大家加入意見。這種做法在任何遠距或混合工作模式的組織中都是不可或缺的。

產品需求文件（PRD，Product Requirements Document）是描述專案「為什麼」和「是什麼」的常見格式。雖然工程團隊應該在某種程度上參與，但在這個階段並不涉及工程細節。相反，這份文件旨在讓所有產品、工程、設計、資料科學和業務利益相關者達成共識。你可以參考各大科技公司的 PRD 範本[3]。

專案啟動會議

專案啟動會議旨在讓所有人對「為何而做」和「做什麼」達成共識。在這個會議中，參與者將審視計劃並解決問題。一個成功的啟動會議應以專案負責人詢問：「關於這個專案是什麼、我們為什麼要做以及如何進行，還有任何疑問嗎？」作為結束。

理想情況下，基於已有的資訊，每個人都會回答一切清楚明瞭。但實際上，我曾見過會議室突然迸發出一連串問題——這正凸顯了啟動會議的價值。在團隊開始著手建設之前解決問題，遠比之後才發現問題並可能導致前期努力付諸流水要好得多。

我建議啟動會議採用面對面或視訊形式。安排十分鐘的時間閱讀提案文件，或由專案負責人向與會者進行簡報。如果是線上會議，可以考慮要求參與者開啟視訊，這樣會議主持人可以透過視覺線索察覺人們可能存在意見分歧的時候，適時鼓勵這些人表達意見。

雖然聽起來有些違反直覺，但我建議邀請所有相關的利益相關者參加啟動會議。這意味著邀請業務部門的所有人，包括客服團隊。更多的人參與會議確實會增加時間成本，但這是值得的，因為它提供了一個及早發現誤解並避免日後浪費心力的機會。

---

[3] https://www.vindhyac.com/posts/best-prd-templates-from-companies-we-adore

工程啟動會議

工程啟動會議緊接專案啟動會議之後舉行。其目標是讓工程師們就「如何執行」達成共識，參與者包括工程團隊和相關的工程利益相關者，如資料科學、機器學習或基礎架構團隊。一旦業務目標和整體方向明確後，工程師們就會深入規劃具體的實施細節。

這個過程因團隊而異，有些團隊會進行白板討論——有時使用虛擬白板。大多數科技巨頭和許多新創公司都會以工程規劃文件作為起點，這些文件會像 RFC（徵求意見稿）、ERD（工程需求文件）或 ADR（架構決策記錄）一樣被傳閱討論。

我非常贊同將商定的工程方法以書面形式記錄下來，因為這樣做有諸多好處。它迫使工程師清晰地描述提議的方法，從而減少誤解。計劃可以被傳閱徵求意見，擴大其影響範圍。而且，規劃文件在日後仍可供專案參與者參考，有助於他們快速上手並理解已做出的決策。

設定里程碑

這一步驟的目標是讓工程團隊就「何時完成」達成共識。許多工程團隊會將他們的規劃與專案里程碑和估算合併在一起。但我更傾向於將這兩者分開。原因是如果你在規劃階段就設定了工程的日期和里程碑，團隊很可能會立即尋求捷徑並做出造成技術債的決策。透過單獨進行工程規劃，團隊應該制定一個能為系統和服務的長期健康做出最佳決策的計畫——而不僅僅是為了眼前的專案。

有了工程計畫後，就該對可交付的里程碑有一個概念了。這些里程碑越細緻越好。這是因為所有的估算都會有一定程度的偏差，而唯一真正知道偏差有多大的方法就是達成一個里程碑。此外，每達成一個里程碑，都會使專案的最終目標更為接近，這件事本身就有價值。

一旦對里程碑達成共識，團隊就會對每個里程碑所需的工作進行細分，並粗略估算時間。有些團隊使用 T 恤尺碼作為時間單位，有些則喜歡使用規劃撲克方法，以費波那契數列（1、2、3、5、8、13 等）作為複雜度的估算，而另一些團隊則偏好使用工程天數。最終，無論你在一個以

時程為導向的公司選擇哪種方法，你都需要為每個里程碑的預計完成時間給出一個粗略的日期估算。

我更傾向於將里程碑設定得足夠小，以便能在不超過幾週的時間內完成。如果里程碑涉及長時間的工作，我會鼓勵團隊去設定中間里程碑，以掌握較小的部分。

確保估算不具約束力

軟體專案充滿未知數和種種風險，任何人能合理要求團隊做的，就是根據最佳資訊對完成時間有一個大致的概念。隨著專案進展，會出現增加複雜度並改變估算的風險和挑戰。

當然，業務方會想知道最終的交付日期。作為專案負責人，你有幾種方式可以分享這個估算的期限。許多負責人會增加緩衝或擴大估算時間，然後向外部溝通。

我總是傾向於增加一些緩衝時間，但同時也教育業務方沒有所謂的「固定日期」。向業務方承諾他們會定期獲得專案進度更新，然後隨著專案通過各個里程碑，你可以給出越來越有把握的日期。

在這個意義上，軟體工程和營建工作是相似的。任何承包過房屋建造或翻修的人都知道，日期和預算充其量只是估算，你總是會比預期花費更長時間。軟體專案也不例外。

當然，有時日期是固定的。例如，一些公司有預先溝通好的固定發布日期。在金融和銀行業，進行變更和遵守新法規的期限是與日期綁定的。在這種情況下，交付期限是不容協商的；但相應地，工作範圍可能需要縮減。因此，理解對業務來說什麼是最重要的尤為關鍵——更多相關內容請參見第 21 章〈理解業務〉。

4. 「軟體專案物理學」

雖然我們建立的軟體是虛擬的，但我發現有一個「軟體物理學定律」極其準確：

軟體專案「物理學」

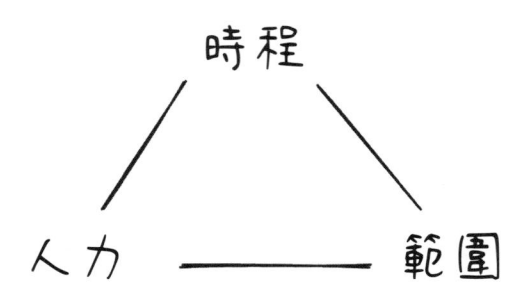

```
          時程
         /    \
        /      \
       /        \
      /          \
     人力 ———— 範圍
```

如果其中一個發生變化，
至少另一個也需要相應地改變。

「軟體物理學」三角形：專案的時程、範圍和人力皆相互關聯

如果這個三角形看起來很熟悉，可能是因為它類似於專案管理三角形[4]，這是一個常用的模型，用來描述成本、時間、範圍和品質之間的關聯。對於科技巨頭和高速成長的新創公司的團隊而言，我發現品質很少被拿來協商：時程和範圍更容易被調整。

參與專案的工程師、專案的時程和範圍，三者牽一髮而動全身。如果其中一個發生變化，至少另一個也需要相應地改變。

當範圍擴大時

當專案範圍擴大時，時程需要相應延長，或者需要分配更多人力到專案中。第一個選項很直觀，時程會隨著範圍擴大而延長，但業務方通常不樂見。

第二個選項是增加人力，額外的工時和加班會增加專案三角形中的「人力」部分。注意，團隊成員的數量不一定要增加，如果現有的團隊成員增加工作時間，可以保持與之前相同的人數。這樣做的一個好處是他們

---

[4] https://en.wikipedia.org/wiki/Project_management_triangle

已經完全了解專案脈絡，不需要額外的熟悉過程。但別忘了，現在投入專案的勞動時間比原計畫要多。

在不減慢專案進度的情況下增加人力是具有挑戰性的，但在罕見的情況下是可能的。每當我提到這一點時，常常會有人引用布魯克斯法則。這來自弗雷德·布魯克斯的著作《人月神話：軟體專案管理之道》：

> 「向進度落後的軟體專案增加人手會使其更加落後。」

我不會將此視為適用所有情境的唯一真理。對於熟悉過程時間短、工作可以細分並平行處理、引入具有領域背景知識的人員，以及相對於團隊規模只增加少量人員的專案來說，這個法則並不適用。

讓熟悉程式碼庫的工程師來處理獨立的工作，可以加速專案進度。我也曾成功地透過增加新工程師來交付範圍較原先更大的專案。

然而，這總是涉及熟悉時間和溝通成本的艱難取捨。熟悉專案需要時間，可能會分散團隊的注意力。熟悉過程越容易（例如透過使用內部開源模型），新加入者擁有的領域知識越多，成本就越低。如果溝通成本較低，有清晰的文件、乾淨的程式碼庫和非同步流程，那麼熟悉過程的影響就越小。

現實是，對於大多數範圍擴大的專案來說，引入額外的工程師是不可能的，因為他們需要從其他團隊或專案中抽調，而且很少有空閒的工程師在待命。對於許多專案來說，工作可能無法充分平行化，以便新加入者直接接手。

要注意獲得更多人力的不同方式，理解加班等同於增加勞動力，只有在能加速特定專案的情況下才招募具有領域知識的工程師。

顯而易見的是：將工程師的數量翻倍不會將完成時間縮短一半。然而，如果這些工程師具有領域知識，且工作可以拆分，那麼在所有這些都巧妙完成的情況下，確實可以縮短時程！

專案時程變動

當專案期限被提前時，必然需要有所取捨。最常見的做法是縮減專案範圍。然而，較不明顯但經常發生的實際情況是「人力」層面的增加——在更緊迫的期限下，團隊成員往往需要延長工作時間或被要求投入更多心力。因此，即使沒有增加額外人手，專案的總「人工時數」仍會上升。

那麼，在縮短的時程內增加更多工程師是否可行？理論上是可能的，但新成員的熟悉過程可能使此舉變得不切實際，除非期限還有數月之遙。

專案人力減少時

突發狀況可能導致投入專案的人力減少，例如：團隊成員被抽調至其他工作、生病等。當人力減少時，需要考慮縮減專案範圍、延長時程，或增加人手。

在這種情況下，調整專案範圍或時程是最容易的。增加人工時數可以透過要求縮減後的團隊投入更多時間來實現。然而，若加班成為常態，這種做法可能適得其反，導致人員精疲力竭。頻繁加班常會增加錯誤率，因為團隊成員工作時間延長，容易產生更多缺失，而且往往難以察覺。值得注意的是，一個疲憊的人可能對專案產生負面影響，引入原本可以避免的系統退化——這些問題在他們得到充分休息的情況下是不會發生的。

了解範圍、時程、人力之間的關係至關重要。要知道，如果其中一個因素改變，至少另一個因素也應該相應調整。作為專案負責人，這種思維模式可以幫助你與業務部門協商出更切實可行的權衡方案。

專案人員變動時的影響

當新成員加入團隊時，情況可能不如想像中直觀。例如，增加了人力是否就能順利縮短時程？

實際上，時程通常不會改變，甚至可能延長！如果新團隊成員也是公司的新進人員，熟悉工作環境可能需要相當長的時間，這可能會分散其他團隊成員的注意力，進而拖慢專案進度。若熟悉過程迅速，且新成員能

快速上手,則可能加快進度。有些公司的新進人員在到職第二天就能將程式碼部署至生產環境,但在某些地方,可能需要 1 到 2 個月才能將第一個變更推送至生產環境。新成員熟悉工作環境越快,增加人力加速專案的可能性就越大。

同樣,當團隊成員輪替時(例如有人調離專案,另一人調入),熟悉工作的時長將影響時程是否受到影響。有些團隊的影響可能微乎其微,但對其他團隊來說,這可能是一個重大衝擊。請考慮工作交接和熟悉新環境所需的時間,並適時溝通專案範圍或時程可能因此而改變。

5. 日常專案管理

許多工程團隊普遍採用以下幾種專案管理方法:

- **敏捷開發(Scrum)**:通常用於持續一週或更長時間的衝刺期(sprint)。團隊通常會進行規劃和估算會議、定期的需求梳理會議(以為下一個衝刺做準備並優先排序工作),以及衝刺回顧會議。敏捷開發的結構化特色是一大優勢,但對於經驗豐富的團隊來說,這種方法可能過於僵化。

- **看板(Kanban)**:一種工作方式是從待辦事項清單(backlog)的頂部選取下一項工作,團隊會安排某種形式的規劃和優先級排序會議。看板的主要優點是靈活性,且優先級變更不會造成問題。缺點是缺乏結構,這可能不適合經驗較少的團隊。

- **Scrumban**:結合了上述兩者的綜合式方法,根據需要採用各自的特色。這通常意味著對衝刺期的要求較為寬鬆,在處理高優先級工作時更具靈活性。

我不認為應該對如何管理專案有固定的規定。我推薦的一種方法是嘗試不同的做事方式。在軟體工程領域二十多年的經驗告訴我,對某個團隊奏效的方法不見得適用於其他地方。

去嘗試你認為可行的方法,包括那些你不確定的方法。試試具有獨特觀點的專案管理方法、不同的站會(standup)形式(包括完全不開會),以及新的估算或追蹤工作的方式。沒有什麼比親身實踐更能學到東西了。

無論採用何種方法，我建議關注以下幾點：

- **團隊是否達成共識？** 確保有方法可以檢查這一點。很少有什麼比「否定」的答案更能表明專案正在失敗。
- **讓團隊和你自己對已達成的協議負責**。很少有什麼比書面記錄和人員簽署更能促進責任感。這就是為什麼代表整個團隊簽署的每週狀態電子郵件對責任追究非常有效。期待（並鼓勵！）團隊成員在感到不願意接受時直言不諱。
- **作為專案負責人，慷慨地授權**。向上授權給你的經理，橫向授權給支持你的人。考慮授權給團隊成員，並提供他們想要承擔的領導機會。
- **迭代和回饋越頻繁越好**。瀑布式軟體開發模型失敗是因為回饋在規劃開始數年後才出現。你越能頻繁地獲得關於專案真實狀態的回饋，就越有可能保持正軌。這就是為什麼短迭代、小里程碑和頻繁回饋是成功的堅實框架。每隔幾週進行的回顧會議可以幫助確定哪些做得好，哪些需要改進，以及如何改進。
- **預料意外情況**。一旦注意到風險就立即指出——下文會詳細說明。在必要時適當取捨，並運用你的判斷力決定何時有此必要。
- **不要忘記大局和專案的最終目標**。目標不是寫程式碼、完成工單或以特定速度輸出工作。目標與公司業務習習相關，所以要經常陳述目標，專注於實現它，而不是做一些不能讓你更接近完成的無謂工作。

技術負責人的決策角色

技術負責人（甚至是專案負責人）的角色常帶有模糊性。顯然，團隊經理可以且確實會做出團隊層面的決策，工程師也會做出一些自主決定。但技術負責人呢？他們是否需要做出專案層面或團隊層面的決策？如果需要，何時該做決策？他們是否應該獨立做決定，還是應該諮詢他們的主管並聽取建議？

舉例來說，距離專案發布日期還有兩週時，一位工程師發現他們原計畫使用的框架缺少一個關鍵功能。因此，要麼需要調整功能（使其更受限），要麼需要撰寫大量客製化程式碼，但這樣做會延遲專案的時程。工程師希望你作為技術負責人做出決定：一個選擇影響範圍，另一個影

響時程。你能獨自做出這個決定嗎？還是需要諮詢主管、產品經理或業務部門等利益相關者？

在做決定之前，別忘了徵詢團隊其他成員的意見。經驗較少的技術負責人常常認為，如果需要做決定，當做則做。但他們真的是最適合做決定的人嗎？

考慮授權給擁有最多資訊的人來做決定。在上述例子中，提出兩種解決方案的工程師可能已經有了他認為最佳的建議。協助他們明確表達哪一個是最佳選擇，然後支持它，同時決定是否需要通知或諮詢利益相關者。

當做出影響專案時程、範圍或人力的決策時，請務必考慮**通知利益相關者**。這意味著分享：

- 情況，即問題所在
- 可能的解決方案及其權衡
- 團隊選擇的方法，以及你對此的支持

你能直接決定，還是應該先諮詢？ 作為技術負責人，你應該推動事情向前發展，而不是對每個決定都推諉給利益相關者或你的主管。運用你的判斷力來決定是否適合當場做決定，或者是否更適合先諮詢利益相關者或你的主管。

隨著時間推移，你將建立起與利益相關者的信任，並能預測何時一個決定的影響範圍小到只需通知他人，何時其影響程度意味著你應該諮詢他人。

6. 風險和依賴關係

如前所述，開發新軟體與興建新公寓大樓有諸多相似之處。兩者通常都比原訂計畫耗時更長，並超出預算。每個專案都是獨一無二的：使用的資料和技術各不相同，面臨的限制和挑戰也有所差異。

建築和軟體工程還有一個共同點：某些風險只有在工作開始後才會浮現，你需要隨時準備應對。讓我們來探討軟體專案中最常見的八種風險類型，以及如何緩解它們：

- 技術風險
- 工程依賴關係
- 非工程依賴關係
- 缺乏決策或脈絡依賴關係
- 不切實際的時程
- 人力或資源不足
- 專案中途出現變數
- 對某些任務實際所需時間估算不準

技術風險

當你首次使用某個框架、函式庫、程式語言或服務時，會面臨「未知的未知」——即你甚至不知道存在的風險。

如何緩解：

- 製作原型：花一兩天時間建立與你需要完成的任務相關的東西。在製作原型的過程中，你會發現差距、風險和未知因素。
- 檢視路線圖和工具：仔細查看工具、資源和回饋。是否有即將到來的重大變更？這項技術的穩定性如何？它有多少維護和投資？
- 評估「不穩定」的框架和工具：你可能會想使用不穩定版本的函式庫、框架或 API，因此要評估這種不穩定性帶來的風險。在某些情況下，風險可能是可以接受的，因為使用最新的、足夠穩定的版本意味著你不必在它變得更穩定時再進行更新。
- 考慮可能會發生大量變化的替代方案：這是在使用新穎、有趣和創新的東西，與使用保證可靠運作的東西之間的權衡。

工程依賴關係

你無法取得進展，直到另一個工程團隊對他們擁有的服務、函式庫或框架進行修改時。

如何緩解這個情況：

- 與其他團隊溝通，了解需求細節。
- 假設公司採用內部開源模式，主動提出自行完成工作。切勿低估所需時間，因為你需要了解他們服務的脈絡並考慮各種限制。若是平台團隊擁有你需要修改的部分，預期會有諸多限制。平台團隊需確保他們的變更不會影響任何客戶。
- 在其他團隊開發的同時，透過模擬這個依賴關係來解除阻礙並推進工作。
- 將這個依賴關係從關鍵路徑中移除，例如，透過建立自己的簡化版本。請記住，你將需要維護你所建立的內容。若選擇這條路，請審慎評估維護的負擔。
- 團隊集體攻堅：讓整個團隊參與解決問題。這對於棘手的問題可能會特別有效，並能增進團隊凝聚力。
- 向上尋求支援，向管理層反映以協助調整其他團隊路線圖上的優先順序。在這麼做之前，我建議優先嘗試工程師之間的直接溝通。

非工程依賴關係

這是指在沒有非工程團隊提供資訊或批准的情況下，無法取得進展。

如何緩解：

- 與相關團隊溝通，概述你的需求、原因，以及如果他們不採取行動會造成的影響。
- 你能否繞過這個團隊？例如，如果是設計依賴關係，你能否製作一些臨時的模擬圖？
- 必要時尋求上級的幫助，如產品經理或工程經理。但要分享適當的背景資訊，並認識到該團隊面臨的困難或限制。

缺少決策或脈絡依賴關係

當你不確定如何或該建構什麼,或者工作的「原因」不明確時。

我只知道一種緩解這種風險的方法:在理解脈絡或獲得決策之前,堅持不開始工作。明確告知利益相關者,你需要他們提供哪些具體資訊才能繼續進行。在一些基本問題仍未獲得解答的情況下就開始工作,對團隊、公司和你自己都是一種不負責任的行為。確保你對以下兩點有清晰的認識:要做什麼,以及為什麼要做,然後才開始工作。

不切實際的時程

這種情況通常發生在完成日期由上級直接下達,未經團隊參與,且你對這個短期時程感到不安時。

如何緩解:

將需要完成的工作進行粗略估算並分解,以便你有東西可以討論。提出有助於達成時程的權衡方案,縮減範圍,並考慮增加更多工程師加入專案。不要害怕跳出框架思考。以下是向管理層提出此類建議的例子:

- 「與其開發功能完整的聊天系統,我們可以先推出一個按鈕,用來捕捉訊息並開啟 Zendesk 工單,採用基本自動化。這樣我們就能趕上完成期限。」
- 「好吧,如果我們能暫停我的團隊正在進行的所有其他專案,並且能讓兩位資深 Android 工程師在接下來兩個月轉調過來幫忙,同時暫停淘汰 Zeno 服務,這樣我們就不需要遷移到 Athena,那麼,也許我們才有機會趕上這個期限。另一種選擇是保持現狀,將時程往後推兩個月,或者縮減範圍,不推出聊天功能。」

拒絕接受由上而下強加的交付期限。如果你是經理,保護你的團隊,讓他們在沒有時間壓力的情況下進行估算。明確表達在你的限制條件下,你能做什麼,不能做什麼。

人力或資源不足

在所有其他工作持續進行的情況下，團隊實際上無法承接另一個專案，但管理層表示別無選擇。

如何緩解：

- 明確說明你的團隊同時能夠處理的工作／專案數量。具體闡述你們的產能。
- 提議暫停其他目前優先度最高的專案，但要清楚說明可能造成的影響。以下是一個回應範例：「請聽我說，如果你能說服產品總監允許我們暫停 Zeno 專案的工作，我們就可以接手這個新專案。然而，即使我們這麼做，中止進行中的工作難免會打擊到團隊士氣，而且轉換工作重心會導致 Zeno 專案延遲數週。我需要產品總監親自向我確認，她同意團隊暫停這項工作，承擔士氣受影響的風險，並且接受 Zeno 專案延遲四週的結果。」

專案中途出現意外

軟體開發過程總是充滿驚喜，意想不到的事情會突然出現。

如何緩解：

- 這是什麼類型的風險？看看上述任何緩解方法是否適用。
- 能否繞過或忽略它？這可能是虛驚一場，所以要調查清楚。
- 是否應該延長時程？這是最合理的方法，而且答案通常比許多人預期的更常是「是」！
- 你能否在進行快速修復時承擔技術、架構或流程債務，並只在專案結束時進行徹底修復嗎？這裡的風險是修復可能永遠不會完成，所以要負責確保它被優先處理。

對實際所需時間毫無概念

這是一個常見的風險，然而，領導層往往看不到這一點，因為他們看到的只是估算結果，而這通常只是憑空猜測。

如何緩解：

- 弄清楚這究竟是什麼類型的風險。在大多數情況下，這是一個技術風險：某些你從未使用或做過的事情。
- 你能否將其分解成更小的部分，拆分已知的部分與未知的部分？
- 製作原型，或獲取更多關於潛在挑戰的資訊。你也可以將其設定為有時間限制的研究活動，有時稱為「進行探索性開發」。

發現新風險和以新方式開發軟體是相輔相成的。與其試圖消除風險，不如接受它們的存在。學會區分重大風險和次要風險，並在發現新風險時保持冷靜。記住「軟體專案物理定律」，如果新風險增加了專案範圍，那麼你就必須縮減範圍、延長時程，或找到方法為專案增加更多人力。

7. 專案結案

我曾見過許多精彩的專案啟動，但鮮少遇到妥善的結案。未能適當結案會帶來以下缺失：

- 團隊的優秀表現往往無法獲得應有的肯定，也缺乏慶祝活動。
- 團隊成員被調往其他專案，導致專案的最後階段（通常是推出階段）流於敷衍。
- 缺乏總結會使專案執行過程無法得到充分反思，團隊成員也難以內化寶貴經驗。

適當的專案結案與良好的啟動同等重要。這對所有相關人員都有裨益：專案利益相關者（包括未直接參與者）、專案團隊、所有參與者，以及專案負責人。良好的結案應包含以下要素：

- **明確定義「完成」**：這正是啟動階段的關鍵所在；「完成」的定義應自始至終清晰明確。有了明確定義，判斷專案何時完成就變得輕而易舉。
- **與團隊進行回顧會議**：在專案結束時，檢討成功之處、討論改進空間，並彙整經驗教訓，這些都極為有益。選擇一種適合的回顧形式。

作為專案負責人，你可以主持回顧會議，或支持他人主持，藉此培養其能力。

- **為廣大群體撰寫最終專案報告**：將此報告發送給可能對專案感興趣的團隊及利益相關者。簡潔地闡述專案的重要性、影響（或預期影響）、工作概要，並突顯主要貢獻者，同時提供詳細資訊的連結。

- **發布前廣徵意見**：例如，請產品經理審閱文件，指出不明確之處並提供改進建議。你也可以向其他工程經理、產品經理，或公司內擅長撰寫狀態更新的同事尋求回饋。確保最終報告易讀易懂，遵循「提升寫作技巧」[5]的原則，並在發布前充分採納回饋意見。

- **適時發布最終報告**：在專案小組解散後不久發布最終報告。有些專案可能需要數週或數月才能看到具體成果。我建議在專案團隊轉往其他工作後不久就完成最終報告。根據實際情況判斷，但我發現及早讓人們了解專案上線情況，並提供追蹤結果的方法，比等待專案全面推出後再總結更有效率。

- **表彰所有貢獻者**：在最終專案報告和團隊溝通渠道中公開表揚團隊成員和其他重要貢獻者。如有機會在公司講座或活動中展示專案，也要藉機表彰。確保不遺漏任何關鍵貢獻者，這正是發布前徵求回饋的重要性所在。

- **舉辦團隊慶祝活動**：這是促進團隊放鬆和增進凝聚力的絕佳機會。可以是團隊共進晚餐或參與有趣活動。對遠距團隊而言，慶祝可能較具挑戰，但可考慮寄送禮物、發送電子禮券，或透過視訊會議舉行線上慶祝活動。

失敗多於成功的專案如何收尾？

遲早你會遇到一個客觀上失敗的專案。

就我的經驗而言，這是一個進展到 beta 測試階段的專案。在那個階段，我們不得不承認該專案無法按原樣上線。我們還意識到，解決已發現的問題將是一項比專案本身「更」艱鉅的任務。儘管如此，我們仍進行了總結，肯定團隊的努力，並以積極的態度畫下句點。以下是我們的做法：

---

[5] https://newsletter.pragmaticengineer.com/p/becoming-a-better-writer

- **以正面態度結案**：誠然，我們未能達成業務目標。然而，我們成功地開發並發布了專案的一個版本。以確認專案已完成，並肯定我們履行了承諾的工作作為總結的開端。

- **分享學習心得**：這個專案雖未能如預期推動業務發展，但我們深入了解了箇中原因。經過一次深度回顧和反思後，我們分享了這些寶貴經驗。總結郵件中包含了這些心得的摘要。

- **突顯小型成就**：在整個過程中，很可能存在部分成功和一些值得慶祝的時刻。在總結中，我們強調了這些亮點，並對團隊成員的貢獻表示感謝。

作為專案負責人，你雖然無法完全掌控專案的業務成果，但在總結一個未能成功的專案時，你具有相當大的影響力。汲取教訓，並確保在未來的專案中運用這次經歷中所獲得的寶貴經驗！

CHAPTER

17 發布到生產環境

作為技術主管，你需要能夠快速且可靠地將團隊的成果發布到生產環境。但這要如何實現？你應該遵循哪些原則？這取決於幾個因素：環境特性、產品的成熟度、系統故障的代價，以及是快速行動還是避免可靠性問題更為重要。

本章探討在不同環境中以可靠方式發布到生產環境的方法。我們將聚焦於業界常見做法，並協助你改進團隊對這個過程的思考方式。我們將討論以下主題：

1. 發布到生產環境的兩種極端作法
2. 不同類型公司的典型部署流程
3. 負責任地發布到生產環境的原則和工具
4. 額外的驗證層和保護機制
5. 採取務實的風險以加速進程
6. 制定部署流程時的其他考量
7. 選擇適當的方法

1. 發布到生產環境的極端作法

讓我們從發布到生產環境的兩個「極端」作法開始：一次到位和多階段徹底驗證。

「一次到位」部署

「一次到位」（YOLO）的方法常用於許多原型、次要專案和不穩定的產品，如 alpha/beta 版本。它也是一些緊急變更快速進入生產環境的途徑。

這個概念很簡單：直接在生產環境中進行更改，然後立即檢驗其運作狀況。「一次到位」部署的例子包括：

- SSH 連線至生產伺服器 → 開啟編輯器（如 vim）→ 修改檔案內容 → 儲存檔案並 / 或重新啟動伺服器 → 驗證更改是否生效。
- 修改原始程式碼 → 在未經程式碼審查的情況下強制提交變更 → 推送服務的新版本部署。
- 登入生產資料庫 → 執行查詢以修正資料問題（如更新有問題的記錄）→ 期望這能解決問題。

對於幾乎沒有或完全沒有生產環境使用者的產品而言，將錯誤引入生產環境造成的損害可能微不足道，因此這種方法在某些情況下是可以接受的。

「一次到位」部署常見於：

- 業餘專案
- 尚無客戶的早期新創公司
- 工程實踐欠佳的中型公司
- 缺乏明確事故處理流程的組織中解決緊急事件

隨著軟體產品的成長和更多客戶開始依賴它，程式碼變更在進入生產環境之前需要經過額外的驗證。讓我們來看看另一個極端：一個盡一切可能避免將錯誤部署到生產環境的團隊。

多階段徹底驗證

此方法適用於擁有眾多重要客戶的成熟產品，其中微小錯誤可能引發重大問題。當錯誤可能導致客戶蒙受財務損失或轉向競爭對手時，便會採用這種嚴謹的方法。

驗證過程包含多個層次，旨在更精確地模擬真實世界情境：

- **本機驗證**：為工程師提供工具以辨識明顯問題。

- **CI 驗證**：對每個合併請求進行自動化測試，如單元測試和程式碼風格檢查。
- **測試環境部署前自動化**：進行較耗資源的測試，如整合測試或端對端測試。
- **測試環境 #1**：進行更多自動化測試，如冒煙測試。QA 工程師可能會手動操作產品，執行手動和探索性測試。
- **測試環境 #2**：讓部分真實使用者（如內部員工或付費測試者）使用產品。此環境配備監控系統，一旦出現系統退化跡象即停止推出。
- **預生產環境**：執行最後一輪驗證，通常包括另一組自動化和手動測試。
- **分階段推出**：將變更逐步推送給小部分使用者，團隊監控關鍵指標並蒐集使用者回饋。推出策略取決於變更的風險程度。
- **全面推出**：隨著分階段推出的進展，最終將變更推送給所有使用者。
- **推出後監控**：建立監控和警報機制以應對生產環境中的問題，並建立使用者回饋迴路。如有問題，則以標準值班流程處理。我們將在第 23 章〈軟體工程〉中詳細討論此流程。

這種重量級的發布流程常見於：

- 高度管制行業，如醫療保健、航空或汽車業。
- 電信服務供應商，通常在重大變更推送給客戶前會進行長達半年的徹底測試。
- 銀行業，在這類公司一旦出現錯誤可能導致重大財務損失。
- 擁有大量遺留程式碼且自動化測試不足的傳統企業。這些組織注重維持高品質，願意透過增加驗證階段來放緩發布速度。

2. 典型的部署流程

不同公司在發布到生產環境時往往採取不同的步驟。以下摘要了一些典型方法，突顯出多樣化的部署流程：

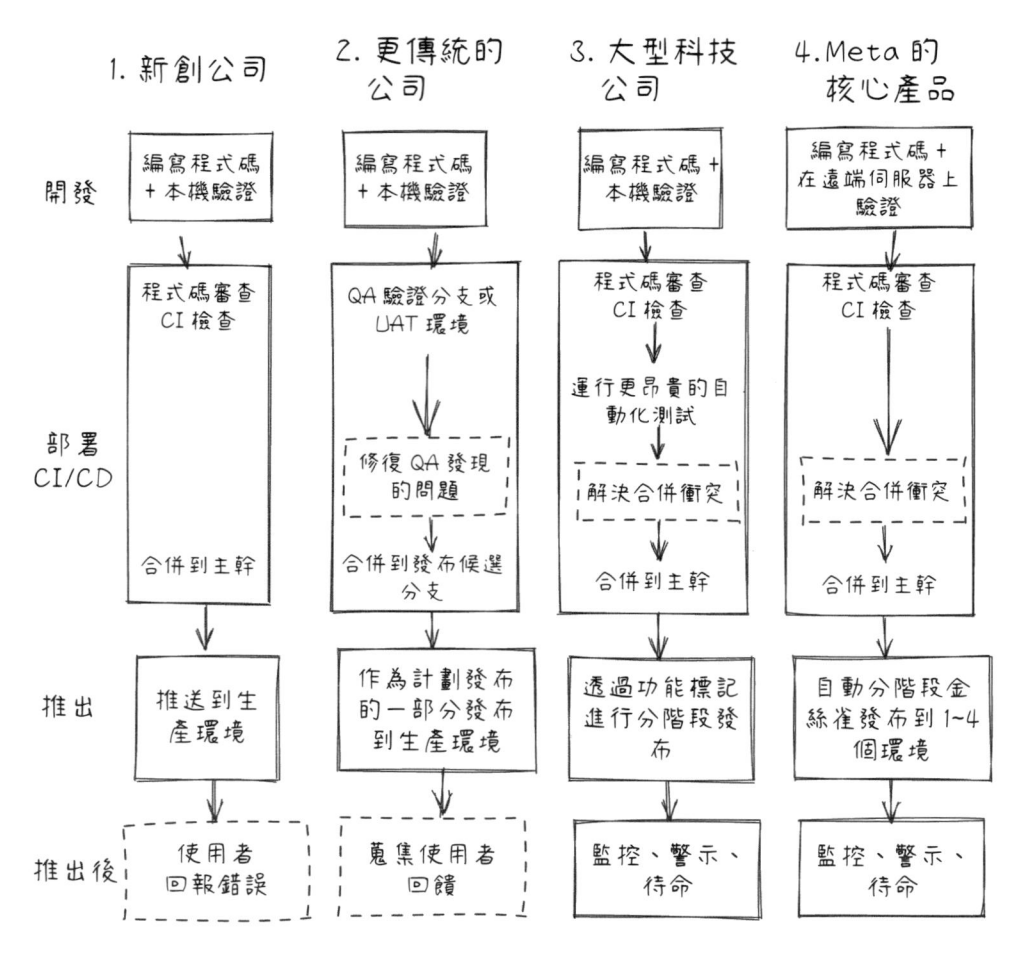

	1. 新創公司	2. 更傳統的公司	3. 大型科技公司	4. Meta 的核心產品
開發	編寫程式碼 + 本機驗證	編寫程式碼 + 本機驗證	編寫程式碼 + 本機驗證	編寫程式碼 + 在遠端伺服器上驗證
部署 CI/CD	程式碼審查 CI 檢查 → 合併到主幹	QA 驗證分支或 UAT 環境 → 修復 QA 發現的問題 → 合併到發布候選分支	程式碼審查 CI 檢查 → 運行更昂貴的自動化測試 → 解決合併衝突 → 合併到主幹	程式碼審查 CI 檢查 → 解決合併衝突 → 合併到主幹
推出	推送到生產環境	作為計劃發布的一部分發布到生產環境	透過功能標記進行分階段發布	自動分階段金絲雀發布到 1~4 個環境
推出後	使用者回報錯誤	蒐集使用者回饋	監控、警示、待命	監控、警示、待命

各種公司通常如何部署到生產環境？儘管這份圖表絕非完美，但試圖將常見方法及其差異視覺化呈現。虛線框表示「經常，但不是絕對」。

新創公司

新創公司通常進行較少的品質檢查。這些公司傾向優先考慮快速行動和迭代，常在缺乏安全機制的情況下運作。若尚未有使用者，這種做法是合理的。隨著使用者增加，團隊需要找到避免發布版本出現回歸問題和錯誤的方法。

由於規模較小，新創公司通常無法投資自動化，因此大多採用手動 QA——包括創辦人擔任「最終」測試者，或僱用專職 QA 人員。當公司找到產品市場契合度時，投資自動化變得更為普遍。而在聘用優秀工程人才的科技新創公司中，這些團隊可以從一開始就建立自動化測試。

傳統公司

這類公司往往更依賴 QA 團隊。雖然自動化在某些傳統公司中存在，但他們通常依賴大型 QA 團隊來驗證所開發的內容。在分支上工作很常見；基於主幹的開發則較為罕見。

程式碼大多在 QA 團隊驗證功能後，按週或更低頻率的計劃推送到生產環境。

分段和使用者驗收測試（UAT）環境更為普遍，環境之間的大型批次變更傳輸也更常見。需要 QA 團隊、產品經理或專案經理的核准才能將版本推進到下一階段。

大型科技公司

這些公司通常大量投資於提高發布信心的基礎設施和自動化。這些投資包括快速執行並提供即時回饋的自動化測試、金絲雀發布、功能標記和分階段推出。

這些公司致力於維持高品質標準，同時在品質檢查完成後立即在主幹上發布。考慮到某些公司每天可能在主幹上進行超過 100 次更改，處理合併衝突的工具變得尤為重要。關於大型科技公司的 QA 詳情，請參閱〈How Big Tech does QA〉（大型科技公司如何進行 QA）[1] 一文。

Meta 的核心產品

Facebook 作為一個產品與工程團隊，值得特別提及，因為該組織擁有一套複雜而有效的方法，鮮少有其他公司採用。

---

[1] https://newsletter.pragmaticengineer.com/p/how-big-tech-does-qa

這個 Meta 產品的自動化測試比許多人想像的要少，但另一方面，Facebook 擁有卓越的自動化金絲雀功能。程式碼透過四個環境逐步推出：首先是配備自動化的測試環境，接著是所有員工使用的環境，然後是較小地理區域的測試市場，最後推廣到所有使用者。在每個階段，如果指標出現偏差，推出會自動暫停。

3. 原則和工具

在負責任地將變更部署到生產環境時，有哪些值得遵循的原則和方法？請考慮以下幾點：

開發環境

使用本機或獨立的開發環境：工程師應該能夠在自己的本機機器上或在專屬的獨立環境中進行變更。通常，開發者在本機環境工作更為常見。然而，像 Meta 這樣的公司正在轉向為每個工程師提供遠端伺服器。以下內容引述自我的文章〈Inside Facebook's Engineering culture〉（Facebook 的工程文化）[2]：

> 「多數開發者使用遠端伺服器工作，而非本機環境。自 2019 年左右起，所有網頁和後端開發皆在遠端進行，不再將程式碼複製到本機，而是使用 Nuclide 來促進這種工作流程。在背景中，Nuclide 最初採用虛擬機（VM），後來轉向隨需實例（類似於現今 GitHub Codespaces 的運作方式），這比 GitHub 推出 Codespaces 早了數年。
>
> 行動裝置開發仍主要在本機進行，因為在遠端環境中進行這項工作，如同網頁和後端開發，存在工具方面的挑戰。」

本機驗證：在編寫程式碼後，執行本機測試以確保其按預期運作。

測試和驗證

考慮邊緣案例並進行測試：思考你的程式碼變更可能遇到的罕見情況。有哪些真實世界的使用場景尚未被考慮到？

---

[2] https://newsletter.pragmaticengineer.com/p/facebook-2

在完成變更工作之前，列出邊緣案例清單。如果可能，為這些案例編寫自動化測試。若無法自動化，至少進行手動測試。在提出不常見的邊緣案例這件事上，QA 工程師或測試人員可以提供很大幫助。

編寫自動化測試：在手動驗證變更後，使用自動化測試來進一步驗證。如果採用測試驅動開發（TDD）等方法，你可能會先編寫自動化測試，然後檢查你的程式碼變更是否通過這些測試。

程式碼審查：完成程式碼變更後，提交 PR，讓熟悉脈絡的同事審查你的變更。撰寫清晰簡潔的變更描述，說明測試了哪些邊緣案例，並進行程式碼審查。這提供了「另一雙眼睛」的視角，有助於發現潛在問題。

確保所有自動化測試通過：在推送程式碼之前，執行程式碼庫中所有現有的測試。這通常會透過 CI/CD 系統（持續整合／持續部署）自動完成，以最小化系統退化的風險。

監控、值班和事件管理

為你的變更相關的關鍵產品功能建立監控機制。如何察覺你的變更是否影響了自動化測試無法檢查的部分？除非你有方法監控系統的健康指標，否則難以得知。為此，請確保為變更制定了健康指標，或善用現有的相關指標。

舉例來說，在 Uber，大多數程式碼變更都以實驗的形式推出，並預先定義了一組預期會改善或不會影響的指標。其中一個應保持穩定的關鍵指標是客戶成功搭乘的比例。若此指標因程式碼變更而下降，系統會觸發警報，負責變更的團隊必須調查是否影響了使用者體驗。

建立值班機制，並確保值班人員具備足夠的背景知識以處理可能出現的問題。變更部署到生產環境後，某些缺陷可能在之後才顯現。因此，建立工程師輪值待命的機制是明智之舉，這些工程師可以回應健康警報、處理客戶意見和支援需求。

確保值班機制的安排到位，使值班同仁具備足夠的背景知識來緩解故障。通常，團隊會備有值班執行手冊，詳細說明如何確認和緩解故障。

許多團隊還會進行值班培訓，有些甚至會模擬值班情境，幫助團隊成員做好準備。

培養無責備的事件處理文化。在這樣的環境中，團隊能從事件中學習和進步。我並非建議全盤採納這些想法，但思考為何不實施某些步驟是一個很好的練習。我們會在第 24 章〈可靠的軟體系統〉中深入探討這個主題。

4. 額外的檢驗層

一些公司在將可靠的程式碼發布到生產環境時會有額外的驗證層。以下介紹 10 種相關安全機制：

#1：獨立的部署環境

在發布流程中，設置獨立環境來測試程式碼變更是常見的安全機制。程式碼在進入生產環境之前，會先部署到這些環境中，這些環境可能稱為測試環境、使用者驗收測試（UAT）環境、預備環境或預生產環境等。

在設有 QA 團隊的公司，QA 人員通常會在這些環境中測試變更並檢測退步。某些環境專門用於執行自動化測試，如端對端測試、冒煙測試或負載測試。

這些環境的維護成本相當高，不僅需要硬體資源來運作，更重要的是要確保資料的即時性。這些環境需要填充從生產環境產生或複製的資料。

#2：動態啟動測試 / 部署環境

維護部署環境往往會產生大量開銷。特別是在進行資料遷移[3]時，所有測試環境中的資料都需要更新。

為改善開發體驗，可投資於自動化啟動測試環境的技術，包括自動填充這些環境中的資料。這能促進更高效的自動化測試、簡化變更驗證，並實現更符合特定使用情境的自動化。然而，建立這樣的測試環境可能需

---

[3] https://newsletter.pragmaticengineer.com/p/migrations

要大量投資。作為技術負責人，你需要為建構這類解決方案或購買並整合供應商解決方案提出充分的商業理由。例如，某些雲端開發環境供應商提供了啟動這些環境的方法。我們會在第 23 章〈軟體工程〉中深入探討雲端開發環境。

#3：專門的品質保證（QA）團隊

許多公司為減少缺陷而投資設立 QA 團隊，主要負責產品的手動和探索性測試。大多數 QA 團隊也會撰寫自動化測試，如端對端測試。

我認為，純粹進行手動測試的 QA 團隊也有其價值。在高效團隊中，QA 人員通常會成為領域專家，或編寫自動化測試；或經常兩者兼之：

- QA 作為領域專家：協助工程師預見邊緣案例，並對新的邊緣案例和意外行為進行探索性測試。
- QA 參與自動化：QA 人員轉型為 QA 工程師，同時保留手動測試員的角色。他們參與測試自動化，並在制定自動化策略方面提供意見，加速程式碼變更進入生產環境。

2013 年我在微軟時曾與專門的 QA 工程師合作。當時，這個角色稱為測試軟體開發工程師（SDET）。這些工程師不僅撰寫自動化測試，還帶來了真正的測試思維。關於微軟 SDET 角色的演變，可參考我的文章〈How Microsoft does QA〉（微軟如何進行 QA）[4]。

#4：探索性測試

大多數工程師擅長測試自己的變更，驗證其是否如預期運作，並考慮邊緣案例。但如何測試一般使用者使用產品的方式呢？

這正是探索性測試的用武之地。

探索性測試模擬使用者如何使用產品，以發現邊緣案例。優秀的探索性測試需要對使用者有同理心，對產品有深入理解，並有工具模擬各種使用情境。

---

[4] https://blog.pragmaticengineer.com/how-microsoft-does-qa

在有專門 QA 團隊的公司，通常由他們進行探索性測試。沒有 QA 團隊的公司則由工程師負責，或聘請專門的探索性測試供應商。

#5：金絲雀測試

這個術語源自「煤礦中的金絲雀」，指礦工帶籠中金絲雀入礦檢測危險氣體的做法。鳥類對有毒氣體的耐受度低於人類，若停止鳴叫或昏倒，即是有害氣體存在的警訊，礦工便會撤離。

現今，金絲雀測試指將程式碼變更推送給小部分使用者，然後監控部署的健康指標，觀察是否有異常。常見做法是使用負載平衡器將流量導向新版本程式碼，或將新版本部署到單一節點。

#6：功能標記和實驗

控制變更推出的另一種方式是使用功能標記在程式碼中隱藏變更。這樣可以為部分執行新版本程式碼的使用者啟用該功能。

功能標記的實現相對簡單，例如一個名為「Zeno」的假想功能可能如下所示：

```
if( featureFlags.isEnabled("Zeno_Feature_Flag")) {
        // New code to execute
} else {
        // Old code to execute
}
```

功能標記常用於將使用者分為實驗組和對照組的實驗。這些組獲得不同體驗，工程和資料科學團隊評估並比較結果。

此方法最大的缺點是過時的功能標記。在大型程式碼庫中，功能標記常因推出後未被移除而「污染」程式碼庫。多數團隊透過設置提醒（如新增行事曆事件或建立工作項目）來解決此問題，部分公司則開發自動化工具檢測和移除過時標記。Uber 開源的 Piranha 工具[5] 就是一例。

---

[5] https://github.com/uber/piranha

#7：分階段推出

分階段推出涉及逐步發布變更，並於每個階段評估結果。通常會定義獲得新功能的使用者比例、推出區域，或兩者兼之。

分階段推出計畫可能如下：

- 第 1 階段：紐西蘭 10% 使用者（作為驗證變更的小型市場）
- 第 2 階段：紐西蘭 50% 使用者
- 第 3 階段：紐西蘭 100% 使用者
- 第 4 階段：全球 10% 使用者
- 第 5 階段：全球 25% 使用者
- 第 6 階段：全球 50% 使用者
- 第 7 階段：全球 99% 使用者（保留小型「對照組」作進一步驗證）
- 第 8 階段：全球 100% 使用者

在每個推出階段之間，會設定繼續的條件。通常定義為無意外系統退化，且業務指標呈現預期變化（或維持不變）。金絲雀發布本質上是簡化版的分階段推出，通常執行速度更快。

#8：多租戶架構

一種日益盛行的方法是將生產環境作為唯一的程式碼部署環境，包括在生產環境中進行測試。

雖然在生產環境中測試聽起來很魯莽，但採用多租戶方法可降低風險。Uber 在一篇文章[6]中描述了從暫存環境、帶影子流量的測試沙盒，到基於租戶路由的演進歷程。

多租戶架構的理念是租戶上下文隨請求傳播。接收服務可辨識請求是生產請求、測試租戶或 beta 測試租戶等。服務內建支援租戶的邏輯，可能以不同方式處理或路由請求。例如，支付系統收到測試租戶請求時，可能會模擬支付，而不是發出實際的支付請求。

---

[6] https://www.uber.com/blog/multitenancy-microservice-architecture/

#9：自動回滾

提高可靠性的有力方法是對任何可能造成問題的程式碼變更進行自動回滾。Booking.com 採用此方法；任何降低關鍵指標的實驗都會被終止並回滾變更[7]。

在投資多階段自動推出和自動回滾的公司，工程師較少擔憂破壞生產環境，能更自信地快速行動。

#10：自動推出和回滾

Meta 為其核心產品所採用的獨特方法是將自動回滾與分階段推出和多重測試環境結合，進一步優化流程。

請注意，雖然團隊常用上述部分方法，但同時採用所有方法的情況罕見。某些方法可能相互抵消；例如，若已實施多租戶並在生產環境中測試，多重測試環境的需求就大幅降低。

5. 採取務實風險

有時你可能想比平常更快速行動，並願意承擔更多風險。以下是一些務實的做法：

決定哪些流程或工具不可忽略。評估是否可以：

- 在不執行任何測試的情況下強制部署
- 在未經審查的情況下修改程式碼庫
- 在未經測試的情況下更改生產資料庫

每個團隊或公司都需決定哪些流程不能被繞過。在成熟且有大量依賴用戶的公司，破壞規則前應審慎考慮，因可能弊大於利。若決定繞過規則以加快速度，建議先獲得團隊成員的支持。

---

[7] https://twitter.com/mangiucugna/status/1528715664860622850

提前通知相關利害關係人有風險的變更。部署測試不充分的變更時，應提前通知可能在出現異常時提醒你的人，包括：

- 團隊成員
- 依賴團隊的待命工程師
- 客戶服務
- 能檢視業務指標的業務利益相關者

準備易於執行的回滾計劃。即使快速行動，也要有容易執行的回滾方案，尤其對資料和配置變更而言。Facebook 早期常在差異檔中添加回滾計劃，隨測試工具改進而逐漸優化。

以下內容引述《Facebook 工程文化》[8]：

> 「早期工程師分享說，人們過去常常在差異檔中添加回復計劃，指導如何撤銷變更，因為經常需要這麼做。隨著測試工具的改進，這種做法多年來有所改進。」

部署後檢查客戶回饋。檢視論壇、評論和客戶支援工單等渠道，主動尋找因變更而遇到問題的客戶。

追蹤事件並衡量影響。了解產品近期故障次數、客戶體驗和業務影響。若無法回答這些問題，表示你對系統可靠性缺乏掌握。考慮改進追蹤和衡量方法，累積影響數據，以便適時調整發布流程並制定錯誤預算。

使用錯誤預算決定是否進行風險部署。衡量系統的服務水準指標（SLI）、服務水準目標（SLO）可用性或系統降級／停機時間。

定義錯誤預算[9]，即客戶可接受的臨時服務降級量。在不超過預算的情況下，可進行較高風險的部署。一旦預算用盡，暫停所有被視為有風險的部署。

---

[8] https://newsletter.pragmaticengineer.com/p/facebook-2
[9] https://sre.google/workbook/alerting-on-slos/#low-traffic-services-and-error-budget-alerting

6. 其他考慮因素

本章雖未詳盡討論生產環境發布流程的所有面向，但以下幾點是任何成熟產品和公司都必須關注的：

- **安全實務：**
    - 誰有權限進行系統變更？這些變更如何記錄以供稽核？
    - 如何進行程式碼變更的安全審查，以降低系統漏洞風險？
    - 遵循哪些安全編碼準則？如何鼓勵或強制執行這些準則？

- **設定管理：**
    - 許多系統變更涉及設定調整。設定如何儲存？
    - 設定變更的核准和追蹤機制為何？

- **角色與職責：**
    - 發布流程中涉及哪些角色？
    - 誰負責部署系統？
    - 在批次部署時，誰負責問題追蹤並授權部署進行？

- **法規遵循：**

    在高度管制的產業中，發布變更可能需要與監管機構合作並遵守嚴格規範，這可能導致刻意放緩的發布節奏。相關法規可能包括：

    - GDPR（歐盟一般資料保護規則）
    - PCI DSS（支付卡產業資料安全標準）
    - HIPAA（美國健康保險流通與責任法案）
    - FERPA（美國家庭教育權利與隱私法案）
    - FCRA（美國公平信用報告法案）
    - 與美國聯邦機構合作時須遵循《復健法》第 508 條規定
    - SOX 法案（沙賓法案，對金融領域影響重大）
    - 歐盟無障礙法案（適用於歐盟內政府開發專案）
    - 各國特定隱私法規
    - 以及其他相關法規

7. 選擇合適的方法

我們已探討了多種可靠發布到生產環境的方法。如何選擇最適合的方式？以下是幾個關鍵考量點：

為了實現更多迭代，你願意在現代化工具上投資多少？ 在權衡各種方法之前，請誠實評估你、你的團隊或公司願意在工具上投入的資源。

我們討論的許多方法都涉及部署工具。大部分可透過供應商整合，但有些必須購買。在擁有專注於可靠性的平台團隊或 SRE 團隊的公司，可能會有充足的支援。在較小的公司，你可能需要為投資工具提出充分論證。

你的業務實際上能承受多大的錯誤預算？ 若錯誤影響部分客戶，會造成什麼後果？企業是否會損失鉅額，還是客戶僅是輕微不滿──但若錯誤迅速修復就不會流失？

對於私人銀行等業務，金流出錯可能造成重大損失。對於 Facebook 這類產品，一個迅速修復的使用者介面錯誤影響不大。這解釋了為何 Facebook 產品比許多其他科技公司的自動化測試較少，以及 Meta 的純軟體團隊沒有專門的品質保證功能。

你應以什麼樣的迭代速度為最低目標？ 工程師越快將程式碼部署到生產環境，就越早獲得回饋。在許多情況下，更快的迭代能帶來更高的品質，因為工程師推送到生產環境的變更更小、風險更低。

根據 DORA 指標[10]（DevOps 研究和評估指標），頂級表現者每天進行多次按需部署。變更的前置時間（從程式碼提交到最終進入生產環境的時間）對頂級表現者而言，不到一天。我並不特別贊同僅關注 DORA 指標，因為我認為它們無法全面反映工程卓越性，且過度關注這些數字可能產生誤導。儘管如此，這些關於敏捷團隊如何快速部署到生產環境的觀察確實與我的經驗相符。關於我對開發者生產力的更多想法，請參閱我與 *Kent Beck* 共同撰寫的這篇兩部分文章[11]。

---

[10] https://dora.dev

[11] https://newsletter.pragmaticengineer.com/p/measuring-developer-productivity

在大多數大型科技公司和許多高速成長的新創公司，從程式碼提交到進入生產環境通常需時不到一天——往往僅幾小時，且團隊每天多次按需部署。

若你有品質保證（QA）團隊，其主要目標是什麼？ QA 團隊在不能承受生產環境中有許多錯誤或缺乏自動化測試能力的公司中很常見。

不過，我建議為 QA 組織的發展設定目標，以及它應如何支援工程。若一切順利，幾年後 QA 會是什麼樣子？他們是否只會進行手動測試？顯然不是。他們會負責自動化策略，還是協助工程團隊在當天將程式碼變更部署到環境中？如何讓工程師在不到一週內部署到生產環境？

提前思考並設定目標，以實現更短的迭代週期、更快的回饋循環，以及更迅速地發現和修復問題。

有多少遺留基礎設施和程式碼？ 使用自動化測試、分階段推出或自動回滾等現代實踐來更新遺留系統可能既昂貴、耗時又困難。對現有技術堆疊進行盤點，評估是否值得更新。有時投資於現代化可能意義不大。

考慮投資進階功能。 截至今日，某些部署功能仍被視為不常見，因為它們難以建置，包括：

- 細膩的監控和警報設置，程式碼變更可輕易與關鍵系統指標的監控和警報配對。工程師可輕鬆監控其變更是否導致系統健康指標退步。
- 自動化分階段推出，具自動回滾功能。
- 生成動態測試環境的能力。
- 強大的整合、端對端和負載測試能力。
- 透過多租戶方法在生產環境中進行測試。

決定你是否想要或需要投資這些複雜方法。它們可能帶來更快的部署速度，並增加信心。

CHAPTER

18 利益相關者管理

利益相關者是對專案結果有興趣的個人和群體。在組織內部,可能包括產品團隊、法務團隊、工程團隊或任何其他業務單位。利益相關者也可能來自組織外部,如使用者、客戶、供應商、監管機構等。

確定專案關鍵利益相關者的最佳時機是越早越好。最糟糕的時機是當你準備發布時,因為一個足夠重要的人可能會突然出現,第一次認真審視你的專案,並宣布需要進行重大變更。在這種情況下,若能更早請教這位關鍵利益相關者會更好。

本章將探討辨識利益相關者並與之合作的方法。

1. 利益相關者管理的真正目標
2. 利益相關者的類型
3. 確定誰是你的利益相關者
4. 保持利益相關者知情
5. 棘手的利益相關者
6. 向利益相關者學習

1. 利益相關者管理的真正目標

作為技術負責人,為何需要管理利益相關者?為何要辨識出這些對象,並提供足夠詳細、頻繁的更新?是為了維持良好關係嗎?這固然不錯,但並非真正的目標。

利益相關者管理的要點是透過讓所有人保持一致認知來確保專案成功。許多專案失敗,是因為參與者對於該做什麼、如何做有不同想法。這導致當工程團隊宣布專案完成時,業務利益相關者常常表示所建構的內容並非業務所需。

利益相關者管理涉及多種方法，確保每個對專案有實質發言權的人都了解進展、新風險和變更，並知悉（且不反對）專案變更時的關鍵應對措施。這是幫助專案成功並確保每個人對成功有共識的一種管理工具。

我曾參與一個涉及多個團隊的專案，專案負責人每週都向所有團隊成員發送長篇狀態更新，並在聊天中發布更新。然而，感覺每個人都在朝不同方向努力，除了完成分配的工程任務外，真正的重點並不明確。最終，專案看來明顯失敗了，給所有人留下了不愉快的印象。

在另一個同樣複雜的專案中，目標更加明確，更新也較少，但專案感覺更加團結。當我們發布時，業務方面的利益相關者還驚喜地送了一瓶香檳給工程團隊表示感謝。這個專案與前一個的區別在於：專案負責人與產品團隊和業務利益相關者有更多溝通。

良好的利益相關者管理高度注重協作。 在後者這個成功的專案中，技術負責人在正式的電子郵件和書面更新方面做得少得多。他們所做的是與業務利益相關者面對面和視訊交談。技術負責人對業務領域足夠熟悉，當工程風險可能改變工作範疇時，他們能善用判斷力向業務尋求意見。

2. 利益相關者的類型

對於大多數工程專案，利益相關者通常可分為以下幾類：

- **客戶**：專案成果的使用者。對於開發 B2C（企業對消費者）產品的工程團隊而言，這指的是終端使用者。對於 B2B（企業對企業）專案，則是產品的企業用戶。而對於內部專案（通常由平台團隊[1]開發），這些是內部團隊。

- **業務利益相關者**：公司內部與專案有切身利益的非技術群體，如法務、行銷、客戶服務、財務、營運等部門。我認為，一個好的專案啟動會議很有必要，讓工程團隊了解所有的業務利益相關者。我們在第 16 章〈專案管理〉中對此議題有詳細著墨。為什麼這麼重要？因為如果某個業務利益相關者未能及時了解情況，可能會延遲整個專案。

---

[1] https://blog.pragmaticengineer.com/platform-teams

- **外部利益相關者**：對專案有興趣的其他公司團隊，如供應商或合作夥伴組織的其他工程團隊。
- **產品利益相關者**：產品經理、設計師、資料科學家，以及其他與產品經理密切合作的技術群體。他們大多與業務利益相關者和工程團隊協作。
- **工程利益相關者**：對專案有上游或下游依賴關係的內部工程團隊，定義如下。

按依賴性區分

將利益相關者歸類為以下幾種類別對於思考有所幫助。想像一條流動的河流，各個團隊在你的團隊上游和下游的不同位置建造水壩。

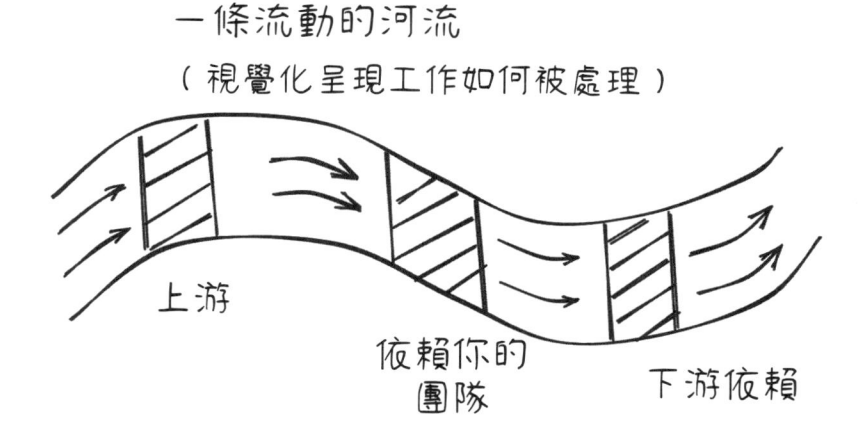

一條流動的河流
（視覺化呈現工作如何被處理）

上游　依賴你的團隊　下游依賴

上下游依賴性

- **上游依賴**：你的工作依賴於這些團隊。他們必須完成特定任務，你的團隊才能進行工作，專案才能完成。
- **下游依賴**：依賴你工作的團隊。下游團隊在你之後，意味著你的工作必須完成，他們才能完成專案中屬於他們的部分。
- **策略性利益相關者**：你希望讓他們了解情況的人或團隊，他們通常能幫助解決上游依賴的阻礙。

這種分類有助於更清楚地知道在某些情況下該與哪些利益相關者溝通。例如：

- 當你修改某個 API 時，要向依賴這個 API 的下游依賴團隊傳達這個變更。
- 當你需要使用另一個團隊擁有的 API 時，他們就是上游依賴。主動聯繫他們，確認該 API 不會有任何重大變更，並讓他們知道你正在基於它開發新功能。
- 負責某國家行銷業務的行銷經理可能對你的專案特別感興趣，因為他們想在功能推出時發起一個行銷活動。他們是策略性利益相關者，所以將這個人加入更新郵件的聯絡人清單，並在可能出現延遲時及時通知他們。

3. 確定誰是你的利益相關者

作為技術負責人，了解關鍵利益相關者至關重要，因為不了解可能導致工作浪費和延誤，進而損害專案進展。我有親身經歷。在一個專案中，我們團隊忘了與一個我們需要修改其服務的工程團隊分享工程計劃（RFC）。當我們進行這項修改時，該工程團隊阻擋了它，因為我們的方法對他們的系統不合適。我們最終找到了解決方案，但因為不知道該團隊是利益相關者，專案延遲了兩週。

另一個案例中，我觀察到一個工程團隊為一個專案工作了一個月，結果法務部門突然介入並阻止了它。法務部門之前並未參與，儘管他們本應該參與。他們審查了提議的變更，認為專案風險太高而不能發布，並堅持這一判斷，導致專案被取消。如果工程團隊早些讓法務團隊參與，就能避免許多無謂的工作。

那麼，如何找出你的利益相關者呢？這個問題在擁有數十或數百個工程團隊，以及大量產品／設計／資料和業務人員的大型公司尤其重要。除了上述困難的方法外，還有一些簡單的方法：

直接詢問！向確定是利益相關者的人詢問還有誰可能是利益相關者。例如：

- 詢問你的產品對口人，哪些業務同事可能對此有興趣。
- 與資料科學人員交談，因為他們經常與其他資料科學家合作，確保實驗不重疊。
- 詢問有經驗的技術負責人，他們在之前的專案中判斷出哪些團隊作為利益相關者。其中是否有可能也是你的利益相關者？

查看架構變更和程式碼。找出工程利益相關者通常可以透過理解你的專案將修改哪些部分的程式碼和服務來完成。聯繫擁有這些程式碼和服務的團隊。

在修改服務時，上游和下游利益相關者的概念很有用。這是因為一個常見的衝突是當一個工程團修改了一個服務，導致其下游使用者出現問題。透過早期識別下游使用者為關鍵利益相關者，可以避免這種情況。這樣，工程團隊可以更早獲得回饋，並修改計劃以避免影響該團隊。

識別「常見嫌疑人」。有些團隊可以安全地假設對你的專案有興趣。在中等規模和大型公司，這些對象包括：

- 工程
- 產品
- 設計／使用者體驗
- 資料科學
- 安全和合規
- 基礎設施、DevOps、網站可靠性
- 法務
- 行銷／成長／使用者獲取
- 客戶服務／服務台
- 營運
- 銷售／業務發展
- 財務

列出你公司的常見利益相關者，然後確認他們是否對你的專案有興趣。

4. 保持利益相關者知情

「利益相關者管理」這個說詞相當吸睛，實際上就是確保所有需要了解你團隊工作的人都能獲得資訊。糟糕的利益相關者管理會將關鍵人員和團隊排除在溝通迴路之外，可能導致挫折、引發投訴，並延遲專案進度。

一旦確定了利益相關者，確保他們不會對你團隊的決策感到意外就很重要。考慮到通常有多個利益相關者，一對一溝通不太實際，更有效率的做法是以群組方式更新利益相關者。

我觀察到三種常見的利益相關者更新方式：

1. **會議**：舉辦定期或臨時會議。在會議中，專案負責人分享進度、已做決策、阻礙因素，並邀請利益相關者提供意見。
2. **非同步更新**：如電子郵件或聊天訊息。內容與會議相同，但耗時較少。缺點是利益相關者可能會錯過訊息，且通常在會議中更專注。
3. **混合模式**：當預期利益相關者會有重要意見時，安排會議。里程碑展示和重大專案變更可能需要這種方式。反之則堅持非同步溝通的作法。

了解你組織的文化很有幫助；技術負責人和產品人員如何向利益相關者傳達更新？利益相關者是否偏好某些更新格式？如果是，在你領導的前幾個專案中使用熟悉的格式可能是明智之舉。

主動書面溝通專案進展情況始終很有用。我見過一種行之有效的方法是定期發送更新郵件，內容包括進度、風險及其緩解措施、時程變更，以及對截止日期的信心程度。以下是一個更新郵件的範例：

Project Zeno Update - week ending 22 Jan

Home | Tracking | Roadmap | Status | Subscribe to weekly reports

Project goal: enable a one-tap shopping experience for 2M customers in Brazil.

Executive summary: 2 weeks delay compared to the original timeline.

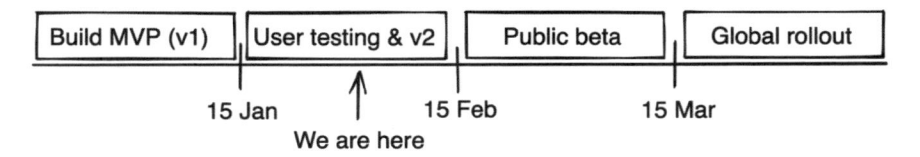

```
Build MVP (v1) → User testing & v2 → Public beta → Global rollout
     15 Jan           15 Feb            15 Mar
                    ↑
                We are here
```

Milestones	ETA	Status	Comment
MVP (v1)	15 Jan	✓ Complete	
User testing (v1)	15 Feb	🔄 In progress	100 users onboarded.
V2 features	15 Feb	⚠ 60%	Delayed from 1 Feb. See details below.
Public beta rollout	15 Mar	Not started	Depending on legal signoff. See details below.
Global rollout	15 Apr	Not started	

積極分享專案進度、風險及排除方法的電子郵件內容。
範例來自 Software enginners leading project/ The Pragmatic Engineer[2]

電子郵件的一個優點是，它可以作為狀態更新的「主版本」，在會議和其他與利益相關者的溝通中成為有用的參考。對於要求較高或對專案有很多意見的利益相關者來說，會議可能是必要的。然而，作為技術負責人，如果你能讓利益相關者將定期的狀態更新郵件視為「真相來源」，就能更容易確保所有利益相關者確實保持一致的認知。

5. 棘手的利益相關者

作為專案負責人，你必然會遇到棘手的利益相關者。但「棘手」是什麼意思？這取決於他們是下游、上游還是策略性利益相關者：

---

[2] https://newsletter.pragmaticengineer.com/p/engineers-leading-projects-part-2

- 棘手的上游利益相關者是你依賴的團隊或個人，但你認為他們不可靠，或在合作或信任方面存在問題。
- 棘手的下游利益相關者經常詢問你何時能準備就緒，並試圖催促你和你的團隊。
- 棘手的策略性利益相關者不斷尋求更新，或對新出現的挑戰給你帶來壓力。

在每種情況下，最大的問題往往是溝通和信任。以下是一些適用於上述所有群體的改善方法。

面對面交談

與其透過訊息聊天或電子郵件溝通，不如考慮與棘手的人面對面交談。進行視訊通話，或在工作場所會面，闡明你觀察到的問題。討論如何改變以改善情況。例如，如果上游利益相關者不斷催促你的團隊是否能更早完成里程碑，向他們詳細說明目前的進度和剩餘工作，反應被催促並不有幫助，並達成如何更好地合作的協議。

保持透明並教育他們

對於（通常都很急切的）上游和策略性利益相關者，你解釋需要做什麼、為什麼要做，以及你目前的進展。面對面會議最容易做到這一點。

更新郵件是另一種保持透明和教育的方式。定期、誠實地更新進度有助於緩解緊張情緒，這也是我喜歡這種方式的另一個原因。如果你寫這些郵件，只需將棘手的利益相關者加入郵件聯絡人清單就很可能解決問題。

尋求支援

有時直接交談和增加透明度可能無濟於事。如果你無法取得進展，是時候請求你的管理層或專案領導層協助了。向比你更有權威的人尋求幫助和建議。

6. 向利益相關者學習

如果你在管理利益相關者方面做得足夠好，你將減少因某個未及時了解情況的利益相關者而造成意外延誤的風險。然而，如果你僅專注於「管理」利益相關者，你將錯過與投入你專案的人合作的最佳部分之一：向他們學習！

作為技術負責人，你可能會與不同團隊的人員以及跨各種領域工作的利益相關者互動。這是一個絕佳的學習機會。探索他們的專業領域、學科和業務部分。正如我們將在第五部所述，了解業務是專家級以上職位的基本要求。技術負責人有機會透過與利益相關者的日常接觸及合作來實踐學習。

以下是一些充分利用與利益相關者合作並向他們學習的方法：

- **詢問他們負責的業務部分**。他們負責什麼，他們的領域如何為公司做出貢獻，他們團隊的目標是什麼，最近有什麼成就？
- **詢問他們面臨的挑戰**。他們遇到的困難問題是什麼，即使與你們正在合作的專案無關？你可以從某人分享他們最大的挑戰中學到很多。
- **詢問他們在你們合作的專案之外做些什麼**。他們還參與哪些其他專案？他們最近貢獻的產品是什麼？
- **閒聊**。更深入地了解他們這個人，特別是如果要長期合作的話。他們加入公司前做什麼，他們的興趣愛好是什麼，你們在工作中或工作之外有共同的興趣嗎？
- **考慮一起喝咖啡或吃午餐**。在某些情況下，可以輕鬆地在午餐時聊天，藉機更多地了解他們。
- **詢問是否可以旁聽一次他們的團隊會議**。作為技術負責人，旁聽另一個團隊的會議有兩大好處。首先，你可以獲得如何舉辦此類會議的新想法，並觀察會議室的動態。其次，你可能會聽到許多你不完全理解的內容。這是一個學習另一個團隊工作內容、了解其重要性，並擴展你知識和理解的機會。

向利益相關者學習的一個好處是，它能讓你在工作中更善於應對互動。當你了解他們的工作內容、領域和挑戰時，就更容易同理他們，並用他們能理解的方式表達你專案的細節。

相較於遠距工作，面對面互動更容易向利益相關者學習。在遠距工作時，更直接地表達你的意圖並安排更有針對性的會談會有所幫助。以下是軟體工程師兼工程經理 John Crickett[3] 行之有效的方法：

「如果你是遠距工作，就發送邀請給對方。我的邀請內容是這樣的：

> X 您好：
>
> 我是 John，最近剛加入 [組織名稱]。
>
> 作為新人，我很希望能有機會向您學習，了解更多關於您所負責的業務領域。若您的行程允許，我想請教您 15 分鐘。我在您的行事曆上選了一個似乎有時間的空檔，但如果不方便，請隨時告訴我其他更適合的時間。
>
> 感謝您的時間與指教。
>
> 順頌
>
> 工作愉快
>
> John

可以適當加入部門或領域名稱和專案名稱等細節。到目前為止，還沒有人拒絕過！大多數人都不介意這個會談超時或提供更長的時段。我確保自己準時參加通話，並準備了一份問題清單幫助推動對話。通常是一些一般性問題，比如：

- 你的團隊目前在做什麼專案？
- 你現在面臨的最大挑戰是什麼？
- 我或我所加入的團隊如何能幫助你？」

---

[3] https://www.linkedin.com/in/johncrickett

CHAPTER

19 團隊結構

作為技術負責人,你在塑造團隊動態和流程方面可以發揮巨大影響力。但如何運用這種影響力來創造一個健康且運作良好的結構呢?本章我們將探討:

1. 角色與職稱
2. 團隊流程
3. 提升團隊專注度

1. 角色與職稱

你的團隊如何運作,誰負責哪些職責?說到底,確保這些明確性是團隊經理的責任。作為技術負責人,你需要理解團隊中如何定義和分配角色,包括你自己和其他團隊成員的角色。

職稱與角色的區別

職稱賦予持有者合理的期望。例如,一個擁有「剛畢業的軟體工程師」職稱的人,不太可能被期望能在複雜專案中發現隱藏的風險。但擁有「資深工程師」職稱的人則被期望能辨認這些風險。對於專家工程師來說,這通常是基本要求。

團隊中的**角色**通常是臨時職位,如某項工作的「專案負責人」、某個功能的擁有者,或會議主持人。

「技術負責人」可以是職稱或角色

在某些公司,技術負責人是繼資深工程師之後的職稱和職等。領導團隊的關鍵計劃,並作為其他工程團隊的聯絡人,通常是對技術負責人的期望之一。在其他公司,「技術負責人」等同於「專案負責人」或「工程

負責人」。在這些地方，它更多是一種角色而非職稱，用於長期運行的專案或產品的某些部分。例如，結帳系統的技術負責人很可能就是工程負責人。

角色可以是隱性或顯性的

當角色是顯性的，它們會直接傳達給團隊成員以避免混淆。清楚地知道誰是哪個專案的負責人，誰是某個功能的聯絡人，誰負責每週的待命工作。

一個具有顯性角色的團隊可能會這樣定義它們：

- Zeno 專案負責人：Sam
- 本週支援工程師：Bob（每週輪換）
- 本週值班工程師：Eva
- 專案利益相關者聯絡人：Sarah

實際上，角色常常是隱性的。工程師們通常會自行承擔一個角色，而這可能不會被廣泛傳達。這種方法在溝通良好的團隊中運作得很好，但在某些情況下，隱性角色會造成混淆。例如：

- 兩個團隊成員認為自己擁有同一個角色，如領導一個專案。
- 團隊成員認為自己是某個功能或專案的聯絡人，並在未諮詢他人的情況下做出決定。
- 團隊成員假設其他人負責某個領域（如發布前的負載測試），結果沒有人做這項重要工作。

決定哪些角色是顯性的

作為技術負責人，從你自己的角色開始，弄清楚團隊中哪些角色是顯性的，哪些是隱性的。至少要釐清並了解你的經理對你的期望。

練習：與你的經理和團隊成員交談，找出你團隊中的各種角色。誰擁有哪個角色，角色職責是否有重疊或混淆，某些重疊是否造成了衝突？

我看到一種行之有效的方法是，無論專案規模多小，都要讓整個團隊明確知道專案負責人的角色。這為領導專案的人創造了責任感，也為其他人提供了清晰度。在有許多專案的團隊中，每個人都有機會領導一個專案。

2. 團隊流程

團隊應該建立哪些流程？

這其實不是一個好的開場問題。流程不是團隊存在的理由；團隊存在是為了完成任務。流程可以幫助達成目標，也可能成為阻礙。

隨著團隊成長，人們會學到如何更好地運作、更快速可靠地發布高品質產品，以及如何更快地迭代。一些經驗教訓促使團隊建立有助於工程師達成目標的實踐和流程，這些目標幾乎總是與速度、品質、可靠性、服務客戶和業務相關。

有些流程確實有助於工程團隊，就像程式碼審查和測試這些通常有意義的常見工程實踐一樣。但並非所有流程都有幫助。

判斷一個流程（如值班待命）是否真正解決了痛點的最佳方式就是親身經歷。以下是一些值得了解和嘗試的常見團隊流程。一旦這些成為你的工具，你就可以根據需要決定部署哪些工具。

規劃

- 發想會議
- 在規劃中讓工程團隊參與其他領域，如設計或業務利益相關者
- 專案啟動會議
- 設計文件 / 意見徵求（RFCs）
- 架構決策記錄（ADRs）

建構

- 原型開發

- 程式碼審查
- 自動化測試
- 持續整合
- 記錄決策

發布

- 持續部署
- 發布計畫
- 功能標記和實驗
- 與利益相關者（如產品、合規、安全）簽核
- 蒐集客戶回饋
- 金絲雀發布和自動回滾

維護

- 值班流程
- 支援工程
- 事件回顧
- 改善基礎設施和平台
- 非產品開發期，如修復技術債、改善基礎設施

工程生產力

- 團隊回顧會議
- 處理技術債
- 投資高效工具，如 CI/CD、實用腳本等
- 減少會議頻率
- 無會議日

團隊健康

- 團隊活動和外出聚會

- 自發性團隊活動，如一起吃冰淇淋。對遠距團隊，組織大家聚在一起的活動，或有趣的線上活動
- 慶祝團隊和個人成就

移除流程，而不只是增加

大多數團隊會隨時間引入新流程。畢竟，團隊會犯錯，從中學習，並建立新流程以避免未來重複同樣的錯誤。作為技術負責人，你是最適合倡導移除冗餘流程的人之一。這很重要，因為高效的工程團隊通常靈活且流程精簡。

當你看到一個價值存疑的流程時，認真考慮移除它。如果有一個耗時費力的流程，能否部分或全部自動化？記住，流程從來不是目標。不要問你的團隊應該有哪些流程，而是要問團隊如何更好更快地完成工作！

在更改流程時，你可能需要得到經理的支持。作為技術負責人的部分職責是為每個人創造更好的工作環境，所以你的經理很可能會支持這樣的倡議，你可以向他們解釋簡化流程將能提升生產力和士氣。

3. 提升團隊專注度

作為技術負責人，你的主要角色之一是協助團隊成員聚焦於關鍵任務。若團隊成員偏離正確方向或經常分心，他們就難以達成預期目標。

為了幫助團隊保持專注，你需要明確傳達以下內容：

- 團隊的優先事項
- 專案的優先順序
- 當前最重要的任務
- 接下來的工作重點

確保你自己也專注於正確方向的一個有效方法是將這些重點記錄下來，並定期與管理層確認。

重複強調團隊重點通常會產生積極效果。例如，在每週的立會（Stand-up）中，簡要回顧當前階段的核心目標。對於新成員、資淺同仁和易分心的人來說，更頻繁的提醒可能更為有益。

抵制突然變更焦點

即使來自上層，也要抵制驟然改變團隊首要任務的要求。頻繁轉換焦點的團隊很容易變得不健康，優秀的技術負責人會保護團隊免受其害。當你的經理或利益相關者想改變團隊的首要任務時，你可以用以下幾種方式來抵制：

- **影響力**：詢問新工作的影響。如果影響不明確，拒絕開始。畢竟，為什麼你的團隊要做一些價值可疑，或影響力小於團隊首要任務的工作？
- **書面規格**：要求一份工作規格說明，回答「為什麼」和「做什麼」。這可以是產品需求文件（PRD）或摘要，應包括新工作的影響力。如果想打斷團隊的人無法清楚解釋問題，那麼你的團隊很可能會無緣無故被打擾，並花費數天時間弄清該做什麼。如果沒有規格說明，拒絕開始工作。或者，你可以提出共同撰寫規格說明，但要明確表示在所有利益相關者簽署之前不會開始工作，因為跳過這一步可能導致日後的工作浪費。
- **工程規劃和可行性**：假設規格說明清晰，你知道為什麼新工作重要，其影響是什麼，以及你被要求做什麼，在團隊進行一些基本的工程規劃和估算之前，仍不要開始工作。可能存在使工作不切實際的風險。此外，原本打算只花幾天的專案，在規劃完成後可能持續數月。
- **清楚說明切換焦點的成本**。當利益相關者、其他團隊或你的經理要求你的團隊立即開始處理新事物時，他們通常不了解完全切換工作脈絡的實際成本。如果團隊停止目前的工作，需要時間來結束當前任務並轉向新工作。這通常需要幾天時間，但根據當前工作的複雜程度可能更長。如果告訴人們拋棄手頭的工作，團隊士氣肯定會下降。
- **提供替代方案，在不打擾整個團隊的情況下開始新工作**。假設影響力、「為什麼」和「做什麼」都很明確，且工程工作量已大致估算，提供不需要整個團隊停止當前工作的替代方案。是否有人正在結束主

要專案的工作可以接手新工作，或者新工作可以在當前專案接近尾聲時開始？新工作是否需要更多使用者回饋，或者利益相關者之間的分歧需要先解決？

根據我的經驗，當你的主管或利益相關者突然帶來一項要求立即完成的緊急工作時，這項工作往往存在一些問題：內容可能過於模糊不清，影響力難以評估，而其緊迫性也往往缺乏充分理由。身為技術負責人，你有責任進行深入調查，並謹慎權衡是否值得讓團隊暫時擱置手頭的工作。

你可能會認為，偶爾一次的打擾無傷大雅。然而，這很可能只是開端，接踵而來的將是第二次、第三次，甚至更多的干擾。這就像是走在一個容易失足的斜坡上，一旦開了頭，就難以回頭。因此，越早為團隊設立明確的保護界限，就越能確保團隊的長遠健康發展，這對所有人都有莫大裨益。

CHAPTER

20 團隊氛圍

作為技術負責人,你有很寬廣的發揮空間來塑造團隊互動與氛圍,例如提升團隊健康度和士氣,以及解決衝突。該如何運用這種影響力來打造一個健康、運作良好的團隊呢?

本章將探討以下內容:

1. 健康的團隊
2. 不健康的團隊
3. 面臨潛在問題的團隊
4. 改善團隊氛圍
5. 與其他團隊的關係

1. 健康的團隊

什麼造就一個健康的團隊?以下是我在優秀的團隊中觀察到的一致特徵。

清晰度

在健康的團隊中,團隊存在的理由、目標以及達成目標的方法都很明確。清晰度始於領導層:技術負責人、工程經理和產品經理。他們透過持續與團隊成員溝通來提供清晰度。

檢驗清晰度的一個簡單方法是向工程師詢問團隊的目標是什麼,以及這些目標為何存在。如果每個人的回答大致相同,就表示有清晰度。如果不是,則應當探究為什麼人們給出不同的答案。

執行力

團隊能夠使命必達，完成任務，這意味著以利益相關者可見的方式交付專案、功能、產品和服務。

我們已經深入探討了作為工程師「完成任務」的意義，以及它如何結合優質工作和向他人傳達這些工作。這同樣適用於健康的團隊。作為技術負責人，你在幫助團隊做好工作，並確保組織利益相關者了解這些工作方面，往往扮演著重要角色。

良好士氣

健康的團隊擁有良好的士氣，成員對工作充滿積極的正向能量。以下是良好士氣的幾個指標：

- 積極參與的團隊成員：人們致力於投入工作，貢獻想法，並相互幫助。
- 互相支持：團隊內有同袍情誼，成員在需要時會主動幫助同事。
- 低離職率：即使有機會，也很少有團隊成員離開。
- 正向氛圍：團隊內部充滿積極能量，成員有動力完成任務。

健康的溝通

文明和建設性的溝通是健康團隊的基礎。即使在困難情況下，人們也互相尊重。溝通開放且尊重，工程師、工程經理、產品經理和其他核心成員之間存在互信。

每個團隊都有衝突，但在健康的團隊中，這些衝突都能以建設性的方式處理。沒有真正的「戲劇性」衝突——至少沒有無法迅速解決的衝突。

人們樂於相互挑戰以創造更好的解決方案，並以尊重和建設性的方式進行。例如，程式碼和設計審查包含有用、非評判性的回饋。

積極參與的團隊

每個人都為團隊做出貢獻，參與規劃和實際工作。沒有人被排斥或做的明顯少於他人。資淺成員和新加入者都被納入團隊，參與工作。團隊成

員感到安全，能做真實的自己，並且在他人面前感到足夠自在，能夠展現脆弱的一面。

2. 不健康的團隊

不健康的團隊顯然是健康團隊的對立面。以下是團隊不健康的指標：

- 缺乏明確性
- 執行力差
- 無建設性的衝突處理
- 缺乏溝通和信任
- 無建設性的回饋
- 缺乏心理安全感
- 並非所有團隊成員都有所貢獻

讓我們來看看團隊變得不健康的常見原因及其解決方法。

團隊不健康的原因及應對方式

管理不善：這通常是主觀的，可能包括經理長期忽視團隊氛圍、偏袒某些成員、對團隊成員的期望不一致、受個人偏見過度影響、過度微管理等。

管理不善通常很容易察覺，因為團隊成員經常會私下微詞。當然，改變這種情況很困難。如果經理願意接受回饋，作為技術負責人，你可以嘗試分享一些建設性的方法，幫助主管掌控局面。但要謹慎行事，因為建立健康的管理實踐最終是團隊經理的責任。

團隊中的「聰明混蛋」：經驗豐富但是顆「壞蘋果」的工程師可能是個大麻煩，特別是當經理因擔心失去這個「聰明混蛋」帶來的專業知識而偏袒保護他時。然而，聰明的混蛋往往會損害團隊士氣和氛圍。

作為技術負責人，如果你注意到這種情況，最好及時處理，不要讓問題惡化。你可以嘗試給予該「混蛋」團隊成員回饋。如果這不奏效，你可

能需要與他們的主管溝通，因為經理有更多工具來處理這個問題，包括績效管理方法。

團隊缺乏技能：當團隊成員缺乏執行所需的技能或經驗時，團隊的產出可能會很差。這可能是缺少某項技術技能，例如，在大多數團隊成員缺乏 Go 語言經驗的情況下處理 Go 程式碼庫。

作為技術負責人，你可以指導和輔導他人，或提出相關訓練建議。如果你缺乏所需的技能，作為有經驗的工程師，沒有理由不去學習。時間可能是一個明顯的障礙，但如果團隊確實需要這種專業知識，那麼在工作時間內學習這項技能可能是足夠重要的優先事項，你可以主動去做，事後再徵得許可。

缺乏回饋或空泛的回饋：在成員不分享回饋的團隊中，人們會不知道自己的行為如何影響他人。當回饋過於籠統，避免指出需要解決的問題時，情況也是如此。

我曾在一個團隊工作，其中有一個「聰明混蛋」，每個人都避開他。後來我才知道沒有人給他回饋。當一個同事告訴他這一點時，他的行為改變了。雖然經理沒有理由不給直屬下屬回饋，但作為技術負責人，你也可以考慮提供建設性回饋，幫助人們認識到他們的行為何時對團隊產生負面影響。

方向不明確：方向和目標經常變化或不清晰的團隊往往會感到困惑，變得不那麼健康。作為技術負責人，你應確保團隊和專案的方向明確，並盡量減少干擾。

原地踏步：有些團隊雖然付出大量心力，卻幾乎看不到成果。他們通常陷入疲於奔命的狀態，需要耗費大量精力才能維持基本運作。利益相關者因此感到不滿，認為團隊必定懈怠，但實際情況恰恰相反！

作為技術負責人，若發現你的團隊陷入這種困境，務必向管理層提出警訊，並擬定脫困計畫。這可能意味著需要暫時擱置產品開發工作，轉而解決造成「徒勞無功」的根本原因；也可能需要將不再屬於團隊職責範疇的系統所有權移交他處。由於可能涉及諸多層面，建議與團隊的工程和產品領導層共同商議，尋找突破僵局的方法。

面對團隊原地踏步的局面，一個行之有效的解決方案是限制同時進行的工作量（WIP，Work In Progress）。工程總監 Will Larson 在《An Elegant Puzzle》（暫譯：優雅的難題）一書中提出建議：

> 「當團隊陷入原地踏步的困境時，系統層面的解決之道是引入新的流程，整合團隊的努力，完成更多任務，並減少並行的工作，直到他們有能力開始償還技術債（例如，限制進行中的工作）。具體而言，這個階段的重點在於協助團隊成員將視角從個人生產力轉移到團隊整體生產力上。」

過度切換工作脈絡：在一個幾乎每位成員都同時處理多項任務的團隊中，往往難以完成事情，即便完成了工作品質也不佳。這是原地踏步的一種表現，但較易察覺。

作為技術負責人，你需要了解每個人的工作內容。若發現多數團隊成員同時處理多項重要事務，可協助他們進行優先順序排列，並提供支援，使他們能專注於最高優先級的任務。建立「完成一項再開始下一項」的工作方法是很有效的。

流程過多：若團隊運作時充斥著繁瑣的程序，可能會讓簡單的事務（如修改程式碼或使用新工具）變得異常費力。這不僅會降低團隊效率和士氣，還可能導致人才流失。

身為技術負責人，你處於有利位置，能夠反對不必要的流程並精簡繁瑣手續。同時，你也能夠指導團隊成員哪些流程是重要且必須遵循的。然而，為何不能簡化或自動化這些流程呢？我們應該挑戰那些繁瑣、耗時的手動流程。值得注意的是，全球頂尖科技公司並不會用糟糕的流程來困擾工程師。蘋果、微軟和亞馬遜都投入大量資源來自動化他們的工程流程，或許你也可以推動自動化流程的改革！

缺乏結構：過多的流程鮮少是好事，但完全沒有流程對於初級工程師為主的團隊來說可能是一大挑戰。如果你發現自己身處這樣的團隊，建立基本的防護機制可能是個明智之舉，目標是隨著團隊的成長而逐步移除這些機制。

自動化的防護機制比手動機制更易於遵循且更為持久，但手動機制通常更容易初步建立。舉例來說，如果團隊中大多數成員經常忽略撰寫測試，導致程式錯誤層出不窮，那麼作為第一步，你可以為所有涉及業務邏輯變更的程式碼強制實施自動化測試。

另一種方法是在持續整合（CI）系統中加入自動化檢查，監控合併請求（Pull Request，PR）的程式碼覆蓋率，並在測試覆蓋率隨 PR 降低時自動發出警告。雖然審查者可能會忽視這些警告，但假設團隊希望重視這個領域，這種自動化機制將使忽視測試變得更加困難。

受技術債困擾：如果技術債長期得不到解決，即使是修改功能或對系統進行看似微小的更改等簡單事情，也可能需要花費更長時間或甚至破壞系統，導致團隊必須花更多時間來修復。技術債過多的團隊將開始原地踏步，陷入處理越來越脆弱的系統的困境中。

團隊面臨困境的結構性原因

有時，技術負責人幾乎無法改變使團隊不健康的環境，包括：

高離職率：短期內大量人員流失，或關鍵人才離職造成的知識和技能空缺。離職原因相當多樣，可能是運氣不佳，也可能源於公司層面或工程管理的深層問題。

面對離職率激增，最明智的做法是重新調整對團隊產出的期望，因為團隊無法維持先前的工作量或品質水準。

大量新人湧入：這可能與直覺相反，當團隊迎來大量新成員時，由於需要時間進行入職訓練和熟悉團隊，執行效率可能反而下降。儘管新人的熱情可能推動進度，但在他們熟悉系統運作（往往是從錯誤中學習）的過程中，整體產出可能暫時降低。

經驗不足的團隊：缺乏實戰經驗的團隊往往會遭遇挫折。作為技術負責人，你有多種方法可以提升團隊的技能和經驗，但這需要時間積累。有效的方法包括：與工程師結對程式設計、仔細審查他們的工作並提供具體回饋（此時程式碼審查尤為重要）、短期引入資深工程師以提升團隊能力，或為你無暇親自指導的工程師安排導師。

方向驟變：團隊方向突然改變通常會導致執行效率下降。這意味著需要結束進行中的工作，同時開始規劃新的方向。這種情況雖屬正常，但作為技術負責人，你需要向利益相關者和領導層明確傳達：團隊需要一定時間的調整期，之後才能重回高效執行狀態。

3. 面臨潛在問題的團隊

有些團隊看起來很健康，但實際上存在著潛在的、尚未顯現的問題。如果不加以解決，這些問題可能會導致團隊陷入不健康的狀態，包括以下幾類：

隱性衝突和私下傳言

表面上，團隊成員間似乎和睦相處，彬彬有禮。實則暗流湧動，隱性衝突悄然滋生，小圈子逐漸形成。團隊主管甚至部分成員可能渾然不覺。衝突積累愈久，對生產力的損害愈深。

作為技術負責人，若察覺此情況，應及時提醒你的上級，因他們擁有更適當的資源處理這類問題。但不要全然依賴他們；運用你的判斷力，借助相關人員對你的信任，直接溝通化解矛盾。

潛在的執行障礙

團隊表面執行良好，但實則困難重重。這可能源於技術債快速累積、日常營運擠佔產品開發時間、團隊成員瀕臨過勞等因素。

身為技術負責人，切勿坐視問題惡化至影響團隊表現。應從最迫切的問題著手，逐步緩解。

優秀工作未獲認可

部分團隊成員在團隊職責之外做出卓越貢獻，卻未被管理層察覺。不僅額外付出未獲肯定，反而被誤認為生產力低於同儕。

作為技術負責人，應全面了解每位成員的工作。即使是團隊範疇之外的貢獻，也應獲得適當認可。你處於最佳位置揭示這些被忽視的努力，務必善用你的影響力！

潛在的離職風險

團隊成員往往會察覺同事有意離職，而管理層卻毫不知情，這種情況並不少見。若你發現此情況，該如何應對：告知管理層，還是保持沉默？

這是個敏感問題，因為該成員最終可能不會離開。值得與其深入交談，了解尋找其他機會的根本原因，並嘗試解決。若動機純粹是經濟因素，作為技術負責人能做的有限。但若是因長期處理緊急救火工作而感到職業倦怠，這正是你可以提供協助的領域，不僅為個人，更為整個團隊。

資深人員過剩但缺乏挑戰的團隊

較為罕見的情況是團隊中資深工程師眾多，但缺乏相應挑戰。這可能導致「廚師過多，反而壞了湯」的局面，在爭取有影響力、有趣的專案時容易引發激烈衝突。若工程師們都懷抱相似的升職念頭，而爭取升職又與交付專案和證明影響力密不可分，團隊氛圍可能會變得特別複雜。

雖然績效管理通常不屬於技術負責人的職責範疇，但向相關經理提出這些顧慮仍是明智之舉。

4. 改善團隊氛圍

作為技術負責人，你可能是團隊中最具改善氛圍潛力的個人貢獻者。憑藉豐富經驗和專案負責經歷，你擁有一定的非正式權威。以下是運用你的職位改善團隊氛圍的方法。

首先從觀察開始

從觀察團隊氛圍開始。切勿急於「修復」任何問題，特別是剛加入團隊時。先了解團隊的運作狀況。哪些領域顯得不健康？不健康的具體表現是什麼？

作為練習，列舉本章前述的健康和不健康特徵，並應用於你的團隊。你觀察到什麼？記錄團隊最優秀的三個方面，以及三個需改進的領域。

或者，組織一次團隊活動，讓每位成員反思他們認為進展順利的領域，以及可改進的方面。

與團隊成員私下交談，深入了解情況。工程經理常透過一對一會議與直屬下屬溝通，了解實際情況。人們在私下往往更為坦誠。

考慮與團隊成員進行一對一交談，不必如經理般定期進行，但至少進行一次性交談。在私下場合，詢問他們認為哪些方面運作良好，最大的挑戰是什麼。傾聽他們的困難和見解。

首先建立信任會使這一過程順暢得多。這沒有捷徑可走，但支持隊友、無私幫助他們、維護信任關係，都會產生顯著效果。

然後，改善氛圍

盡量減少團體場合中的負面互動。觀察會議和其他團體場合中的氛圍發展。是否有人主導討論而他人處於被動狀態？衝突是公開發生還是私下進行？

當負面氛圍出現時，考慮採取行動消除團體場合中的負面互動。例如，若兩位團隊成員間的爭論越演越烈，試圖幫助緩解緊張情緒，將焦點轉移到解決當前問題上。記住，你的資歷使你有責任不對不專業行為視而不見。

鼓勵團隊成員參與相關討論。我觀察到兩種類型的工程團隊：

A 團隊：經驗豐富的工程師獨立做決策，然後將決策作為執行計劃呈現給團隊。

B 團隊：經驗豐富的工程師提出建議，但邀請其他團隊成員參與，解釋理由，讓隊友有機會提出建議或質疑決策。

哪個團隊效率更高？表面上，A 團隊在時間緊迫時可能更快，因為討論時間較少，經驗不足的工程師參與較少。

但哪個團隊的氛圍更健康？我認為，一個讓所有人（包括資淺工程師）都感到被重視、有發言機會的團隊，其氛圍更為健康。

作為技術負責人，你有機會塑造團隊文化，使之成為 A 或 B 團隊。在效率需求和讓資淺工程師參與之間尋求平衡，讓他們了解決策制定過程，並為之貢獻。

解決最緊迫的問題，或向上級報告。一旦你對團隊運作有所了解，你自然能辨識出最迫切的問題。

這可能是某位成員過度主導、團隊缺乏方向，或其他問題。嘗試利用你在團隊中的信任和權威解決問題。某些情況下，透過交談或給予回饋即可解決。以身作則也會有所幫助。

但有時你可能無法解決緊迫問題。你的經理最終負責團隊氛圍，因此當你缺乏解決工具時，將問題上報給他們。作為技術負責人，並非所有問題都由你解決。例如，同事的表現問題應由你的經理處理。

向你的經理提出解決方案，而非列舉問題。此外，盡量不要突然給他們帶來問題，如果有定期追蹤會議，及早提出你注意到的問題，防止它們演變成更大的麻煩。

5. 與其他團隊的關係

一個真正健康的團隊不僅內部氛圍和諧，與其他團隊的互動也應該積極正面。作為技術負責人，你在塑造這些跨團隊關係方面扮演著關鍵角色。簡言之，若你能與其他團隊的工程師、產品人員和利益相關者建立富有成效的關係，你就能更有效地協助自己的團隊達成目標。

我們在以下章節中詳細探討了如何與其他工程團隊建立良好協作關係的策略：

- 第 12 章〈協作與團隊合作〉
- 第 22 章〈協作〉

除此之外，還可以考慮以下方法來建立與其他團隊的健康關係。

與其他團隊的工程專案負責人保持密切聯繫： 安排時間共進午餐或進行定期會議（無論是面對面還是透過視訊），與其他專案負責人交流。這些人可能是同為技術負責人，或是資深工程師、專家工程師。討論他們團隊的現況：哪些方面進展順利，面臨哪些挑戰。同時分享你團隊的情況，如果可能，主動提供協助解決他們挑戰的建議。

與其他團隊的工程經理或產品經理建立聯繫： 定期與你頻繁合作的團隊的經理們保持溝通是很有價值的。可參考第 18 章〈利益相關者管理〉小節的建議來進行這些互動。

對於棘手情況，優先考慮口頭而非書面溝通： 你的團隊無可避免會遇到與其他團隊相關的問題。例如，你可能對承諾的 API 變更遲遲未實現感到失望，或者對方團隊拒絕了一個修改他們負責的程式碼庫部分的合併請求。

當這類衝突出現時，應把握機會親自或透過視訊與該團隊的工程師直接對話。面對面交流可以避免在聊天工具或電子郵件等書面溝通中常見的誤解。此外，與不熟悉的人直接交談不僅有助於解決當前問題，還能建立更深厚的個人連結。

在強化跨團隊關係方面，直接溝通確實是最有效的方法之一。

重點整理

擔任技術負責人時，你需要在多個面向中取得平衡：

- 領導專案或工程團隊
- 全力支持團隊成員，並協助排除障礙
- 確保利益相關者、產品團隊，甚至你的上級能持續掌握情況
- 在執行個人貢獻者（IC）工作時（如撰寫程式碼、進行程式碼審查和值班待命）樹立典範

要平衡這些面向絕非易事；這需要時間、實踐，以及經歷一些嘗試與錯誤。

以身作則：身為技術負責人，即使沒有明確表述，團隊成員也會期望你以身作則。你應該充分參與，包括規劃、撰寫程式碼、進行程式碼審查，如果有值班待命制度，也要加入其中。

請謹記，如果你走捷徑（例如發布未經自動化測試的程式碼，或為求快速而頻繁破壞生產環境），團隊將會有樣學樣。若要在團隊中維持高品質標準，最佳方法就是以身作則，產出高品質的工作。這同樣適用於培養完成任務和自主解決問題的文化，以及與客戶溝通並解決他們的問題。

此外，技術負責人的職位帶來額外責任，也意味著用於 IC 工作的時間減少。因此，當你有機會進行 IC 工作時，務必發揮最大效用。讓你的產出為團隊完成任務樹立高品質的標竿。

最優秀的技術負責人不會自視高人一等：許多公司不使用「Tech Lead」這個頭銜，部分原因是「Lead」一詞暗示了領導者與追隨者的區分。然而，我所經歷過的最高效團隊有一個共同點：每個人都覺得自己有發言權，職稱不會阻礙他們提出如何做得更好、更快或更高品質的建議。

作為技術負責人，你需要在必要時展現領導力，同時營造一個環境，讓所有工程師都有發言權，並有信心主動提出想法和做出決策。切記，你的目標不是「領導」，讓所有人都仰賴你的決定，而是協助團隊和專案取得成功，讓每個人都能高效工作。

一個成員較為獨立的團隊，通常比所有人都等待技術負責人做決定的團隊更有效率。

更多延伸閱讀，歡迎參考第四部的網路版補充章節：

Working Well with Product Managers as a Tech Lead

pragmaticurl.com/bonus-4

PART V 成為榜樣的專家與首席工程師

本書先前討論過「技術負責人」更接近於一種角色，而非明確的職稱或職等。那麼，在沒有技術負責人職等的公司中，在資深工程師之後是什麼呢？緊接在資深工程師之後的第一個職等通常稱為「專家工程師」（Staff engineer）或「首席工程師」（Principal engineer）。

在 Google，資深工程師（L5）之後是專家工程師（L6），然後是資深專家（L7），接著是首席工程師（L8），傑出工程師（L9），最後則是 Fellow 工程師（L10）。許多大型科技公司遵循類似的職涯發展路徑：資深 → 專家 → 首席 → 傑出。Uber 和 Databricks 就是其中例子。Netflix 和 Dropbox 也有相似的職等制度，只是這些公司在本書出版時尚未設立「傑出工程師」這一職等。

然而，各家科技公司對於資深工程師之上的職稱，在認知上略有不同。例如，微軟、亞馬遜和 Booking.com 沒有專家工程師的概念；資深工程師之後的下一個職等是「首席」。還有一些公司使用「架構師」（Oracle）、「技術人員首席成員（principal member of technical staff）」（eBay）或「首席顧問」（ThoughtWorks）作為相當於資深工程師之後的職等。

為什麼公司之間的職稱差異如此之大？這是因為期望各不相同。可以看看各家公司使用的職稱並研究以下幾點：

- 這家公司的完整職涯階梯是什麼樣子？這幫助你能更好地了解某些 Staff+ 職稱的資歷。Levels.fyi 網站[1] 是了解公司在資深工程師之上職等的良好資源。但要注意，比較任意兩個職位的職責範疇比網站描述的更難，畢竟細節往往決定了差異。
- 某一職位的工程師對工程和業務有何影響？一個專家工程師負責的系統每年為少數客戶創造 100 萬美元收入，與另一個專家工程師負責的系統每年為數百萬客戶創造 5 億美元收入，兩者之間顯然截然不同。

---

[1] https://www.levels.fyi

- 某一職位的影響範圍如何？通常直接影響多少工程師？例如，在較小的公司，首席工程師的影響範圍可能約為 10 名工程師。在 Uber 或 Google 等大型公司，影響範圍可能是 100 名或更多工程師。儘管是相同的職稱，期望卻大不相同！

典型的 Staff+ 工程師期望

「Staff+ 工程師」（Staff+ enignneer）是本書用來指代資深工程師以上職等的術語，涵蓋專家、首席及以上職稱。

Staff+ 角色在職稱和期望上差異很大。以下是我對大型科技公司和較大規模新創公司常見期望的總結。請記住，在首席高於專家、傑出或 Fellow 職位的公司，首席工程師職位的期望可能高於所列內容。

領域	典型期望
範圍	影響組織或公司範圍的複雜專案
指導	可完全獨立工作，並且指導他人
完成任務	為自己與團隊排除障礙
採取主動	主動採取行動來解決問題、尋找值得被解決的問題
軟體開發	在組織內樹立並改善最佳實踐
軟體架構	做出務實的技術與架構決策，以解決組織範圍的問題。在必要條件不夠清晰或存在無數依賴項目的情況下做出良好的系統設計
工程最佳實踐	善用並導入產業實踐，幫助團隊更高效執行
協作	與產品部門、其他工程經理與軟體工程師協作，也經常會與業務相關的利益關係人合作
導師	指導資深工程師及經驗較少的工程師
學習	持續精進學習領域知識及產業知識
普遍的產業工作經驗	10+ 年

▲ 對於 Staff+ 工程師的常見期望。在專家級職等，具體期望根據公司而定，且越高階的職等要求更高。

Staff+ 工程師是工程經理和產品經理的合作夥伴

在大多數擁有個人貢獻者和管理者雙軌發展制的科技巨頭和成長階段公司中，專家工程師通常與工程經理（EM）或資深產品經理（PM）處於同一職等。這不僅具有象徵意義，同時也認可了 Staff+ 工程師是 EM 和 PM 的合作夥伴。更資深的專家級職位也是如此。例如在 Uber，首席工程師（L7）與工程總監（也是 L7）位處同一職等。同樣在 Uber，首席工程師應該是工程總監和產品總監的合作夥伴。我們在第 1 章〈職涯發展路徑〉中討論了職涯的雙軌發展制。

這種期望通常是心照不宣的，Staff+ 工程師需要付出努力並致力加強這種合作關係。與任何合作一樣，成功的關鍵是建立深厚的信任基礎；EM 和 PM 會積極促進溝通，付出努力一同完成任務。

CHAPTER

21 理解業務

作為 Staff+ 工程師，擺在你面前的工作往往多得難以輕鬆應對。那麼，如何確定該專注於哪些對業務有利的事項呢？要回答這個問題，理解業務是第一要務。

不太關注業務方面也有可能在職業生涯中晉升到專家工程師，但若缺乏這方面的知識，你很難在 Staff+ 的職位上茁壯成長並進一步發展。關於這個角色的其他部分，例如軟體工程、長期規劃和協作也很重要，而這些技能你可能在職業生涯中已經強化過了。

本章將涵蓋：

1. 北極星、關鍵績效指標（KPI）和目標與關鍵成果（OKR）
2. 你的團隊和產品
3. 你的公司
4. 上市公司
5. 新創公司
6. 你所在的行業

1. 北極星、KPI、OKR

北極星、KPI 和 OKR 這些概念，大多數軟體工程師覺得枯燥，認為與他們自身工作並不相關。CEO 談論 OKR，或產品經理討論 KPI，往往不能引起軟體工程師的興趣，因為我們偏好具體的技術細節。我們不喜歡談論 OKR 和 KPI，而更願意專注於要做哪個專案以及為什麼要做。

對於單一工程團隊來說，談論專案的具體細節及其影響很容易。但隨著團隊數量增加，你不能只列出每個團隊計劃做什麼；你需要退一步，才能看見大局。這就是北極星、KPI、OKR 和路線圖發揮作用的時候。作

為 Staff+ 工程師，你需要理解這些概念為何重要、它們的含義，並將其轉譯給團隊中的工程師，使他們理解應該關心什麼以及為什麼。

這些概念如此重要的另一個原因是，在定義團隊策略和路線圖時，大多數 Staff+ 工程師都是工程經理（EM）和產品經理（PM）的合作夥伴。你需要與 EM 和 PM 使用相同的語言，而北極星、KPI 和 OKR 很有幫助。

北極星

這是團隊或產品的願景；它指引這些事物達到應該抵達的地方。例如，內部支付團隊的北極星目標可能是：「使公司內任何團隊能在一天或更短時間內將支付整合到他們的產品中。」

北極星通常充滿雄心壯志、非比尋常——甚至可能難如登天！這是有意為之的，因為它是一種願景，旨在策勵團隊成員的積極性和專注度。一個很好的例子正如太空探索技術公司 SpaceX 的北極星目標：將人類送上火星。透過專注於這個目前無法實現的宏大願景，公司逐步取得漸進式改進，一步步接近目標。這就是任何團隊或公司設下北極星的初衷。

北極星指標衡量團隊朝著北極星前進的進展狀態，例如客戶數量、每日活躍使用者人數等類似指標。

關鍵績效指標（KPI）

KPI 是衡量特定領域進展的量化指標。大多數北極星指標都包含在 KPI 中。以下是一些常見的 KPI：

- **商品交易總額（GMV）**：以 Uber 為例，指來自客戶消費的總金額。對 Stripe 或 Adyen 等支付處理商而言，指透過其平台處理的總金額。

營收：產品或團隊的實際收入。Uber 的營收約為 GMV 的 10-20%，其餘支付給司機、餐廳和外送員。以 Stripe 或 Adyen 來說，營收佔比較低，僅為 GMV 的 1-3%。

客戶數：常用於 B2B 服務的直觀指標。

日活躍使用者（DAU）或月活躍使用者（MAU）：每日或每月使用產品的獨立使用者人數。

增量指標：如增量 GMV、增量營收、增量 DAU/MAU。

客戶流失率：特定期間（通常為每月或每季）內停用服務的客戶佔總客戶的比例。

系統可用性：服務正常運作時間佔總時間的比例。

客服工單比例：大型公司常用於追蹤各團隊負責領域的客服工單比例，如果指標數字急劇上升可能暗示品質問題。

淨推薦值（NPS）：透過調查評估客戶推薦產品的可能性，計算平均分數並追蹤變化。

其他常見 KPI 包括客戶終身價值（CLV）、客戶獲取成本（CAC）、錯誤回報數等。一個優質的 KPI 應具可衡量性、明確性，能指示進展並標示問題，且難以被人為操縱。

目標與關鍵成果（OKR）

OKR 是科技公司廣泛採用的目標設定和衡量方法，由 Google 在僅有 40 名員工的 1999 年引入。投資者 John Doerr 建議採用此方法，並在《OKR：做最重要的事》一書中詳述其成功案例。

採用 OKR 的企業會在公司、組織到團隊各層面設定 OKR。一個 OKR 包含：

- 目標：概念性的大方向目標，不一定可量化。
- 關鍵成果：可衡量的結果，用以評估目標是否達成進度。

一個 OKR 只會有一個目標，但可以有多個關鍵成果。以下是一些例子：

目標一：提升服務可靠性
關鍵成果：

1. 將系統正常運作時間從 99.8% 提高至 99.9%

2. 將 API 回應的 P95 延遲降低 20%
3. 減少 30% 未處理的異常錯誤

目標二：強化網頁和行動應用程式安全性
關鍵成果：
1. 完成第三方安全稽核並解決主要問題
2. 為所有客戶實作雙重驗證機制

目標三：最佳化基礎設施成本
關鍵成果：
1. 將虛擬機的中位數 CPU 使用率從 15% 提升至 25%
2. 淘汰或遷移所有仍在不受支援且資源密集的 Python 2 環境上運行的服務

若貴公司採用 OKR，應首先了解領導團隊關注的目標和關鍵成果，釐清你的團隊如何貢獻。與產品經理和工程經理合作，制定對業務有意義且工程師能理解的 OKR。你可能需要協助將企業術語轉譯為團隊易懂的語言，包括關於關鍵成果和目標的定義。

不要過分執著於 OKR。它們是幫助團隊專注的工具，類似於工單系統等能提高效率的生產力工具。然而，與任何工具一樣，過度使用 OKR 也有風險，可能會過分專注於實現某個結果，而不是為客戶構建正確的東西。

我們是否在衡量正確的事物？

優秀的工程團隊與一般團隊的一個明顯差異在於，優秀團隊中的工程師會主動質疑產品人員提出的關鍵績效指標（KPI）甚至目標與關鍵成果（OKR）。對於身為榜樣的 Staff+ 工程師而言，這種批判性思考應該是一種本能。

在評估每個提出的指標時，我們應該從多個角度進行深入分析：

- **指標的適切性**：我們是否真正衡量了對業務有實質影響的因素？舉例來說，若 KPI 著重於某個端點的延遲時間，我們需要思考：降低延遲是否確實能為客戶和業務帶來顯著價值？或者，降低錯誤率是否更為重要？
- **指標的可操縱性**：我們應該警惕指標被人為操縱或鑽漏洞的可能性。舉例來說，在 Uber，當組織要求所有端點達到 99.9% 的可靠性時，部分表現不佳的團隊僅僅透過改變衡量方法就達到了新目標，而非實際改進系統。另一個案例是，為了減少伺服器錯誤回應（500 Error），某團隊竟然只是將 500 改為 200（成功回應代碼），同時將錯誤訊息移到了響應內容中。
- **平衡性指標**：為避免單一指標被操縱，我們應該設立多個相互制衡的指標，以獲得更全面的評估。例如，若目標是將中位數 CPU 使用率從 15% 提高到 25% 以最佳化資源利用，我們還需要考慮：如何確保這不會導致程式碼效率下降或過度消耗 CPU？我們可能需要建立一些效能基準，長期監測基礎程式碼效能，同時關注端點延遲（如 P50 和 P95 值），確保提高 CPU 使用率不會明顯影響使用者體驗。

最後，我們不能忽視大局。雖然衡量技術指標相對容易，但客戶滿意度、使用者挫折感，以及客戶轉換或流失的原因同樣至關重要。過度聚焦於具體技術指標可能會使我們忽略這些關鍵的業務層面因素。

2. 你的團隊和產品

了解業務運作的最佳起點是你和團隊正在開發的產品。理解這個產品如何運作、客戶為何使用它、競爭對手是誰，以及它如何為公司的收益做出貢獻。

戴上產品經理的帽子

你的團隊是否有專職的產品經理？如果有，那太好了；這是你可以（而且應該）與之合作的人。如果沒有，產品經理的角色仍然需要有人來填補，請考慮自告奮勇。

內部工程團隊比如開發技術產品的平台團隊，通常沒有產品經理。我們會在其他章節詳細討論平台團隊。

然而，即使在這些團隊中，也有一些與產品相關的活動需要有人負責，以確保團隊的效率，包括：

- **識別並了解客戶**。客戶究竟是誰，團隊的服務或產品為他們解決了哪些問題，有哪些「客戶角色」可以幫助開發人員更貼近客戶心理？
- **衡量客戶滿意度**。客戶對於服務滿意或不滿意的程度如何？特別是在沒有產品經理的平台團隊中，常常存在知識缺口，因為團隊沒有透過調查或與客戶團隊交談來衡量這一點。
- **聆聽客戶對團隊路線圖的意見**。如果你的團隊正在為其他內部團隊構建服務或產品，對他們對路線圖的意見視而不見並非明智之舉。如果想要做好這一點，需要有人親自與這些團隊接觸。

如果沒有專職的產品經理，就戴上你的產品經理帽子，開始進行上述活動。如果有專職的產品經理，就與他們合作，也許你可以協助進行這些活動。

設身處地為客戶著想

為什麼你要花大量時間和精力去了解客戶？這是因為了解客戶如何運作是你找到需要解決的客戶問題的方法。

資深工程師和 Staff+ 工程師的一個關鍵區別是「解決問題與發現問題」。資深工程師和 Staff+ 工程師都被期望解決具有挑戰性的問題，在此之上，Staff+ 工程師還被期望發現值得解決的問題。設身處地為客戶著想是最直覺的方法之一。

如果你不是你正在開發的產品的常規使用者，那就成為一位使用者！這對消費者產品來說更容易做到，特別是那些用以解決問題的產品。例如，當我加入 Skype 時，我本身就會使用該視訊通話服務與朋友聯絡感情，所以本身就是一位使用者了。然而，對某些類型的產品來說，這可能更棘手：

- **B2C（企業對消費者）產品**：當開發一個你不是目標客戶的產品時，註冊並嘗試像客戶一樣使用產品。深度了解目標群體，並始終考量人們會如何使用產品。
- **B2B（企業對企業）產品**：想站在客戶的角度並不容易，但仍值得嘗試。例如，在 Shopify，許多開發人員在平台上開設自己的商店，並列出一些外部使用者看不到的數位產品，以便體驗普通使用者的開設過程。他們還從商家的角度測試購買流程等功能。
- **當客戶是內部人員時**：嘗試使用測試帳戶或其他方式來觀察客戶體驗。這對建立同理心和更接近客戶很有幫助。

參與客戶服務工作。這是站在客戶角度思考的最佳方式之一。閱讀客戶服務工單並接聽客服來電。或者更進一步，與客戶服務人員交談，他們可以總結使用者最常見的問題，並分享客戶情緒隨時間的變化。

深入了解客戶選用產品的原因

「客戶為什麼選擇我們的產品？」這個看似簡單的問題，卻常常讓工程師們難以回答。作為 Staff+ 工程師，掌握這一關鍵資訊至關重要。以下是幾種深入了解的方法：

- **直接與客戶對話**：尤其對於 B2B 等專業市場的產品，親自與客戶交流，或參與銷售、產品、客戶支援等部門的客戶會議，能夠獲得第一手資訊。
- **參與使用者研究**：若公司有進行客戶訪談或意見徵詢，務必把握機會參與。這是深入了解使用者需求和關注點的最佳途徑。
- **廣泛閱讀評論**：不僅要關注使用者的主觀評價，還要留意專業分析師對知名產品的評論，以及可能涉及競爭對手資訊的媒體報導。

誰是你的競爭對手，他們如何運作？他們做了哪些不同的事情，哪些做得更好，哪些做得更差？

追蹤競爭對手通常是產品人員的責任，但我認為 Staff+ 工程師進行這項研究對自己（以及你的產品！）都大有裨益。你可能會發現產品團隊忽

略的技術層面問題，也可能會發現你的產品中競爭對手沒有、而現有指標又未能反映的缺陷。

如條件允許，親身體驗競爭對手的服務。對於消費品而言相對容易，但對於企業級產品可能較為困難。與產品團隊討論他們的競爭對手評估方法，看是否能利用現有帳戶進行評估。

分享你的觀察結果的一個好方法是建立一個「比較文件」，其中包括你的產品和競爭對手。這可以幫助將知識傳播給團隊的其他成員。重點關注以下幾個方面：

- 使用者體驗（UX）比較：以圖像或影片形式展示關鍵流程，如註冊、核心功能操作等。
- 功能對比：列出你的產品與競爭對手的功能和效能參數，進行直觀比較。
- 策略分析：深入探討競爭對手的市場策略，並與公司自身策略進行對比，分析各自的優勢和潛在風險。
- 使用者回饋比較：匯總並分析使用者對你的產品和競爭對手產品的評價，找出共同點和差異。

了解產品的商業價值

為何公司願意投入大量資源開發你的產品？預期的投資回報又是什麼？要獲得這些問題的答案，最直接的方式是向產品經理或工程經理詢問。但切記，不要滿足於表面的回答，要深入探究公司願意投資你的產品和團隊的根本原因。

產品通常可以根據其對業務的貢獻分為兩類：

- **利潤中心**：直接為公司創造收入的產品，如社群媒體公司的廣告部門或投資銀行的前台業務。
- **成本中心**：對業務運作必要但不直接產生收入的部門，如合規、法務和客戶服務部。

我們在第 1 章〈職涯發展路徑〉中詳細討論了利潤中心和成本中心的概念。

要判斷你的產品屬於哪一類，並了解其商業價值，可以思考以下問題：

- 產品的 KPI 和 OKR 如何對應公司的營收、成長和成本目標？
- 產品目前和未來預計能直接帶來多少收入或節省多少成本？
- 產品如何間接貢獻收入或節省成本？例如，其他部門使用產品後提升了多少生產力。
- 產品對拓展客戶群有多大貢獻？
- 產品是否有效降低客戶流失率或提高留存率？如是，具體如何做到的？效果如何？

建立產品的 SWOT 分析

SWOT 分析是一種強大的策略規劃工具，用於評估產品的優勢（Strengths）、劣勢（Weaknesses）、機會（Opportunities）和威脅（Threats）。這不僅能幫助你全面了解產品的競爭地位，還能洞察其在當前市場環境中的潛力和挑戰。

研究這四個領域，將洞察整理成文件，並與你的產品負責人和團隊分享以獲取回饋。這個練習能夠培養你以企業經營者的視角思考問題，深入理解競爭環境。完成後，你將能夠更策略性地看待你的產品，並為其未來發展提供有價值的洞見。

3. 你的公司

身在公司內部是開始理解業務的最佳方式。有許多方法可以了解事物如何運作，接下來讓我們逐一探討。

商業模式是什麼？

你的公司如何賺錢？如何將營收轉化為利潤，並管理成本？如果尚未盈利，達到盈利的計畫是什麼？

在新創公司，長期虧損並需要數年才能實現盈利是很常見的。了解單位經濟效益以及需要達到什麼水準才能使公司盈利，掌握這幾點資訊很有價值。單位經濟效益指的是生產企業銷售的單一產品或服務單位的成本。例如，在 Uber 早期，在新城市中一次行程的單位成本可能是其帶來收入的兩倍。

上市公司的季度業務報表是公開資訊，提供了近期表現的概況。你通常可以在事後獲得最近一次財報會議的錄音或文字稿。評估這些資源，更了解你公司的商業模式以及當前的業務重點在哪裡。

要了解公司如何賺錢，熟悉以下領域會很有幫助：

- 行銷、銷售和消費者行為，特別是在 B2C 公司。
- 企業銷售如何運作，以及在 B2B 公司有何不同。

與產品人員進行一對一會談

產品經理扮演著業務和產品之間的「橋樑」角色。他們對業務有深入的理解，並清楚自身產品如何影響公司的績效和成長。想要培養敏銳的「商業嗅覺」，與這些人進行深入交流是不可或缺的。考慮安排一次非正式的一對一會談會議，向產品人員請教業務如何運作，以及他們的產品如何與公司整體業務策略緊密相連。

與工程和產品以外的人交談

一些 Staff+ 工程師會犯的錯誤是僅與工程和產品團隊互動，忽視了公司其他重要部門。為避免落入這個陷阱，請主動拓展你的交流範圍。

試著與以下人員聊一聊：

- **其他技術領域**：如設計、資料科學、UX 研究、技術專案管理（TPM）等類似領域。資訊安全／安全對大多數產品都非常重要，而法務在開源授權方面可以提供寶貴幫助。
- **你團隊支援的業務領域**：依賴你的產品的業務團隊。這可能包括客戶服務、行銷、財務、人力資源等，具體取決於你的產品性質。

- **企業傳播 / 公關（PR）**：在大型公司中，這個團隊對於撰寫部落格文章、準備會議演講、公開展示團隊成果等宣傳活動非常有幫助。
- **看似無關的部門**：雖然可能不直接相關，但與這些部門的交流可以幫助你了解公司的整體運作、發現工程與其他部門的潛在合作機會，並且拓寬你的視野，建立跨部門人脈。基本上，這是一種建立人脈和學習的機會。

與業務利益相關者進行一對一會談

產品經理通常是直接與對你所開發的產品感興趣的業務利益相關者溝通的角色。他們負責掌握需求和期望，同時向業務利益相關者說明合理可行的範圍，並就開發中的內容與這些人保持順暢溝通。

作為 Staff+ 工程師，你是否需要與業務利益相關者對談呢？若你有一位優秀的產品經理，能夠掌握細節並與這些人建立良好關係，那麼答案可能是「不需要」。產品經理可能已經掌控全局，而你再與業務利益相關者對談可能只會增加不必要的溝通成本。

然而，通常情況下，主動與業務利益相關者會面，並在一對一會議中給予他們你全心全意的關注，實際上是一項極具效益的活動，原因如下：

- 若缺乏這種關係，你將完全依賴產品經理，即使在必要時也無法替代他們的角色。
- 作為工程師，你可以獲得更多未經過濾的業務背景資訊，而非僅透過產品經理獲得經過簡化的細節。
- 透過直接接觸，業務利益相關者更可能在遇到工程相關問題時主動聯繫你，而這些問題可能會被產品經理過濾掉，不與工程團隊分享。

作為 Staff+ 工程師，你需要成為業務的夥伴。但如果你甚至不與業務同事交流，又如何成為一個稱職的夥伴呢？根據經驗，科技公司的業務人員通常都很樂意與 Staff+ 工程師進行一對一會談。這是因為他們常常覺得自己的領域很少或根本得不到工程部門的直接關注，即使他們的工作成果在很大程度上依賴於工程的支援。與 Staff+ 工程師建立連結對於利益相關者本身來說也是有利的。

哪些業務領域值得你進行對話？以下是幾個例子：

- 負責蒐集使用者回饋的客戶服務和營運團隊。
- 可能運用你的產品來爭取客戶或推廣業務的行銷和銷售團隊。
- 根據你的產品指標生成報告的財務團隊。

找出這些團隊——你的產品經理可能會在這方面提供協助。然後，邀請適當的對象，安排一對一會談。主動聯繫並表示你有興趣了解他們的業務領域，以及工程部門如何能夠協助他們。我還沒遇過任何業務部門會拒絕一個想要提供協助並尋求資訊的工程代表！

注意領導層的溝通訊息

當領導層舉行全體會議或寄出全體電子郵件時，請留意他們所說的內容。如果是間接傳達，更要試著弄清楚真正的訊息是什麼。

在 Staff+ 職等，你可能已經習慣領導層以較為間接的方式溝通，需要人們加以解讀隱藏在字裡行間的敏感訊息。例如，即使某個領域將在未來一段時間內降低優先級，執行長也很少會直接說出來。但你可以從以下線索推斷出這一事實：

- 執行長列出的關鍵投資領域中沒有提到該領域
- 他們隨意提到某個領域的同事應該準備用更少的資源做更多的事
- 他們提到節省成本的計劃，並加上類似「這只是第一步，我希望還會有更多」的話

在重大公告之後，與產品經理和工程經理交談，確認你理解了「真正的」訊息。作為 Staff+ 工程師，你要能夠「翻譯」領導層使用的企業語言，這是一種需要練習的技能。

與客戶交談並傾聽

如果你的客戶是消費者或外部企業，想辦法聽取這些人的意見。以下是幾種方法：

- B2C 公司：獲取客戶回饋。這可能來自社群媒體、應用程式商店的評論，以及各種意見回饋渠道。
- B2B 公司：要求旁聽業務銷售電話。
- 自願進行客戶服務，協助分流處理來電並解決其中一些問題。這個被低估的方法是理解客戶挫折感的絕佳方式。此外，你的提議很可能會受到歡迎，因為一般來說，很少有工程師對客服工作充滿熱情。

參與策略討論

作為 Staff+ 工程師，你應該已經在工程策略和規劃討論中有一席之地。然而，你可能不會被邀請參加產品策略和業務策略討論。

但參加這些會議是擴展你對業務理解的絕佳方式。所以請推動這件事發生，主動去旁聽一些會議。與你的經理或產品經理交談，要求參加一個你可以聆聽和學習的會議。他們不太可能拒絕這樣的請求！

參與跨部門專案

獲得更全面的業務認知最簡單的方法就是參與涉及各種工程和業務團隊合作的專案。作為 Staff+ 工程師，你更有機會被指派處理這類專案。

然而，如果你在 Staff+ 工程師階段還未參與過此類計劃，主動尋找機會會很有幫助。以下是一些建議：

- **與主管溝通**：向他們表明你的目標是協助公司和團隊更有效率地運作，這意味著你會優先處理團隊專案，但如果有跨團隊的計劃需要你們團隊協助，你會很樂意參與。根據你與主管建立的信任程度，你可以分享參與跨團隊專案能幫助你在專業上成長，增進你對業務的理解，結識更多人脈，最終有助於你的團隊更好地執行任務。
- **與其他團隊的成員交流**：與其他團隊的工程師同事、產品經理和工程主管交流，擴展你的視野和人脈，這可能會帶來參與他們專案的機會。
- **尋找你可以貢獻的專案**：如果你的公司有徵求意見稿（RFC）或設計文件的文化，關注這些文件並在你擅長的領域提供協助。與其他主管和工程師溝通，當有專案需要你的專業知識時，主動提出協助。

- **指導他人**：如果你指導不同團隊的工程師，你就有機會了解他們面臨的挑戰。在跨部門專案中工作的受指導者可能會遇到困難，而你將從他們的角度了解問題。當然，你不能保證會與這樣的人配對，但指導本身就是一個絕佳的成長機會，作為 Staff+ 工程師，接下這項任務不管怎麼看都是明智之舉。

與你的經理和領導階層進行一對一會談

在與直屬主管的一對一會談中，主動詢問你不完全理解的業務部分。你的主管能夠澄清疑問，或指引你尋找答案的方向。即使是一些經驗較淺的工程主管可能還不完全了解，但獲得對業務更清晰的認知對他們和你都有益處。

與你的跳級經理（經理的經理）和其他工程領袖進行一對一會談。舉例來說，當我在 Uber 工作時，一位負責開發者平台的工程副總裁（雖然我與其合作但不屬於該組織）來訪我們的辦公室，我主動與他安排了一對一會談，以了解更多關於他們團隊的工作。結果發現這位副總裁也想聽聽我們團隊在開發工具方面遇到的困難。我學到了很多關於開發工具如何運作以及如何互相協助的方法。會後，我建議副總裁與我團隊的一位專家工程師進行一對一會談，他們欣然同意。我團隊的專家工程師從那次對話中獲益良多。

後來，當一位經驗豐富的專家工程師加入我們的組織時，他們主動安排了這樣的對話，而不是等待他們的經理來做。事實上，他們與幾乎整個管理鏈以及跳級經理的同事進行了一對一會談，努力了解業務以及工程領導層關心的事項。不出所料，這位資深工程師發現了可以參與的「低垂果實」專案，並找出應該優先處理的專案。

安排專門時間閱讀產品需求文件（PRD）

在科技巨頭和許多成長階段公司中，產品經理撰寫產品需求文件（PRD）作為將業務想法轉化為功能或產品的方式。這些文件通常記錄業務目標和產品的擬議功能。

花時間閱讀與你的業務領域相關的 PRD：當你發現不清楚的地方時提出問題。定期這樣做將幫助你保持與業務方向的連結。了解這個方向將有助於做出架構決策，例如為了支持已經在各種 PRD 中描述的幾個相關產品計劃，此時應該如何演進基礎設施。

如果你的公司沒有撰寫 PRD 的文化或產品經理以書面形式記錄規格的習慣：你就需要尋找其他方式來掌握產品方向，比如與產品團隊成員直接交流。

創造偶然會面的條件

與你不認識的同事聊聊天可能會有意外回報，特別是如果它不會消耗太多時間。以下是幾個點子：

- 如果是在辦公室工作，可以在午餐時坐到你不認識的人旁邊，並試著開啟話題，聊聊你們的工作內容。你也可以在喝咖啡時這樣做。
- 參加內部訓練課程時，努力認識其他參與者。

在這些情況下，我發現了解人們在哪些領域工作，是什麼使該領域與眾不同，以及他們面臨的挑戰，這些事情讓我覺得津津有味。此外，我總是對聽他們如何與科技和工程合作感興趣，以及是否有什麼我可以幫忙的地方。

我發現與公司不同組織部門的人聊天，是一次次打開眼界的經歷，特別是他們的工作方式與軟體工程有多麼不同，以及「重大挑戰」意味著完全不同的事情。

偶然的會面通常不會立即產生太多可行的結果。但只要它們不佔用太多時間，它們應該是有趣的。這樣的機緣會播下未來合作的種子，或與公司業務的不同組織建立聯繫。

為什麼很少有工程師與業務利益相關者會面？

根據我在大型科技公司的工作經驗，以及與其他公司同行的交流，發現工程師主動接觸業務利益相關者的情況相當罕見。造成這種現象的原因可能包括：

- **「我的經理不這樣做,為什麼我要這樣做?」** 在許多情況下,工程主管不直接與業務利益相關者交談,認為這是產品團隊的工作,因此對工程師來說主動交流缺乏激勵。在較為「政治化」的公司,如果主管與工程師之間缺乏信任,主動接觸業務利益相關者甚至可能被認為你在挑戰現有的溝通架構,可能引起管理層的不適或疑慮。
- **缺乏榜樣**。對於從未見過同事主動與業務利益相關者交談的工程師來說,即使他們變得更資深,也缺乏這方面的「效仿對象」。
- **產品領導層未予鼓勵**。當工程主管、產品管理或公司領導層不鼓勵工程師直接與業務合作,或未能強化宣導這種合作案例時,工程師不考慮這麼做也就不足為奇。
- **工程部門與業務缺乏密切合作**。某些公司雖然宣稱工程師以產品為中心或以客戶為導向,但實際上存在隔閡,導致業務與工程缺乏有效的互動管道。
- **公司文化助長孤島效應**。許多公司採用較「傳統」的管理模式,偏好由關鍵人物(通常是主管)蒐集和分發資訊。可能存在非正式和正式的結構,使得個別貢獻者獲取和分享資訊的機會較少。大多數大型科技公司並非如此運作,但令人驚訝的是,許多新創公司隨著規模成長而演變成這樣,這是因為領導層未刻意培養透明文化,也未賦予工程師做決定的權力。
- **工程師缺乏自主權**。在將工程視為「功能工廠」並期望工程師按指示行事的公司中,幾乎沒有自主權。在這些公司裡,工程師被勸阻與業務利益相關者交談,因為這被視為浪費時間。畢竟,產品經理和專案經理已經在做這件事了!

4. 上市公司

如果你在一家上市公司工作,每三個月就有機會了解公司的經營狀況。這就是季度報告週期,包括在發布最新財務結果後與關心人士進行的財報電話會議(法人說明會)。

上市公司必須在季度報告中披露關鍵資訊，領導層會回答分析師和記者的問題。這些電話會議的受眾通常是投資者、利益相關者和媒體，但作為員工，你常常可以找到未在內部傳達的資訊。

出現在季度報告和法說會中的實用資訊：

- **數字**：收入趨勢如何，盈利或虧損情況如何？
- **關注領域**：領導層選擇強調哪些產品、團隊和領域？
- **分析師的問題**：可以預期這些問題會探討領導層在敏感領域的立場。這些領域是什麼，領導層是否給出良好的回應？
- **前瞻性承諾**：增加收潤和減少開支等目標的相關預測可能對你的產品或領域產生什麼影響？

理解借方與貸方、淨收入、現金流和稅息折舊及稅息折舊攤銷前盈餘（EBITDA）等術語的含義，可以幫助你更深入了解公司的財務狀況。如果你將來準備創業或有機會擔任高階管理職位，掌握這些知識後將對你大有裨益。

開始學習的好資源是 Modern Treasury 的《Accounting for Developers》[2]。關於如何思考與看待業務的推薦書籍是 Josh Kaufman 的《Personal MBA》。

5. 新創公司

與上市公司不同，新創公司不需要每季度報告其財務狀況，也不需要面對分析師的尷尬問題。然而，新創公司通常有更高的內部透明度。所以要好好利用！

如果你的新創公司的文化足夠透明，你應該可以接觸到業務指標，並了解事情的進展、成長領域和挑戰。如果不能，那麼請主動詢問這些資訊。對於一個經驗豐富的工程師來說，應該沒有理由不分享這些細節。畢竟，這些資訊有助於改善關於工作重點的決策。

---

[2] https://www.moderntreasury.com/journal/accounting-for-developers-part-i

如果你的新創公司規模小到你可以接觸到創辦人，要好好利用這個機會。不時與創辦人進行追蹤會議，了解他們如何思考業務，以及他們的優先事項和業務目標是什麼。詢問與投資者的關係，以及投資者和董事會的優先事項是什麼，以了解事情的進展情況。

如果你的新創公司正在籌集新一輪資金，詢問是否可以看看投資簡報。它會描述你的新創公司現在的發展階段，以及希望達成的目標。了解這些目標將使你更容易決定對哪些工作說「Yes」，以及哪些工作應該降低優先級。

6. 你所在的行業

作為 Staff+ 工程師，了解你的產品或公司所處的行業或領域是極為重要的。深入認識一個行業是一項浩大工程，實際上永無止境，因為這是一個龐大、複雜且不斷演變的行業。以下是一些可能有助於你了解行業的方法：

- **找出主要參與者和核心產品**。哪些公司和產品是市場領導者，哪些是「新興勢力」？來自 Gartner 或類似來源的行業報告可以在這方面提供幫助。

- **尋找並閱讀專業刊物**。每個行業都有其專門的出版刊物，如網站和雜誌。例如，Skift 是許多旅遊業從業人士閱讀的深度線上雜誌。在創作者經濟方面，The Information 的「Creator Economy」是一個廣受歡迎的資訊來源。找出相關的出版物並決定關注哪些資源。許多高品質的出版物需要付費訂閱，因此可以考慮向你的主管申請，說明訂閱這些刊物有助於跟上行業發展，有助於為團隊和公司帶來長遠效益。

- **密切關注行業動態**。競爭對手是否推出了讓客戶為之雀躍的新功能？或者另一個競爭對手是否正在淘汰某項產品，這可能是吸引其失望客群的機會？跟緊行業新聞，特別是與你的產品領域相關的資訊。畢竟，產品的開發並非獨立於外界，你的產品和團隊必須適應市場變化。透過密切關注行業動態，你得以更快速地做出反應並加以利用。

CHAPTER

22 協作

Staff+ 工程師的大部分工作都涉及與其他工程師、經理、產品團隊、業務相關人士及其他同事的協作。在許多情況下協作並非由你主動發起，而是人們主動來尋求你的協助。

最具挑戰性的專案，其難度往往不在於所需編寫的程式碼。通常，主要的痛點在於與他人合作，這常常讓人感覺像是在「牧貓」——個個特立獨行、難以控制，簡直就像一場不可能的任務。

在與同事協作的過程中，你難免會在某種程度上捲入內部政治，或被認為參與其中。為什麼會這樣呢？因為根據古希臘的一則智慧，人類本質上就是「政治動物」。協作牽涉到在你人際網路中的人們，而你的影響力能為團隊中的工程師創造機會。這是打造成功職涯的一個關鍵因素，同時也是我們著重討論這個話題的動機。本章將涵蓋以下內容：

1. 內部政治
2. 影響他人
3. 與主管協作
4. 與其他 Staff+ 同儕協作
5. 擴展你的人際網路
6. 幫助他人

1. 內部政治

內部政治，或者說辦公室政治，在許多軟體工程師心中觀感不佳。如果一位個人貢獻者（IC）或主管被認為「有政治手腕」或「善於搞政治」，幾乎總是帶有負面含義。這通常意味著某人幾乎不做技術貢獻，而是利用他人來達成自己的目的，有時甚至運用操縱或算計的手段來實現個人目標。

那麼，被視為「有影響力」又是什麼樣子呢？這與「善於搞政治」有很大區別嗎？影響力通常用來描述一位具有強大技術能力的同事，他們同時也擅長為有利於團隊或組織（而非出於私利）的倡議爭取支持。

實際上，政治手腕和影響力常常相伴相隨，儘管我們對「有政治手腕」的同事和有影響力的同事有截然不同的評價。影響力是一種「良性的」辦公室政治形式。這就是為什麼如果你想支持你的團隊並在軟體工程師的職涯中取得進展，被視為有影響力而非善於搞政治的人會更有幫助。

「不當」的政治手腕

「政治手腕」這種標籤之所以名聲不佳，是因為它常常描述被視為自私自利的行為，為了某個人或小團體的利益而犧牲他人。我們應該避免給同事留下這樣的印象：為了自己或「小圈子」的利益而使他人的工作變得更加困難。

當成功主要依賴於非正式的軟實力和人脈關係時，這種情況就顯得格外不妥。我認識的大多數開發人員（包括我自己）都認為軟體工程應該是中立的，根據想法的優劣來客觀評判，這正是許多工程師厭惡辦公室政治的原因。

然而，**觀感確實很重要**。你可能做了一件無私的事，但如果同事們缺乏完整的背景資訊，你的動機反而可能會被誤解是自私自利。

讓我們以一位專家工程師為例。他參與了升職委員會，要決定其團隊中某位資深工程師的薪酬方案，而提案在這位專家工程師未能支持後被拒絕。

人們可能會問：這位專家工程師是否因為沒有提攜團隊成員而顯得自私？他們的動機是什麼？是否有政治考量？誰從中受益？顯然不是那位沒有獲得加薪的資深工程師。那麼，這是否暗示著這位專家工程師間接受益？這類難以回答的問題，如果不在決策現場，很容易導致人們認為他們的同事在搞政治算計。

實際上，委員會成員很可能需要在利益衝突的情況下迴避投票。這位專家工程師很可能就是如此，無法參與關於其團隊成員的升職決策。

然而，人們最容易做出的假設是這位專家工程師出於某種原因破壞了提案，沒有投票支持。這種假設在這個案例中大大誤解了最為關鍵的動機：這位專家工程師藉由拒絕參與他們有直接利益關係的決策，事實上是為了維護更高層次的公正性。

這個例子生動地體現出為什麼在缺乏完整背景資訊的情況下很難做出準確判斷。在實際工作中，人們常常用猜想來填補知識空白。這正是觀感和背景資訊如此重要的原因！

有問題的觀感

自私自利：如果某人被認為只一心在乎自己的專案和工作，那麼他們會因為看起來只專注於個人升職與否而難以結交善緣。誰願意與一個不懂得回報且利用他人來實現個人抱負的人合作或幫助他們呢？

排擠同事：比赤裸裸的自私更糟糕的是，被視為為了升職不惜一切排擠他人的人。例如，一個獨占專案並阻礙他人貢獻以獲得所有功勞的工程師，不應該對團隊成員對自己的負面看法感到驚訝。

固執己見：在討論提案時表現出毫無彈性，一昧堅持自己觀點的工程師，可能被視為在追求私人目的。特別是當他們使用權威而非理性論據時，說些類似「我是專家工程師，我說了算」的話。

兩面派：對不同人說不同或矛盾的話，會給人操弄算計和追求私利的的印象。一旦有人被認為是這樣行事，同事對他們的信任通常會急劇下降。

強行推行己見：亞馬遜常用的一個領導原則是「有主見；敢承擔」。這是鼓勵同事對於無法苟同的決策表達不同意見，但當做出決定之後，就要放下分歧，勇往直前。這種「有異議但承諾」的心態在許多公司都存在。然而，當有人在缺乏共識的情況下卻一意孤行時，這種方法很容易被當成武器。在短期內或「戰時」模式下強行推動倡議可能很有效率，但這種方法很少能贏得朋友。

不信任其他工程師：一些經驗豐富的工程師會將工程工作委託給經驗較少的工程師。這麼做非常好！然而，如果他們發現經驗較少的工程師做事方式不符合慣例，就會收回這些工作。這會造成對同事缺乏信任的觀

感,並可能產生負面印象,導致經驗較少的工程師可能會迴避資深同事尋求建議和指導。

光說不做:一種特殊的政治動物是那些從不寫程式的老鳥工程師。這是一個棘手的觀感問題,因為隨著工程師升職到 Staff+ 職等後,他們被期望做的寫程式工作會大大減少。由於需要處理其他優先事項,他們根本沒有時間親自動手。

儘管如此,那些從不接觸程式碼庫、從不參與值班,並強行推動對工程師產生他們不認同的程式碼變更的 Staff+ 工程師,通常會給人負面觀感,被視為在決策中過於疏離和事不關己。

對不良的政治手腕提供回饋

回饋的重要性不容忽視,因為缺乏回饋通常會使情況每下愈況。「我今天要表現得自私自利,像匹脫離團隊方向的脫韁野馬,並且算計我的同事。」幾乎沒有軟體工程師會帶著這樣的念頭上班。然而,有些人確實給人留下這樣的印象。那麼,究竟是什麼導致了這種情況?

缺乏回饋是有時候工程師被認為在「搞政治」的一個常見原因。而這些工程師往往渾然不覺自己給人這樣的印象!

提供這種回饋確實具有挑戰性。但我認為,作為團隊成員,我們不僅可以而且應該採取行動,幫助他人了解他們的行為如何被其他人看待:

- **如果你與對方同級**:可以直接向他們提供回饋,或向你的主管反映情況。你的選擇將取決於你與當事人的關係。建議在可能的情況下直接給予回饋,但如果彼此缺乏信任,這可能會很棘手。

- **如果你比對方資深**:應直接向他們提供回饋。努力描述具體的行為或事件,並耐心聆聽他們的解釋。如果他們的意圖與行為給人的觀感有所不同,可以建議他們如何調整行為。

- **如果你比對方資淺**:最好向你的主管提供回饋,因為直接給予回饋可能不合時宜。但請記住,聽取你的觀察並決定如何處理,是你主管的職責。

2. 影響他人

聰明的做法是避免給人留下過於熱衷於搞政治的印象。儘管如此，影響工程師和主管的能力通常很重要，同時這本身也是一種「良性」的辦公室政治。以下是一些影響力可以發揮作用的情境：

- **爭取提案通過**：你有一個新系統的提案，相較現有系統有諸多優勢。你深信若其他人能看到這點，此提案將為組織帶來巨大效益。
- **抵制不利於組織的決策**：上層下達了轉移至新系統的指示。然而，你發現新系統存在諸多缺陷，意味著你的團隊要麼必須投入大量額外工作來彌補這些缺陷，要麼客戶將失去某些功能。兩種選擇都不可接受，因此你必須向決策者反映情況。
- **為團隊成員的提案辯護**：你的團隊成員提出了一個很好的提案，但未能獲得支持，包括你主管的支持。你認為這個提案有價值，考慮到其對業務的積極影響，應該在團隊層面討論。你可以運用你的影響力為同事的想法爭取支持。
- **參與重要專案**：你得知另一個團隊啟動了一個新專案，你的專業知識可以幫助他們加快進展。對組織而言，正確的做法是你投入時間在這個新專案上。然而，你無法同時完成當前工作並在新專案上投入足夠時間。因此，有必要說服你的主管，轉移你的工作重心對組織來說是正確的決定。

在組織中擁有強大的人脈以及足以影響人們的影響力，兩者密不可分。一般而言，人們聽從你是因為他們信任你，這意味著你已經付出努力並建立了這種信任關係。但你要如何贏得信任，讓人們願意聽從你呢？在第 12 章〈協作和團隊合作〉中，我們介紹了對資深工程師有幫助的方法。接下來，我們將討論適用於 Staff+ 職等的方法。

累積「信任資本」

許多事情的成敗都取決於「信任資本」。在你的組織中，這種資產的來源可能包括：

- **頭銜 / 權威**：人們會把注意力留給那些擁有專業或權威頭銜的同事，例如首席工程師、傑出工程師、總監、工程副總裁等等。
- **任職年資**：如果某人在組織中工作了很長時間，並且被認為擁有深刻洞察，那麼即使沒有特殊頭銜或權威，人們也會認真對待他們的意見。
- **專業知識**：如果有一位精通 React Native 的工程師加入組織，即使他們缺乏長期任職經驗或權威，人們也很可能會找他們解決 React Native 的相關問題。這一點適用於任何技術領域。
- **業績紀錄**：即使任職時間較短且權威較小的人，如果他們績效卓越，擁有良好的完成任務紀錄，也可能擁有超乎預期的影響力。
- **工作的能見度**：如果你做得很好但沒人知道，那算不算做得好？軟體工程師常犯的錯誤是預設了他們的工作成果會為自己發聲。但現實往往並非如此。殘酷的事實是，當你的主管和團隊成員不清楚你做了什麼、如何做的，以及它的影響時，好的工作就失去了應有的重要性。

想建立信任資本，最行之有效的方式是在長時間內持續完成任務，並在這個過程中建立良好的業績紀錄和資歷。以下是一些可能有助於加速建立信任過程的方法。

另一種有助於理解信任的方式來自前 eBay 產品總監 Anne Raimondi。她將信任定義為可信度、可靠性和真實性的總和，然後除以自私自利的觀感。她在〈Use this equation to determine, diagnose, and repair trust〉（使用這個等式來確定、診斷和修復信任）[1] 這篇文章中分享了更多增加信任的建議。

提問並積極傾聽

邀請同事分享他們的觀點和專業知識，藉此向他們學習。這在你缺乏資訊或專業知識時特別有用，比如剛加入一家新公司時。

我在 Skyscanner 工作時認識的一位資深工程副總裁就是用這種方式融入團隊並進入工作狀態。Bryan Dove 坦白地告訴同事他是目前懂的最少的

---

[1] https://review.firstround.com/use-this-equation-to-determine-diagnose-and-repair-trust

人，透過這種方式為人們設定了「他將會問很多問題」的預期心理。而他確實這麼做了，並積極傾聽回答，提出後續問題並補充評論。Bryan 後來成為了 Skyscanner 的首席技術長，然後接任執行長。

我的觀察是，一開始就問很多問題，這個方法幫助 Bryan 學習得更快，也與工程師建立了信任，他們將他視為一個好奇、平易近人的領導者，而不是一個高高在上、專橫、自以為是的人。

解釋你的觀點

一旦你掌握了事情的運作方式，試著養成向同事表達你對問題領域看法的習慣。你可以在程式碼審查、例行站會、架構／設計討論會議，或在 RFC 等規劃文件中表達觀點。閱讀更多關於 *RFC*、設計文件和 *ADR* 的內容[2]。

在提交 PR 時，請養成習慣，總結你解決的問題、值得注意的邊角案例和超出範圍的項目。如果變更涉及視覺效果，可以考慮搭配圖像說明。

對於初步提案，養成概述以下內容的習慣：

1. 你所觀察到的問題
2. 你偏好的解決方案
3. 「已知的未知」和取捨

在總結時，行文順序可以先從問題開始紀錄，以做出哪些取捨作為結束。你會希望先讓人們對問題達成共識，然後在了解「已知的未知」和取捨的基礎上，對於解決方案的選擇達成一致。

遵循這種方法，你將建立可信度和信任。解決方案是你建議的還是來自他人並不那麼重要。關鍵是選擇最適合的方案。事實上，你通常可以透過不一昧堅持自己的提案，而是鼓勵或支持他人提出的更適合選項來建立更多信任。

---

[2] https://newsletter.pragmaticengineer.com/p/rfcs-and-design-docs

在設計討論會議中表態並解釋你的理由

當你的團隊在討論設計或架構選擇時,請積極參與這個過程。與其像一個毫無關心的仲裁者一樣保持沉默,不如表達你的偏好和理由。這麼做會使你成為一個積極的參與者,也是解釋你思考過程的絕佳學習機會。當然,你需要出現在這些討論發生的場合。請與團隊成員、你的主管或兩者聊一聊來獲得邀請。

親力親為

要與同事建立信任,你需要親自投入工作,同時也要傾聽和解釋。工作內容會因角色、職等和期望而有所不同。盡可能釐清並掌握這些期望,並確保你的產出符合或超過這些期望。

提高工作能見度

與你的主管、團隊成員和相關利益方分享你的工作成果。不妨建立一個工作日誌[3],記錄你完成的任務,並在一對一會議中與你的主管分享,練習習慣分享你工作的業務影響、挑戰和學習體悟。

如果你是一位領導者,考慮每週給你的管理鏈和團隊提供「5-15 Update」[4]。也就是花 15 分鐘寫一份需要 5 分鐘閱讀的文件,總結上述事項。在大型組織中,你會驚訝地發現這些筆記在提高你工作能見度並獲得回饋方面有多麼有用。

主動領導並推動倡議

當你熟悉組織後,尋找機會幫助你的團隊、組織和公司來提升自己。評估為什麼某個機會很重要,制定計劃,並邀請支持者參與。

你可能會發現自己在領導專案[5]。每一個成功領導和交付的專案,都會幫助你建立更多信任並積累信任資本。

---

[3] https://blog.pragmaticengineer.com/work-log-template-for-software-engineers
[4] https://lethain.com/weekly-updates
[5] https://newsletter.pragmaticengineer.com/p/engineers-leading-projects

無私地支持他人

如果你只專注於自己的工作，很難與他人建立信任。同樣重要的是要支持他人，即使看似對你自己沒有直接好處。

當你支持同事正在做或嘗試爭取支持的事情時，在討論、規劃過程中幫助他們，並提供正面回饋。你不需要很高的頭銜才能做到，你只需要保持誠實。

當然，當你不同意某種做法時，也有提供糾正性回饋的時機，但要謹慎行事，盡可能避免在公開場合給予負面回饋。當你是出於善意，想要幫助某人和團隊時，以恰當的方式提供建設性回饋更容易建立信任。

成為更好的寫作者

特別是在大型組織中，寫作在 Staff+ 層級變得至關重要，因為文字內容會被更多人閱讀，而且寫作是你接觸、與之溝通並影響你直接團隊以外工程師的方式。

在大型公司中，寫作的重要性在於清晰表達你的想法，以及使決策經得起反覆檢驗。為了讓人們願意閱讀，吸收觀點，你所寫的內容必須寫得好。你需要抓住人們的注意力，清晰簡潔地解釋你的想法。

透過良好的寫作，你可以擴展你與公司內多個團隊和組織有效溝通的能力。而能夠與你直接團隊以外的人溝通和產生影響，對 Staff+ 工程師來說是最基本的要求。

那麼該如何提高寫作能力呢？這個主題超出了本書的範圍，但你可以在這個線上額外章節中找到實用的例子：

Becoming a Better Writer as a Software Engineer

pragmaticurl.com/bonus-5

3. 與主管協作

Staff+ 工程師與工程經理之間往往存在獨特的互動關係。這是因為兩者通常有相似的影響範圍，但關注點略有不同。下圖是 Staff+ 工程師和工程經理通常如何分配時間的視覺化呈現：

你通常在這三項活動中投入多少時間？

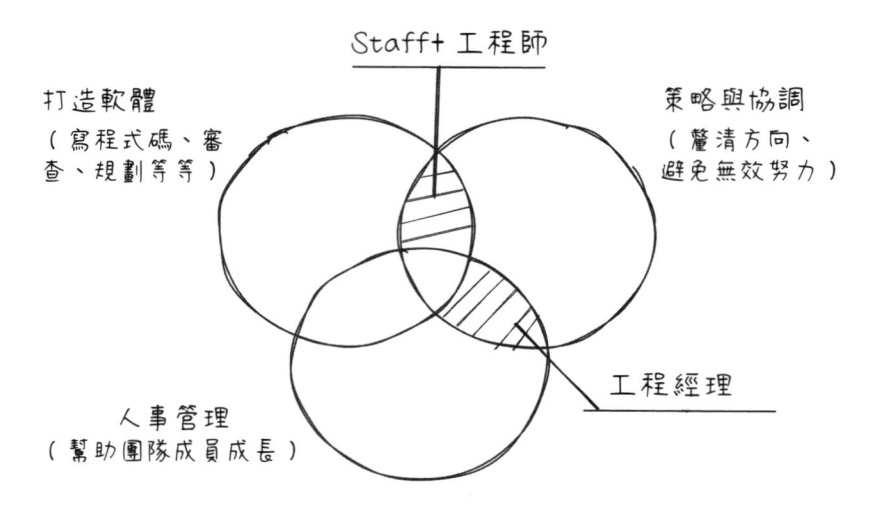

- 打造軟體（寫程式碼、審查、規劃等等）
- 策略與協調（釐清方向、避免無效努力）
- 人事管理（幫助團隊成員成長）

Staff+ 工程師和工程經理通常在哪些領域投入大多數時間

Staff+ 工程師和工程經理都在策略與協調上投入大量時間。因此，與工程經理協作配合這件事無庸置疑，尤其是那些你支援其團隊的主管！

向工程經理明確表達你們站在同一邊。 你支援其團隊的主管（包括你自己的主管在內）應該清楚地認識到，你是在與他們合作，支持他們的團隊。因此，請花時間與他們溝通，了解他們的工作方式，並找出你們如何能夠更有效協作。

避免與工程經理產生衝突。Staff+ 工程師和工程經理都在協助團隊調整方向，保持一致，你可能會遇到你的決策凌駕於另一個主管之上，或感覺某個主管總是凌駕於你之上的情況。如果發生這種情況，就像對待同級的 Staff+ 工程師一樣處理：私下討論，探討你們如何能「同舟共濟」。明智的做法是避免這些分歧在資淺工程師面前表現出來。

與其他主管建立互信關係。你的目標應該是讓其他主管視你為夥伴，反之亦然。實現這一點需要建立信任，並證明你是可靠的。

從與你自己的主管建立信任開始。坦誠地討論責任分配，找出你可以分擔他們工作的領域，無論是協調工程事務、領導專案，還是解決團隊面臨的棘手依賴項問題。向你的主管表明，你的目標是在工程相關事務上成為他們真正的盟友。

4. 與其他 Staff+ 同儕協作

要成為一位高效的 Staff+ 工程師，你不僅需要與團隊、業務相關人士和其他主管有良好合作，同時也要與你的同儕（其他 Staff+ 工程師）建立良好的協作關係。

面對面認識 Staff+ 的同事。如果有機會親自介紹自己，千萬別錯過這個機會！了解他們的工作內容，分享你自己的情況，並討論如何互相協助。這種個人連結可能會產生深遠的影響。如果你是遠距工作，也要努力透過視訊形式建立這樣的關係。

加入或建立 Staff+ 社群。一些公司設有 Staff+ 社群，讓你可以定期與同儕交流。例如，亞馬遜以其強大的首席工程師社群聞名。在早期，所有首席工程師每年都會參加一次外部活動，每週共進午餐，並舉辦全公司範圍的技術講座。

如果你的公司還沒有這樣的社群，至少考慮為你的直接同儕組織一個，而形式可以簡單如定期舉行討論分享會。這樣的社群對所有 Staff+ 工程師都有幫助，因為擔任這個職位角色的你或組織中其他人都會提出許多問題。你可以參考亞馬遜的做法[6]，獲得組織活動的靈感。

要注意，與不同的 Staff+ 角色原型互動時，有著不同的協作方式。工程總監暨作家 Will Larson 在他的著作《Staff Engineer》和《An Elegant Puzzle》中歸納出四種專家工程師的角色原型[7]：

---

[6] https://pragmaticurl.com/amazon-principal-engineers
[7] https://staffeng.com/guides/staff-archetypes

- 技術負責人（Tech Lead）：指導特定團隊的方法和執行
- 架構師（Architect）：負責關鍵領域的方向、品質和方法
- 解決者（Solver）：深入複雜問題並找出前進路徑的人
- 右手（Right hand）：借用其工程總監的範疇和權限在高度複雜的組織中運作

與領導專案的技術負責人合作，其協作方式完全不同於與架構師或右手型專家工程師。因此，首先要釐清自己可能屬於哪種 Staff+ 角色原型，以及你可以與哪些其他 Staff+ 工程師保持一致。

5. 擴展你的人際網路

建立一個相互信任的人際網絡，對於找到盟友和發揮影響力至關重要。以下是一些擴展人脈的方法。

為自己尋找組織內的導師

即使身為 Staff+ 工程師，你仍應尋找可以學習的對象。這些人可以在你需要時成為顧問或盟友。他們不一定要是工程師，也可以是工程領袖，或者來自產品部門，甚至像首席技術長這樣的領導高層。

指導可以是非正式的，例如與資深同事一起合作專案。有些組織也會提供正式的指導計劃。

參與跨團隊專案

建立人脈最有效的方法不是「刻意社交」，而是與其他團隊的人長期共事。這種機會在共同專案中自然產生。對 Staff+ 工程師來說，這類專案通常是工作的一部分。如果沒有，就主動尋找參與的機會！

與他人合作時，努力抽空更深入地了解他們。你可能會建立起比任何專案都更長久的聯繫。

參加內部訓練

在大公司，內部訓練是一種被低估的建立人脈方式，尤其是主管的管理訓練和實體課程等活動。

我在 Uber 時，托訓練課程的福認識了許多非技術領域的主管。與他們交流讓我了解其他業務部門的運作方式。我還建立了一些人脈，之後可以與他們保持聯絡，交流想法。整體而言，內部訓練能夠將興趣相近的人聚在一起，提供共同經驗，為進一步交流奠定基礎。

認識團隊外的人

在公司活動和異地活動中主動與同事交流，如果你在辦公室工作，不妨把握午餐時間多認識其他人。善用員工資源小組，參與跨部門的計劃。你認識的團隊外的人越多，就越有可能建立持久的人際關係。隨著你在職場上不斷升職，這些關係會變得越來越重要。

人脈與影響力相輔相成

想要發揮影響力，首先要贏得人們的信任。這需要透過完成任務和幫助同事來實現。

你的人脈網路對職涯發展的助力遠遠超過眼前的工作範圍。你信任的人未來可能在其他公司為你提供介紹和引薦，或幫你獲得未公開職位的面試機會，甚至跳過初步面試。

建立強大的人脈需要多年時間，這是長期積累善意、信任和投入專業工作的成果。從現在開始建立強大網路的最佳方式是幫助他人、做好本職工作，並打造一個能夠完成任務、樂於助人，並善用影響力的良好聲譽。

6. 助人為樂

身為 Staff+ 工程師，你是組織中經驗最豐富的工程師之一。你擁有知識和影響力，能夠切實幫助同事。因此，請善用這些優勢！

指導他人

指導的核心在於引導他人、分享知識,並協助他們成長。作為 Staff+ 工程師,你擁有的豐富經驗可以加速他人的成長。指導不必是正式的,它可以非常簡單,比如主動協助新人快速融入工作。

養成幫助他人成長的習慣,並且不求回報,你將提升自己的教學和表達能力。長期持續指導和幫助他人,你能夠建立起良好口碑,成為資深及以上工程師尋求建議的對象。

第 12 章〈協作與團隊合作〉中,以及在〈Mentoring software engineers〉(指導軟體工程師)[8] 一文中詳細討論了指導的相關內容。

提攜後進

提攜比指導更進一步;它意味著為某人發聲,並運用你的地位促成他們的職涯發展。

作為 Staff+ 工程師,你的影響力觸及涉及主管和業務相關人士。你不僅可以,而且應該運用這種影響力來提攜那些你能協助職涯發展的工程師。這可能包括以下幾個方面:

- **表揚傑出貢獻**:當你發現某位工程師表現卓越,遠超職責要求,但其主管似乎未察覺時,你可以選擇提攜這位同事,提升他們工作的能見度。例如,邀請他們在團隊會議上分享專案經驗。

- **力薦升職**:若你認為你提攜的人已具備更高層級的能力,卻未被考慮提拔,你可以與其主管及其他相關主管溝通,強調這位同事已準備好迎接下一階段挑戰,並表達你的支持。

- **創造參與機會**:當你參與複雜專案的規劃時,你可能有能力獨自處理,但若意識到這對你提攜的同事而言是難得的學習機會,不妨邀請他們加入,讓他們能參與關鍵決策並有所貢獻。

---

[8] https://blog.pragmaticengineer.com/developers-mentoring-other-developers

- **為專案爭取機會**：在與你的主管討論專案領導人選時，你可以為你提攜的人爭取領導角色。若主管有所疑慮，可以提議你從旁協助，確保專案順利進行。
- **在關鍵場合發聲**：作為 Staff+ 工程師，你可能會參與一些閉門會議，如績效評估會議。在這些場合中，務必確保你提攜的人的貢獻和成就得到應有的認可。

指導和提攜常常相輔相成。一位工程師的導師隨著時間過去，自然而然地成為他們的提攜者是常見的情況，但也可以在不成為正式導師的情況下提攜他人。

CHAPTER

23 軟體工程

作為一名 Staff+ 工程師,你的職責不僅包含資深工程師的工作,還涵蓋更多層面。你通常需要負責團隊的工程進度、交付品質,以及自身的表現——甚至常常要對其他團隊或整個部門的產出負責。

由於你的資歷較深,你可能會被期望提升與你合作的團隊的執行速度和工程品質。在本章中,我們將探討有助於實現這些目標的方法,包括:

1. 你仍需要進行的程式碼工作
2. 有益的工程流程
3. 快速迭代的工程實踐
4. 提高工程師效率的工具
5. 合規與隱私
6. 安全開發

我想說的是,在軟體工程領域中並不存在「萬靈丹」,也沒有放諸四海而皆準的同一套方法。

但某些方法確實往往能在各種情況下發揮良好效果。作為一名 Staff+ 工程師,你能做的最好的事就是熟練運用這些方法,擴充你的工具箱,並學會在適當的時機運用合適的方法來幫助你的團隊。

1. 你仍需要進行的程式碼工作

Staff 或更高職級的工程師,應該花多少時間編寫程式碼?這個問題沒有標準答案,但有一點無庸置疑:你還有許多其他事情需要處理。沒錯,你應該留出時間編寫程式碼,但時間長度比你想像的還少一些。

密集突破

首先，接受你無法像以前那樣經常編寫程式碼的現實。但要安排時間（理想情況下每隔幾週）讓自己親自動手。如果能配合專案開始或其他關鍵階段，安排一個特定時間段，密集進行程式設計（coding in bursts）通常能發揮極佳效果。在不編寫程式碼時，透過參與審核和提供回饋來保持對這項優先任務的專注。

這種密集突破式工作也能很好地提醒你，為什麼有時需要推掉一些非程式碼編寫的相關任務，以便騰出時間編寫程式碼。

在集中突破期間進行結對程式設計

不要猶豫是否要組隊，尤其是當這可能對其他開發人員有益時。在進行結對程式設計時，不要主導一切，而是適時引導你的搭檔朝正確方向前進。這種方法比直接主導並以「正確」方式完成任務要花更多時間，然而適時的引導有助於提升搭檔的能力，進而提升團隊的技術能力水準。這就是結對程式設計是一種高槓桿活動的原因。

將編寫程式碼視為指導、輔導和以身作則的機會。當你集中精神編寫程式並進入「心流」狀態時，你可能會享受這種終於只有你和電腦的時刻。這種感覺很棒，但如果你在這段時間匆忙寫完程式，然後提交一個草率、半成品的 PR，而且沒有附上測試，你的隊友很可能會注意到。如果你的技能有點生疏，或者你趕時間想快速完成，這種情況可能會發生。

別忘了，你寫的程式很可能會送去程式碼審查，這往往是工程師們的學習機會。因此，請用心建立一個說明文件完善、清晰的 PR，成為一個好的參考範本。

你寫的程式碼品質很重要，因為初級同事們常常會以 Staff+ 職級的人為標準，將他們的程式碼作為學習和借鑒的榜樣。如果團隊看到你的工作品質標準較低，這就會為其他地方降低標準提供了合理化藉口。畢竟，如果連 Staff+ 工程師都能這樣，為什麼其他人不行呢？

這就是為什麼要認真編寫程式碼的原因。這意味著當某件事完成時，它被「確實完成」了──我們在第 11 章〈完成任務〉詳盡介紹過的要點。以身作則有助於改善團隊的工程文化。

投入困難的專案

如果你因為跨團隊工作而感到壓力大，你可以專注於「救火」，這意味著在最需要幫助的團隊中參與寫程式、結對程式設計和程式碼審查。

需要幫助的團隊可能是那些在關鍵專案上即將或已經落後的團隊。這種方法雖然是被動的，但有時卻是影響最大的，只要團隊不會將你的介入視為「海鷗式管理」──即某個高層突然介入團隊，對其工作「拉屎」（例如提交一個權宜之計而非可持續解決方案的程式碼），然後又迅速離開。

適應團隊的風格

你很可能會與多個工程團隊合作，或被要求加入某個團隊以協助完成重要專案。到目前為止，你可能已經有了自己獨特的工作方式、偏好的程式設計風格、流程、命名規則和工具。當你並非深度嵌入某個團隊時，應該以適應團隊為目標，而不是試圖重塑團隊，要求人們適應你的作風。

如果你能順利適應並幫助他們改進實踐，同事們會更加尊重你。理想情況下，這些改進應該來自團隊成員自己，他們因你的支持而感到有能力做出明智的改變。

策略性思考

在進行程式設計時，明智地選擇你要承擔哪些工作。作為最有經驗的工程師之一，你了解多種策略性程式設計方法，可以從中選擇，例如：

承擔程式設計任務中具有挑戰性的部分，並在解決問題時以身作則；平衡效率、品質和可維護性。

你可能會遇到更複雜的工作和問題，這些問題需要深入的領域專業知識，例如理解相關系統如何運作，或團隊中缺乏深入技術專業知識的領域，如低層級效能優化。

承擔具有更廣泛影響的程式設計工作。有些程式設計任務比其他任務更具策略性。以下是一些可能產生廣泛影響的例子：

- 提交一個新增框架的 PR，以及展示其使用方法的幾個 PR。這些使用框架的例子可以證明它按預期運作，並為同事提供可以遵循的範本。
- 新增一種新型的自動化測試；例如，新增整合測試或 UI 測試。這可能涉及編寫測試並設定 CI/CD 系統，使其在每次 PR 和部署時執行。
- CI/CD 的變更或改進。例如，在每個 PR 上新增一個程式碼風格檢查工具，或更改 CI 伺服器以在 PR 的測試程式碼覆蓋率低時發出警告。
- 改進工程團隊的工具。這可能涉及建立和分享一個工具，用於自動化繁瑣但必要的開發任務，如推出功能標誌、進行部署或回滾變更。

參與專案的早期程式設計階段，然後為他人騰出空間。專案的早期階段是做出正確決策最關鍵的時候，如設定架構、建立程式碼結構、確保按約定編寫測試，以及確保監控和日誌記錄符合約定的參數。

在這個階段，直接透過編寫程式碼、結對程式設計和透過程式碼審查提供回饋，是一種非常明智且實際的方法。

在有限制的時間內進行更具創意的程式設計。安排一個不受打擾、可集中精神的程式設計時間，你需要在這段時間內進入「心流」狀態。然而，同樣聰明的做法是蒐集資訊，了解如何最有效地善用你有限的程式設計時間。是否有方法可以提高團隊的效率？是否有複雜的障礙需要解決？和其他同事一起結對程式設計是否會更有幫助？

你很少會有充足時間寫程式，所以更要充分利用你所擁有的寶貴時間！

2. 有益的工程流程

哪些方法可以提升團隊的軟體工程品質？歸根結底，世界上不存在一種適用所有團隊的「通用」方法論，不論其技能組合、經驗或限制如何。然而，某些方法和流程通常會有所幫助，我們將在此探討這些方法。

定義「完成」

「完成」意味著什麼？這聽起來像是個簡單的問題，但所有團隊成員對此是否有相同的答案？在許多情況下，每個人對「完成」的定義略有不同。自動化測試是「完成」的一部分還是額外的加分項目？面向使用者的功能的無障礙性呢？持續更新說明文件是否也落在完成的定義之內？

對於一個被認為交付品質低劣的團隊來說，明確定義「完成」的意涵並取得團隊共識，可以帶來顯著的改進。當你在這樣的團隊工作或協助改善執行品質時，可以考慮以下練習：

安排一場討論會，讓團隊成員各自描述「完成」對他們意味著什麼，然後討論出一個彼此都認可的定義。你可以使用便利貼、數位白板或讓人們記筆記來完成這個練習。在討論開始前，明確告知人們這場會議的目標——也就是針對高品質工作中「完成」的最低標準達成共識。讓每個人都有發言權，並促成一致共識。一旦「完成」有了定義，就將其寫下來。恭喜你們；團隊成員現在已經設定了自己的標準，並有了一個可以讓彼此負起責任的目標。

這通常被稱為「完成的定義」（Definition of Done，DoD）。它會隨著團隊的發展而演變，並可能隨專案而改變。當面臨外部截止日期的壓力時，概念驗證（POC）的 DoD 會與為長期可維護性而建立的專案之 DoD 不同。

程式碼風格指南

對於缺乏經驗的團隊，清晰的程式碼風格指南有助於減少許多關於如何格式化程式碼以及遵循哪些慣例的爭論。你需要設定規範，並提供一種方式讓成員可以提出修改建議。

「落實」程式碼風格指南最明確的方式是，設定一個程式碼風格檢查工具來檢查這些規則，然後將此工具與持續整合（CI）系統連結。當程式碼未遵守相關規則時，可以考慮使用一些措施阻止 PR 被合併。

幾家公司開源了他們的程式碼風格指南。以下是一些可供參考的例子：

- Google 的風格指南 [1]
- Airbnb：JavaScript 風格指南 [2] 和 Swift 風格指南 [3]
- GitLab：前端風格指南 [4]

程式碼審查

一個良好的程式碼審查流程，能夠即時回饋並提供有幫助的評論建議，往往能夠提升程式碼品質，並使一個成員資歷有深有淺的團隊在整體上能夠更快地前進，因為這些審查可以在程式碼進入生產環境之前發現問題。

作為最有經驗的工程師之一，你處於察覺程式碼審查動態的絕佳位置。在第 12 章〈協作與團隊合作〉中，我們詳細介紹過良好程式碼審查的特徵。留意這些動態，並找出方法來引導工程師進行更好的程式碼審查。一個顯而易見的方法是以身作則，塑造良好的程式碼審查文化。另一種方法是對其他人的程式碼審查給予回饋；稱讚優秀的部分並指出工程師如何改進。

提交後程式碼審查

對於經驗豐富的團隊來說，程式碼審查反而阻礙工作流暢性，變相降低生產力。這些團隊的程式碼審查往往較少針對程式碼本身，而更多地關注於分享對所做變更的理解。

---

[1] https://google.github.io/styleguide

[2] https://github.com/airbnb/javascript

[3] https://github.com/airbnb/swift

[4] https://docs.gitlab.com/ee/development/fe_guide/style

顧名思義，提交後程式碼審查發生在程式碼提交之後。軟體工程師 Cindy Sridharan 在〈Post-commit reviews〉（提交後審查）[5] 一文中詳細分享了她的經驗：

> 「在許多方面，提交後審查提供了兩全其美的方案：開發者的速度不會因等待批准而犧牲，而合理的疑慮也能在開發者的後續提交中及時得到解決。
>
> 雖然提交後審查有一些注意事項（中略），但提交後審查可以讓開發者在開發功能時快速迭代，同時保持他們的變更小而精簡。」

提交後程式碼審查並不一定意味著審查發生在部署之後。事實上，提交後程式碼審查在部署不一定連續，而是定期進行版本構建的團隊中效果最好。它們在高度信任的環境中最為有效，這些環境通常（但並非總是！）是由長期任職且資深程度高的團隊組成。投注心力於自動化以期捕捉明顯問題的團隊也往往更能從這種方法中受益。

讓我們以 Sridharan 的這番話來結束這一節，她是長期實踐提交後程式碼審查的專家：

> 「在開發者生產力和高品質程式碼之間尋求平衡永遠是一項具有挑戰性的任務，需要明智的選擇和取捨。無論是哪種形式的提交後審查，都可以提高開發者的迭代速度。
>
> 像所有好東西一樣，它需要時間和投資才能做好，但對於試圖提高開發者生產力的團隊或組織來說，這絕對是值得探索的途徑。」

自動化測試和生產環境測試

自動化測試已成為大多數科技公司的標準實踐。這種方法的效益通常遠超其所需投入的時間和資源。仔細觀察你合作團隊的測試策略，評估加強測試工作是否能促進團隊更快速地交付高品質的成果。若你認為答案是肯定的，那麼你就站在一個理想的位置，可以主導並推動測試方法的優化和革新。

---

[5] https://pragmaticurl.com/post-commit-reviews

我們在第 14 章〈測試〉中詳細地探討了自動化測試方法，包括生產環境測試。

建立新服務和組件的骨架

工程師如何建構應用程式的新服務或組件？一種高效方法是使用強大的骨架系統，這可以大幅提升生產力。缺乏這樣的系統可能會導致效率下降，因為工程師不得不「重新發明輪子」，而每個服務都會有略微不同的配置、依賴關係和程式設計風格。

大多數開發者入口網站都提供定義軟體模板或骨架的功能，原因很簡單：易於使用的骨架系統能夠顯著提升開發者的生產力！

如果你觀察到工程師在專案初期經常從零開始設置服務或組件，不妨考慮定義一套建立骨架的方法。這可以簡單如連結到 wiki 頁面的專案模板，也可以是複雜如為各種用例建立骨架的複雜程式碼產生器。

推出策略和實驗管理

你的合作團隊如何執行功能推出及安全地進行配置變更？面對重大推出，是否制定了回滾計劃？這些回滾機制中，有多少是自動化的？

如果推出過程常常引發錯誤和系統中斷，那麼為推出、回滾和自動化回滾制定完善的計劃可以大幅提高系統可靠性。舉例來說，若團隊頻繁使用功能標誌進行實驗，過時的功能標誌和實驗可能會累積成技術債。一個充斥著大量功能標誌（其中許多已成冗餘）的程式碼庫，相比於一個精簡的、已移除無用標誌的程式碼庫，無疑更難以維護且更容易引入風險。

良好的實驗管理涉及及時清理已完成目的的功能標誌。那麼，你的合作團隊如何處理這個問題？有些團隊會在實驗結束後建立後續任務來移除功能標誌，但這類任務容易被忽視。另一種方法是開發自動化工具來捕捉不活躍的功能標誌。更進一步，你可以構建一種自動產生 PR 的工具，

供工程師審查並建議移除過時的標誌。Uber 的 Piranha[6] 工具就是一個典型例子，它能根據標誌的預期永久行為自動重構程式碼。

系統健康狀態儀表板

如何評估你團隊負責營運的系統健康度？最直接的方法是利用一個視覺化儀表板，呈現團隊的關鍵業務和系統指標。這樣設計的目的是讓工程師能夠一目了然地判斷系統是否處於健康狀態。

檢視一下你合作的團隊，他們是否已經配備了這樣的儀表板？如果沒有，值得深入了解其中的原因。值得注意的是，儀表板的設計並無一成不變的規則，關鍵在於它能為團隊提供有意義的資訊。如果這個儀表板同時能讓其他利益相關者理解，那更是錦上添花，但這並非必要條件。如果你發現團隊尚未建立儀表板，那麼現在就是著手建立的好時機！

想要更深入地了解應該監控哪些內容，可參考本書第 25 章〈軟體架構〉中提供關於定義監控內容的建議。

3. 快速迭代的工程實踐

作為 Staff+ 工程師，你的目標應該是提升你所合作的工程團隊和其他工程團隊的效率。高效的工程團隊懂得運用多種工具和流程。我們將介紹其中的一部分。

持續整合 (CI)

持續整合（CI）指的是透過提交 PR 頻繁地將你的程式碼整合到主幹。每次開啟 PR 都會觸發一個自動化構建（build），通常包括以下步驟：

- 編譯並構建專案
- 執行靜態分析測試和程式碼檢查
- 執行單元測試、整合測試和其他自動化測試

---

[6] https://github.com/uber/piranha

- 執行進一步的自動化作業，如安全檢查或自訂規則

CI 的好處是能夠快速獲得回饋，並比沒有 CI 時更早地檢測到回歸問題。

所有 CI 系統面臨的最大挑戰之一是將自動化測試的執行時間縮短到理想的幾分鐘內。如果工程師開啟新的 PR 但必須等待超過 30 分鐘才能得到回饋，這就不是一個即時的回饋週期。

使 CI 自動化快速執行的挑戰在大型程式碼庫和測試數量眾多的情況下尤其棘手。以下幾種方法可以幫助加快速度：

- 將程式碼模組化並快取未改動的構建工件
- 拆分測試套件並在多台機器上平行處理
- 只在 CI 中執行一部分測試套件，稍後再執行完整的測試套件
- 只執行測試變更的程式碼，稍後再執行完整的測試套件

持續部署 (CD)

持續部署（CD）更進一步，將批准的程式碼變更直接部署到生產環境。CI 和 CD 通常是相輔相成的一套機制，因為如果沒有持續整合，持續部署也沒有太大意義。

進階的自動化部署實踐對大型系統通常很有價值，這類實踐包括：

- **自動化分段部署程式碼變更**：即使所有自動化測試都通過了，對大型系統部署變更仍然有風險。對於後端系統，可以使用金絲雀方法將新程式碼部署到一小部分伺服器。CD 系統會持續監控系統的健康指標，只有在指標健康的情況下才繼續部署。
- **自動回滾**：當系統在推出變更後檢測到不健康的指標時，它會自動回滾上一次部署版本，並向團隊發送警報以進行調查。

CI 和 CD 系統為工程師提供快速回饋，並透過自動化測試和部署步驟減少錯誤。CI/CD 是大多數科技公司的標準實踐。然而，CI/CD 系統也有缺點：

- **需要時間設置**：初始設置需要投入不少時間和精力，無法立竿見影。

- 緩慢的構建和測試：如果 CI/CD 流程很慢，那麼工程師會花費更多時間等待測試執行，這不是一個好的開發者體驗。
- 維護成本：健康的 CI/CD 系統需要維護。隨著更多程式碼的加入，構建和測試會變得更慢。如果測試套件耗時很長，可能會拖慢開發者的速度。

基於主幹的開發

這是許多科技公司常用的策略，所有工程師都在程式碼庫的單一共用分支（通常稱為「主幹」、「主分支」）上工作。這與在長期分支上工作，並且不頻繁地合併到發布分支的做法相反。

基於主幹的開發有幾個優點：

- 單一事實來源：「主幹」是在生產環境中執行的程式碼，所有工程師都在其上進行開發。
- 更頻繁的提交：為了與主幹保持同步，工程師會頻繁地向其提交。
- 持續整合：基於主幹的開發需要設置 CI 以確保主幹的健康狀態。
- 功能標誌：在基於主幹的環境中，團隊仍然希望對功能進行分段推出。在缺少可以存放這些功能的長期分支的情況下，功能標誌往往是顯而易見的選擇。

基於主幹環境的最大缺點是需要在建置工具和 CI/CD 上投入更多資源。合併到主幹的頻率更高，版本構建的頻率也隨之提升，這可能會對構建系統造成壓力。因此，提高構建吞吐量並縮短構建時間變得至關重要。

採用基於主幹開發策略的公司通常會設立一個平台團隊，該團隊至少部分負責管理建置工具。隨著在程式碼庫上工作的工程團隊規模擴大，這個問題的複雜度也會相應增加。

功能標誌

控制程式碼部署的一種常見方法是使用功能標誌。這個功能標誌可以被執行新版本程式碼的一部分使用者啟用。

功能標誌的實作相當簡單，例如對於一個名為「Zeno」的假想功能，作法如下：

```
if( featureFlags.isEnabled("Zeno_Feature_Flag")) {
        // New code to execute
} else {
        // Old code to execute
}
```

功能標誌在以下情況下尤其常見：

- 基於主幹的開發：功能標誌是將尚未準備好上線的功能提交到程式碼庫的最可行方式。
- 原生行動和桌面應用程式：這些應用程式向終端使用者發送二進制程式碼。功能標誌可以透過切換，決定要執行哪些部分的程式碼。
- 具有實驗文化的公司：功能標誌是保護和控制實驗的首選方法。

我們在第 17 章〈發布到生產環境〉詳盡探討了功能標誌。

單一存放庫

單一存放庫（monorepo）是指整個平台的所有原始碼都儲存同一個、大型的儲存庫。舉例來說，某個單一存放庫用來儲存所有 Go 程式碼，另一個則用於儲存所有 iOS 程式碼等等。這是 Google、Meta 和 Uber 等大型科技公司採用的方法。

單一存放庫的規模是其最大缺點，因為它可能變得異常龐大，以至於在單個開發者機器上查看程式碼庫相當耗時，對於非常大的程式碼庫來說甚至是不可能的。工具則是另一個挑戰，大多數原始碼版本控制系統的供應商對規模較合理的儲存庫能提供更好的支援。

然而，有了專門的工具，在單一存放庫中開發往往會更加高效。這是因為依賴關係更清晰，重構更簡單，而且更容易編寫涉及儲存庫中多個組件的整合測試。一旦工程師理解了其結構，也會更容易探索整個程式碼庫。

大多數科技公司最初為每個主要專案設立單獨的儲存庫。隨著公司的成長，自然會考慮轉向單一存放庫，以提高開發者的生產力和體驗。

微服務 vs. 單體架構

微服務架構將應用程式構建為一組鬆散耦合、可獨立部署的服務集合。這些服務可以很小，被稱為「微服務」。單體架構則相反，所有功能都集中在同一個程式碼庫，並作為一個整體執行。

單體應用還是微服務架構，那一種方法更適合公司的爭論始終存在。這兩種方法都有各自的取捨，也有公司成功採用每種方法的例子。例如，Shopify 因堅持使用單體應用程式設計而聞名，用超過 200 萬行 Ruby 程式碼[7]支撐公司的核心，而 Uber 則走上了微服務的道路，使用並管理了超過 2,000 個服務[8]。

模組化單體和具有更模組化結構的微服務似乎是融合了兩種方法優點的務實選擇。而隨著公司的成長，兩者的痛點都變得更加明顯：

- 以單體架構來說，程式碼庫變得龐大，考慮到程式碼庫所有部分的緊密耦合，總是牽一髮而動全身，進行程式碼更改可能變得更加困難。
- 至於微服務，它們的數量激增，可能更容易意外破壞那些對正在修改的服務有隱含依賴關係的其他服務。

採用單體方法的公司最終會將其單體架構模組化，這樣工程師就可以在更獨立的小部分上工作。這是 Shopify 採取的方法[9]。

採用微服務方法的公司，最終會引入如何以更合理的架構，歸納和組織微服務的指導規範。這是 Uber 採取的方法，將數千個微服務歸納成幾十個稱為「領域」的集合。

4. 提高工程師效率的工具

有幾種工具可以提高工程團隊的效率，特別是在大型科技公司。認識並學會使用這些工具很有幫助，因為它們可以緩解開發者生產力的痛點。

---

[7] https://shopify.engineering/shopify-monolith
[8] https://www.uber.com/blog/microservice-architecture
[9] https://shopify.engineering/shopify-monolith

服務目錄

在由團隊建立服務或微服務的公司中,「服務蔓延」是一個日益嚴重的問題。隨著團隊和服務數量的增加,回答以下問題變得越來越困難:

- 是否有執行 X 功能的服務?
- 誰擁有 Y 服務,值班調度表在哪裡?
- 我如何讓我的團隊熟悉這個服務?

想回答這些問題,最明顯的方法是使用服務目錄(service catalog)。這是一個平台系統,團隊可以在其中註冊他們的服務,方便工程師對這些服務進行搜尋。幾家大型科技公司建立了自己的服務目錄,但越來越多的公司選擇採用開發者入口網站,它將服務目錄作為一種功能,提供開發者使用。

程式碼搜尋

搜尋整個程式碼庫有多容易?你公司的程式碼庫搜尋方法是否提供:

- 搜尋整個程式碼庫
- 支援正規表達式
- 支援交叉引用,可以點擊各類別以查看定義
- 速度

二十多年來,Google 一直有一個團隊致力於建立和維護一個先進的程式碼搜尋工具。這家搜尋巨頭意識到,高效搜尋程式碼庫對工程師來說極其重要,能夠大幅提升工作生產力,其「Code Search」產品支援上述所有用例和更多功能。

GitHub 和 GitLab 等版本控制系統供應商在程式碼搜尋方面也提供一定程度的支援。Sourcegraph 是一個更知名的供應商,旨在建立與 Google 同等能力的程式碼搜尋工具。

考慮到能夠高效搜尋原始碼是多麼有價值，一些公司對此不予考慮是有點奇怪的。作為 Staff+ 工程師，值得花時間了解你的公司在這方面的立場，並思考改進程式碼搜尋是否可整體提高工程效率。

開發者入口網站

最知名的開源開發者入口網站是 Spotify 開發的「Backstage」。它被建立為解決公司在擴展到數百個團隊、許多服務以及日益分散的專案設計方式時遇到的種種痛點。

Backstage 由幾個組件組成：

- 軟體和服務目錄，用於追蹤服務、網站、函式庫、API 和其他資源。團隊可以在目錄中註冊他們的資源，供工程師查找。
- 軟體模板，用於搭建新的 API、網站、服務或其他組件。工程師可以建立易查找的模板，因此複雜的操作可以透過幾次點擊就能執行。
- 技術文件：工程文件的維基頁面。
- 外掛程式：入口網站是模組化的，可以從中央目錄安裝外掛程式。工程師也可以建立新的外掛程式。

Google、Meta、亞馬遜和 Uber 等大型科技公司都有自訂的開發者入口網站。在其他公司，採用現有的開發者入口網站（如 Backstage 或其他替代方案）變得越來越普遍：要麼是開源的，要麼向供應商購買。

雲端開發環境

軟體開發的預設方式一直是在本機進行，而不是使用雲端。以下是使用本機開發環境的步驟：

1. 安裝你使用的整合開發環境（IDE）
2. 檢出程式碼
3. 安裝依賴項
4. 為專案安裝額外的工具或 IDE 擴充功能
5. 編譯、測試和本機部署程式碼，可能需要設定自訂步驟

6. 在本機執行和偵錯程式碼。也可以選擇設定自訂步驟

隨著程式碼庫越來越龐大，大型科技組織的開發者生產力可能會以幾種方式下降，例如：

- 由於規模龐大，檢出程式碼庫需要超過 10 分鐘。
- 建置程式碼耗時過長
- 執行測試需要超過 10 分鐘
- 設置開發環境是一個複雜且容易出錯的過程
- 時不時地，軟體工程師在建置／測試／部署時會遇到困難，因為他們的本機環境與大多數其他人的不同
- 相對簡單的 git 操作（如 git status）需要超過 10 秒

當速度變慢時，雲端開發環境（CDE）不失為一個有趣選項。CDE 提供了本機環境所不具備的好處，包括：

- **更短的回饋循環**：建置更快，測試執行也更快。例如，當 Uber 建立雲端開發環境時，複雜的版本建置速度提高了 2 至 2.5 倍。
- **一致性和可重現性**：工程師使用相同的環境，因此更容易重現錯誤，花在追蹤不同環境問題上的時間更少。
- **環境共用**：開發者可以共用雲端開發環境，例如共同偵錯程式碼。環境也可以與業務利益相關者或客戶共用，示範程式碼功能。
- **更簡單的安全審計**：無須監控每個開發者的本機環境以防安全威脅，雲端環境可以配置資安工具來檢測和減輕威脅。雲端環境也是較小的攻擊面。
- **加快熟悉度**：對於新工程師來說，雲端環境通常比本機開發環境更容易上手，能更快地熟悉新的程式碼庫。

雲端環境也有缺點：

- **可能無法解決重要的瓶頸**：「如果沒壞，就不要修」對大多數工程團隊來說是一種相當務實的方法。生產力瓶頸在哪裡？如果緩慢的建置

／測試時間、冗長的熟悉過程和不一致的開發者體驗不是主要瓶頸，那麼 CDE 可能幫助不大。那為什麼要花時間和金錢在上面呢？

- **初始設置和維護**：設置和維護雲端開發環境需要時間和精力，這與投資 CI/CD 環境無異。請確保在規劃期間為這項成本規劃好足夠預算。

- **成本**：CDE 的營運成本可能比工程團隊的筆記型電腦成本更高。這取決於供應商和使用情況，但在雲端啟動真正強大的機器並不便宜。Uber、Slack 和 Pipedrive 等大型科技公司可以證明增加成本是合理的，因為每個軟體工程師的「開發者基礎設施成本」只是資深工程師薪酬的一小部分。

- **CDE 解決方案的成熟度**：這些解決方案發展迅速，所以你可能找不到完全符合需求的解決方案，它們可能會缺少技術堆疊的某些部分、自訂選項等。

- **與供應商綁定**：一些 CDE 供應商採用軟體即服務（SaaS）模式，使得放棄他們的產品變得困難，在選擇這類 CDE 供應商時務必謹慎。

雲端開發環境對大型組織來說很有意義，但對小型團體來說則不然。中型團隊和公司應該首先辨識工程團隊的生產力瓶頸，並據此做出決定。

實驗永遠是一種選項。說服整個工程組織試用 CDE 可能令人望而卻步。但你真的需要這樣做嗎？在一兩個團隊上試用 CDE 解決方案並蒐集回饋可能會更有效率。CDE 是否促成更快的建置和測試？工程師是否感到更有生產力？他們是否花更少的時間修復環境？請蒐集數據來告知你的團隊是否要保持這種設置，這有助於是否要在更廣泛的組織層面採用 CDE。

關於 CDE 的更多資訊，請參考我的文章〈Why are cloud development environments spiking in popularity?〉（為什麼雲端開發環境越來越受歡迎？）[10]

AI 程式設計工具

AI 程式設計助理正在崛起，自 2022 年 ChatGPT 發布以來，採用率更是加速增長。第一個被廣泛採用的 AI 程式設計工具是 TabNine（2019），

---

[10] https://pragmaticurl.com/CDE

接著是 GitHub Copilot（2021），以及 2023 年問世的許多其他工具，如 Sourcegraph Cody、Replit Ghostwriter、Amazon CodeWhisperer 等。

AI 程式設計助理提高了開發者的生產力，我們仍處於充分利用這項技術潛力的早期階段。關於 AI 助理，有幾點需要考慮：

- 底層模型的效能高低，看來是這項工具強大程度的重要指標。一些機器學習模型在程式設計方面表現比其他模型更好。
- 在程式碼庫上訓練程式設計助理可能是有益的，特別是對於大型或獨特的程式碼庫。但即使沒有這種訓練也似乎有好處。
- 資料所有權和留存對大多數科技公司來說很重要。模型資料是否也與供應商共用？如果是，這些機密資料（公司的原始碼！）是否可能以未預期的方式洩露或被留存？

可以建立的 **AI 程式設計**工具將不僅僅是程式設計助理。AI 和大型語言模型（LLM）的應用實例包括：

- **程式碼審查**：AI 工具可以針對已提交的程式碼進行審查，並指出明顯的問題。
- **編寫自動化測試**：有許多工程師認為工具不應該編寫測試，但現實是編寫自動化測試可能很乏味。AI 工具可用於產生測試案例，工程師可以在提交之前對其進行調整。
- **重構**：IDE 中的重構工具已經很先進，使得重新命名方法或類別變得簡單。但 AI 工具可以更進一步，根據文字指令（如「將所有 CompanyNameXXX 引用，重新命名為 NewCompanyNameXXX 引用」）在整個專案中執行重構。
- **移除過時的功能標誌**：這是一個專門且非常實用的重構應用案例。
- **合規和安全審查**：AI 工具可以指出程式碼變更如何可能引起監管或安全警報。

科技公司已經在為其中一些用例進行開發，我認為供應商提供更先進的 AI 輔助工具只是時間問題。

購買、自建或採用？

在獲取上述工具時，通常有三個選擇：

- **自建**：這是大型科技公司傾向採用的方法，因為大多數供應商無法支援他們的規模，而且大公司有能力避免被綁定在單一供應商上。
- **購買**：如果有供應商提供你需要的工具和功能，這是最快速的入門方式。短期內，這通常是最便宜的，因為自建和採用都需要專門的工程師。
- **採用**：如果你需要的工具或功能有開源專案，你可以採用這個專案並自行營運。這比自建便宜得多。但是，你需要支付基礎設施資源和維護費用。此外，該工具可能需要為你公司的使用情境進行客製化。

同樣地，沒有一個通用的規則能決定自建、購買還是採用哪個是最佳選擇。供應商會說購買從長遠來看是最便宜的選擇。工程師則偏好自建，而自建或採用解決方案往往在績效評估和爭取升職時會得到更正面的認可。此外，自行打造工具比與供應商協商條款要有趣得多，也更具學習意義。

普遍觀點認為公司應該對核心能力保持完全掌控，而其他方面則可以選擇購買。這種想法聽起來很有道理，但實際上，許多最成功的科技公司並不總是遵循這種常規思維，而是走出了自己的一條路。

如果你有機會參與或主導購買／自建／採用的決策過程，建議你採用類似於其他重大工程決策的方法。蒐集充分的資訊，找出知識缺口；例如，你可以製作概念驗證（POC）來深入了解各種方案的優劣。

5. 合規與隱私

你所在組織的軟體工程過程很可能需要遵守某些合規和隱私規範。

較大的科技公司通常有合規或法律團隊來確定需要遵循哪些法規、流程和規範。一些公司有內部的合規、隱私和安全團隊，而其他公司則聘請外部顧問。違反合規會帶來聲譽和財務上的巨大代價。Staff+ 工程師工作的一環是確保公司謹慎對待這個領域。

法規

PII（個人可識別資訊）應嚴格限制存取權限。任何未經授權的人員，包括軟體工程師、客戶服務人員或其他員工，皆不應獲得這些敏感資訊的存取權。

GDPR（一般資料保護規範）是歐盟制定的重要法規，它擴大了個人可識別資訊的範疇，並規定這些資料只能基於合法且正當的目的進行儲存和處理。

你的組織可能需要遵守特定行業的合規準則，包括但不限於：

- **支付卡產業資料安全標準（PCI DSS）**：適用於信用卡資訊。
- **健康保險可攜性及責任法案（HIPAA）和 / 或 ISO/IEC 27001**：用於規範醫療保健相關資料。
- **家庭教育權利與隱私法案（FERPA）**：適用於美國境內的學生或教育資訊。
- **公平信用報告法（FCRA）**：規範與消費者報告機構相關的應用程式，如信用評等公司、醫療資訊公司或租戶篩選服務。
- **508 條款**：適用於與美國聯邦機構合作的項目，確保身心障礙者能夠使用電子資訊技術（EIT）。
- **歐洲無障礙法案**：適用於為歐盟國家政府開發的產品。

此外，你的產品可能也須遵循各國的隱私法規，需要特別注意。

日誌記錄

資料的日誌記錄是一個需要審慎考量的領域：

- 記錄未經端對端加密的個人可識別資訊（PII）可能導致資料外洩風險。
- 應盡可能避免記錄 PII。如必要，請在日誌中將這些資訊匿名化，轉換為非 PII 資料。

- 建立完整的日誌記錄指導方針，明確規定記錄的時機、方式及內容，並特別說明 PII 資料的處理原則。
- 定期審核日誌，確保其符合相關法規要求。
- 使用者錯誤報告（包括截圖）不應包含任何 PII。可能需要採取額外措施來防止敏感資訊（如信用卡號碼）在工單系統中流傳或被客服人員看到。

作為最佳實踐，建議定期檢視所記錄的資料內容及其記錄方式，以確保沒有 PII 被不當地儲存在任何系統中。

審計

你的系統可能需要接受法規合規審計，例如 GDPR 或 PII 規範。這類審計通常由專業的第三方供應商執行。審計標準會概述可接受的做法，但實際上，許多要求可能較為抽象，需要專家進一步解釋。

在參與或主導審計過程時，建議尋找具有相關經驗的人員協助。若無法找到這樣的人才，可考慮聘請外部顧問協助審計準備。另一個有效策略是全力以赴地做好準備，並與審計人員保持密切合作。

審計準備可能是一項龐大的工程，其複雜度取決於審計類型和審計人員的協助程度。以 Uber 為例，我們在 GDPR 實施前花費數月時間梳理並改進流程和工具，隨後進行審計。由於工作量大且變更範圍廣，這個專案成為公司當時最重要的工作之一。

初次審計往往最為耗時耗力。然而，一旦通過審計並建立適當的流程，後續維持合規狀態就會容易得多。

6. 安全開發

安全軟體開發是一個不斷演進且範疇廣泛的主題，本書僅對其進行概括性介紹。作為 Staff+ 工程師，你需要深入了解你所屬領域的安全開發最佳實踐，並熟悉常見的威脅來源及其排解對策。

安全程式設計實踐可分為通用型和特定程式語言型。其中，OWASP 安全程式設計實踐參考指南 [11] 是最廣為人知的通用型指南。

除了 OWASP 指南外，你還可以找到針對特定程式語言和框架的安全開發指南，例如：

- Oracle 發布的 Java SE 安全程式設計指南 [12]
- OWASP 提供的 Go 語言安全程式設計實踐 [13]
- Rust 社群開發的安全指南 [14]

依賴項引起的安全漏洞是一個持續存在的威脅。你的系統所使用的某個函式庫可能在某天被發現存在漏洞。在該函式庫修補完成之前，你的系統可能會處於不安全狀態。2021 年發現的 Log4j 日誌函式庫安全漏洞 [15] 就是一個具有重大影響的例子，該漏洞可被利用來發動阻斷服務（DoS）攻擊，導致後端系統離線。

滲透測試是由資安專家對系統進行的漏洞檢測。如果你的團隊或公司支持這種做法，參與其中不僅能學習專家如何測試你的系統，還能發現潛在的未解決威脅，這些經驗都相當寶貴。

近年來，中型公司越來越重視聘請**資安工程師**。安全已成為貫穿軟體開發生命週期所有階段的核心關注點。如果你在中型或大型公司工作，很可能公司已經設立了專門的軟體安全團隊。

主動了解這些安全團隊，並與他們建立良好的合作關係。思考他們如何改進公司的安全工程實踐，以及你能如何協助他們。同時，要判斷讓安全團隊參與進來的適當時機，例如在專案規劃階段或進行關鍵程式碼變更時。

---

[11] https://owasp.org/www-project-secure-coding-practices-quick-reference-guide
[12] https://www.oracle.com/java/technologies/javase/seccodeguide.html
[13] https://github.com/OWASP/Go-SCP
[14] https://anssi-fr.github.io/rust-guide
[15] https://builtin.com/cybersecurity/log4j-vulnerability-explained

CHAPTER

24 可靠的軟體系統

你所在的組織很可能會默認或明確期望 Staff+ 工程師來領導提升系統可靠性的工作。

在本章中,我們將探討構建和維護可靠系統的常見方法,包括:

1. 承擔可靠性責任
2. 日誌記錄
3. 監控
4. 警報機制
5. 值班制度
6. 事件管理
7. 打造韌性系統

1. 承擔可靠性責任

作為 Staff+ 工程師,你在系統可靠性方面扮演什麼角色?大型科技公司通常會明確要求你在個人的影響力範圍內(無論是你自己的團隊還是其他團隊)承擔可靠性責任。這意味著你有責任確保可靠性被衡量、制定改進計劃,並爭取額外的工程資源來提升可靠性。

目標與關鍵成果(OKR)通常是提高系統可靠性的有效方法。例如,你可以設定提高系統可靠性、效能和效率的目標。然後定義可衡量的關鍵績效指標(KPI),如:

- 將 X 系統的 P95 延遲降低 10%
- 在不增加硬體資源的情況下,將 Y 系統的吞吐量提高 30%
- 將 Z 系統的冷啟動時間縮短 15%

要在可靠性方面取得進展，你幾乎總是需要與工程經理合作。畢竟，工程經理對其團隊的表現和系統的可靠性負有責任。然而，作為 Staff+ 工程師，你具備辨識可靠性問題並運用各種方法改進的技能。你可以（而且應該！）向工程經理以真實數據強調投資可靠性的重要性及其潛在回報。

第 21 章〈理解業務〉詳細介紹了 OKR 與 KPI 等內容。

2. 日誌記錄

在深入探討日誌記錄（logging）方法之前，讓我們先釐清為何它如此重要。日誌紀錄的目的是協助工程團隊偵錯生產環境的問題，透過捕捉未來疑難排解時所需的關鍵資訊。

哪種日誌策略能幫助你的團隊偵錯生產環境的問題？這取決於你的應用程式、平台和業務環境。

以下是一些在決定如何以及記錄什麼內容時有用的日誌工具集：

- **日誌等級**：大多數日誌工具提供記錄不同等級的方法，如「偵錯」（debug）、「資訊」（info）、「警告」（warning）和「錯誤」（error）。可以利用這些等級對日誌進行篩選。具體使用方式視你的環境和團隊實踐而定。

- **日誌結構**：日誌會捕捉哪些細節？是否記錄區域變數？是否包含精確到毫秒或奈秒的時間戳記，以便輕鬆判斷兩個日誌事件的先後順序？這些時間戳記是否包含時區資訊？

- **自動化日誌紀錄**：系統的哪些部分會自動記錄日誌，不需依賴工程師手動執行？

- **日誌保留**：客戶端裝置上的日誌紀錄會保留多久？在後端系統又會保留多久？長期保留日誌可能有用，但會佔用空間並可能增加資料儲存成本。

- **切換日誌等級**：以應用程式來說，常見做法是在「偵錯版本」中輸出所有日誌等級，而在正式版本中只記錄警告或錯誤等級的日誌。具體細節取決於平台層級的實作和團隊慣例。

明確你的日誌實作方針

如果你所合作的團隊尚未建立日誌實作準則,不妨考慮引進一套。當工程師嘗試從日誌中搜尋資訊卻徒勞無功時,他們往往會懊悔先前沒有就記錄內容和方式達成共識。

為團隊制定一份簡潔的日誌指南其實不難,只需和幾位工程師討論,並指派一位團隊成員提出建議——或者你也可以親自操刀。就基本的日誌記錄而言,有共識總比沒有好,關鍵是要讓團隊了解這份指南屬於他們,而且可以隨時調整。

經得起時間考驗的日誌指南

以下指南來自 2008 年,由當時擔任 LogLogic 首席日誌傳道者的 Anton Chuvakin[1] 所撰寫。這份日誌指南至今仍然適切,經 Anton 同意,現分享如下:

最佳的日誌紀錄應該:

- 精確說明發生了什麼:何時、何地、如何
- 適合手動、半自動和全自動分析
- 無須原始產生日誌的應用程式即可分析
- 不會拖慢系統運行
- 若作為證據使用時,可證明其可靠性

應記錄的事件:

- 身分驗證 / 授權決策(包括登出)
- 系統存取、資料存取
- 系統 / 應用程式變更(尤其是權限變更)
- 資料變更:新增 / 編輯 / 刪除
- 無效輸入(可能的惡意行為 / 威脅)

---

[1] https://www.chuvakin.org

- 資源使用（RAM、硬碟、CPU、頻寬，以及任何其他硬體或軟體限制）
- 健康狀況／可用性：啟動／關閉／故障／錯誤、延遲、備份成功／失敗

每個事件應記錄的內容：

- 時間戳記與時區（何時）
- 系統、應用程式或組件（何處）；涉及各方的 IP 和當時的 DNS 查詢；涉及系統的名稱／角色（我們在與哪些伺服器通訊？）、本機應用程式的名稱／角色（這台伺服器是什麼？）
- 使用者（誰）
- 動作（什麼）
- 狀態（結果）
- 優先級（嚴重性、重要性、等級、層級等）
- 原因

建立一個使正確日誌記錄變得容易的框架

你們團隊是如何處理日誌的？是不是每個人都隨心所欲地調用日誌？這種做法對於由資深工程師組成的小團隊來說可能沒問題，但在較大的團隊中，往往會導致臨時拼湊的日誌處理方式：有的開發者直接在控制台輸出日誌，有的使用第三方日誌服務，或是調用內部的日誌解決方案。

為了提升一致性，一個相對簡單的方法是就日誌記錄方法達成共識（例如預計使用哪些策略），然後引入一個輕量但有規範的日誌框架，讓「錯誤」的日誌處理方式變得困難。

但為什麼要專門為了日誌紀錄而引入另一個框架呢？建立一個簡單的介面可以幫助抽象化系統底層使用的供應商，這在較大的公司尤其重要，因為供應商可能會變更，而且這可以讓後續的遷移變得更容易。它還可以幫助我們在未來分析日誌的使用情況。當然，不要為了框架而框架；只有在它能解決臨時拼湊、不一致的日誌處理問題，以及不清晰的框架使用指南時，才去建立新的框架。

3. 監控

如何判斷一個系統是否健康？最可靠的方法是監控關鍵指標，並在指標顯示不健康時觸發警報。

第 50、95、99 百分位數

百分位數是監控和服務等級協議（SLA）中的關鍵概念。在監控載入時間或回應時間等指標時，僅查看平均數是不夠的。為什麼？因為平均數可能會掩蓋影響許多客戶的最糟情況。為避免這種情況，可以考慮監控以下百分位數：

- **p50**：第 50 百分位數或中位數。50% 的資料點低於這個數值，50% 高於這個數值。這個值能如實地代表「平均」使用情況。

- **p95**：第 95 百分位數。這代表表現最差的 5% 資料點。這個值在效能監測場景中特別重要，因為表現最差的 5% 資料點可能代表重度使用者。

- **p99**：第 99 百分位數。這個數值代表 1% 的客戶或請求所遇到的較長時間。在某些使用情境中，這個數值成為離群值可能是可以接受的。

應監控的項目

那麼，應該監控什麼呢？有許多明顯選項可以提供系統或應用程式的健康資訊，包括：

- **運行時間**：系統或應用程式完全正常運作的時間百分比為何？
- **CPU、記憶體、硬碟空間**：監控資源使用情況可以為服務或應用程式何時有風險變得不健康提供有用的指標。
- **回應時間**：系統或應用程式需要多長時間回應？中位數是多少？最慢的 5% 請求或使用者（p95）和最慢的 1%（p99）的體驗如何？
- **錯誤率**：錯誤（如拋出的異常、HTTP 服務的 4XX 回應和其他錯誤狀態）的頻率如何？錯誤佔所有請求的百分比是多少？

對於後端服務：

- **HTTP 狀態碼回應**：如果 5XX 或 4XX 等錯誤碼出現飆升，可能表示有問題。
- **延遲指標**：伺服器回應的 p50、p95 和 p99 延遲是多少？

對於網頁和行動應用程式，值得監控的額外指標包括：

- **頁面載入時間**：網頁載入需要多長時間？p50、p75 和 p95 等數值的比較如何？
- **網站體驗核心指標（Core Web Vitals）**：這是 Google 於 2020 年推出的指標，用來測量訪客在頁面的瀏覽體驗狀況，如網頁的載入效能、互動性和視覺穩定性。核心信號包括 Largest Contentful Paint（LCP）、First Input Display（FID）和 Cumulative Layout Shift（CLS）等。

在行動應用程式方面，值得監控的額外指標包括：

- **啟動時間**：應用程式需要多長時間啟動？這個時間越長，使用者流失的可能性就越大。
- **閃退率**：應用程式閃退的工作階段百分比是多少？
- **應用程式套件大小**：這個大小隨時間如何變化？這對應用程式很重要，因為較大的套件大小可能意味著較少的使用者會安裝它。

業務指標才能說明應用程式或服務的「真實」健康狀況。上述指標更多是通用的和基礎設施層面的；它們指出了根本問題。然而，即使上述指標看起來不錯，服務或應用程式仍可能不健康。

監控業務指標

要全面了解系統健康狀況，你需要監控與產品高度相關的特定業務指標。例如，在 Uber，Rides 產品的核心業務指標是生命週期事件：

- 有多少人在請求叫車？
- 請求在「等待中」狀態停留多久？
- 這些請求中有多少被接受或拒絕？

當「叫車接受率」指標突然驟降，這類變化可能表示系統出現故障。

我隸屬於 Rides 產品旗下的支付團隊，我們監控的業務指標包括：

- 成功新增支付方式（如信用卡）的次數
- 新增支付流程中的錯誤次數
- 完成新增支付流程所需的時間——p50 數值

我們會測量信用卡、PayPal、Apple Pay 等支付方式的業務指標。業務指標因業務單位而異，但有些是普遍適用的，例如：

- **客戶註冊**：有多少客戶進入註冊漏斗模型，成功離開的比例是多少，有多少人在某些步驟「卡住」，註冊需要多長時間？
- **特定業務操作的成功和錯誤率**：特定業務操作的成功和失敗比例是多少？例如，在 Uber 的支付團隊，這個操作就是新增支付方式。
- **DAU、WAU、MAU**：每日／每週／每月有多少活躍使用者？
- **營收**：每日、每週和每小時的總營收是多少？每位使用者的平均營收呢？
- **使用量**：使用者與應用程式或服務互動的時間有多長，他們執行了多少操作？p50、p75 和 p90 等統計資料可辨識中位數使用者、頻繁使用者和重度使用者。
- **支援工單數量**：湧入的總支援工單數量是多少，如何按類別分類？追蹤分類情況可能有用，因為某類別的工單驟增可能表示存在程式錯誤或故障。
- **留存率和流失率**：每週、每月和每季的使用者留存率是多少，即有多少百分比的使用者回來？取消（如刪除帳戶）的使用者比例是多少？

單純監控還不足以確保系統可靠。當指標出現異常時，系統需要觸發警報，由值班工程師接收、調查並排解問題。

4. 警報機制

請判斷哪些指標需要設置警報。雖然有許多項目需要監控，但哪些特定指標在趨勢不對時應該觸發警報呢？

回答這個問題的一種方法是從業務和產品著手。可以問這樣的問題：

- **「健康」的狀態是什麼樣子？**哪些指標告訴我們情況良好？為那些顯示情況不佳的指標新增警報。
- **之前發生過什麼樣的故障？**未來哪些指標可能表明出現問題？為那些能夠提前警示之前發生過的故障的指標新增警報。
- **當系統不正常運作時，使用者會注意到什麼？**新增監控和警報來捕捉這些情況。你可能需要查看 p95 等百分位數，以捕捉與長延遲相關的極端情況。

只需口頭描述「健康」和「不健康」的狀態是什麼樣子，你就應該能夠確定需要監控和警報的系統領域。

警報的緊急程度

並非所有警報都同等重要。影響所有使用者的系統故障是一個非常重要的警報，而對一小部分使用者造成小功能故障（例如，票務系統的「匯入使用者」功能）影響則小得多。因此，有必要對警報的緊急程度進行分類。以下是一個簡單但有效的系統：

- **緊急警報**：觸發需要立即確認和處理的警報。這種警報會傳送推播通知、嘗試撥打電話，如果沒有回應，會沿著指揮鏈升級問題。
- **非緊急警報**：這種警報不會在非工作時間打擾人。這些警報依舊很重要，需要介入檢查，但可以等到辦公時間再處理。

警報干擾

追蹤警報的「干擾程度」並採取行動。干擾性高的警報是指那些無法採取行動的警報。半夜被警報吵醒令人心力交瘁，如果是沒有真正原因的警報就更糟了。同時，因為沒有傳送警報而錯過故障也絕非一件好事。那麼，如何取得適當的平衡呢？測量精確度和召回率這兩個概念可以幫助我們。

精確度：這個指標衡量的是指示真實問題的警報百分比。一個精確度為 30% 的系統意味著每 10 個警報中有 3 個是真正的故障，其餘都是干擾。

精確度百分比越高，干擾就越少。100% 精確度的系統只會觸發指示故障的警報。

召回率：這個指標衡量的是有警報觸發的故障百分比。召回率為 30% 的系統意味著每 10 次故障中有 3 次觸發了警報。100% 召回率的系統意味著每次故障都會發送警報。

理想的值班系統應該有 100% 的精確度（沒有干擾性警報），並能檢測到 100% 的故障。但在現實世界中，通常存在取捨，例如：

- 當移除干擾性警報時，儘管精確度提高了，卻可能因為警報未觸發而錯過故障，使得召回率降低。
- 為了改善故障警報，常見的做法是增加更多警報以提高召回率，但這可能會降低精確度。

測量警報的精確度和召回率，以了解你需要更專注於哪個領域。常見的方法包括：

- 讓值班工程師將每個警報記錄下來，確認是故障還是干擾。大多數值班工具都有助於追蹤這一點。如果沒有，請建立或添置這個功能。
- 在事件回顧會議中，檢視所有最近的故障，並回答這個問題：「是否有警報指示故障正在發生？」這一問題將顯示召回率百分比。

測量精確度和召回率，需要工程師遵循上述兩個手動步驟。工程師需要標記警報以確認警報是否針對故障，而事件審查者應該標記故障是否有警報預警。你現有的值班系統可能已經具備捕捉這些資訊的功能。如果不能，你可能需要建立這個功能或擴展值班系統。

靜態閾值 vs. 異常檢測

如何決定何時為某個指標觸發警報？以下是兩種常見的方法：

1. **靜態閾值**：手動設定觸發警報的閾值。例如，設定一條規則：「若此指標降到零超過 60 秒，則觸發警報」，或「若此指標每分鐘超過 500（通常值為 100），就發出警報。」

靜態閾值的優點是易於定義，且容易明確理解警報觸發的原因。另一優點是易於微調。缺點是難以預先判斷應設定什麼樣的靜態閾值，常見情況是在某次原本可由靜態閾值警報捕捉到的故障發生後，才開始設定。

2. **異常檢測**：不採用手動定義閾值，而是讓機器學習系統偵測指標相關流量模式中的異常。唯一的輸入設定是決定這些警報的敏感度。

異常偵測的優點是能捕捉到比靜態閾值更多樣的變化。使用訓練完善且設定得宜的異常偵測系統，可在出現意外的流量飆升或驟降時觸發警報。假設有現成的異常偵測框架，在各種指標上部署異常偵測也相對容易。

缺點是，若訓練或設定不當，異常偵測可能過於敏感，即使是正常的流量模式也會觸發過多警報。我記得在 Uber 首次為支付系統部署異常偵測時，在系統訓練和我們進行設定的最初幾週，我們接收到的警報多到必須關閉即時警報。

異常偵測也可能出現相反的問題，即對真正的異常不夠敏感。設定異常偵測通常比想像中更費工夫，你可能需要讓系統考慮諸如一週中不同時段的正常流量模式等因素。它也可能對可預期的低或高流量觸發警報──例如電商平台在黑色星期五期間的流量飆升或驟降。

運用良好的判斷來決定使用哪種類型的警報，以及何時使用。需要親身體驗這兩種類型的警報，才能決定哪一種更適合特定使用情境。如果你還沒在不同專案中試過這兩種警報，不妨嘗試看看！

通常，最實用的方法是混合使用這兩種方法：對大多數指標使用異常偵測，結合靜態閾值來捕捉預期的流量增加／減少，以及偵測關鍵指標降到零的情況。

5. 值班制度

直到 2000 年代初期，企業普遍採用 ops 模式，其中「ops」指的是營運。開發人員負責撰寫和測試程式碼，並將其提交到版本控制系統的「下一

版本」分支。經過數週或數月後，發布候選版本會最終定案並進行測試。接著由 ops 團隊接手，透過在伺服器上部署程式碼和套用資料庫結構更新來發布版本。對於可下載的應用程式，ops 團隊則負責更新執行檔和更新腳本。此後，ops 團隊還負責監控應用程式的運作。

如今，由於迭代週期大幅縮短，工程團隊常常一天內就會多次部署。程式碼的監控不再由 ops 團隊負責，而是由進行變更的工程團隊自行安排值班輪值。

典型的值班輪值

在科技公司，典型的值班機制如下：

- **主要值班者**：接收團隊生產系統警報的工程師。
- **呼叫器應用程式**：將警報傳送到主要值班人員的應用程式。最受歡迎的呼叫器應用程式供應商是 PagerDuty，其他解決方案如 ZenDuty、incident.io、Jeli、FireHydrant 和 Spike 也被使用。一些大型科技公司會自行開發內部呼叫器應用程式。
- **備援和第三級值班者**：當警報出現時，值班工程師需要在給定的時間內（比如 10 分鐘）確認。如果沒有確認，警報會升級並呼叫值班鏈中的下一個人，即備援值班者（secondary oncall）。如果備援值班者沒有及時確認，則會繼續呼叫第三級值班者，依此類推。

大多數科技公司定義由團隊成員組成的主要值班者和備援值班者。第三級通常是工程經理，然後是工程管理鏈 —— 如工程組織中的總監和副總裁。

專職值班團隊 vs. 各團隊輪值

在大多數科技巨頭中，工程團隊通常會自行安排值班輪調，並負責人力配置。相較之下，較小的科技公司常設有專門處理所有高優先級警報的值班團隊。這通常是一個虛擬的值班團隊，工程師因額外付出的時間和心力會獲得相應的補償。

在較為傳統或正開始數位轉型的公司，由於警報通常與標準作業程序（SOP）相關聯，所以由 DevOps 團隊處理警報是很普遍的做法。

那麼，理想的值班團隊規模是多少呢？無論值班團隊如何安排人力，工程師通常會輪值一週。若要確保每位工程師每月值班不超過一次，考慮到一個月平均有 4.5 週，團隊規模至少需要 5 人。6 人的團隊規模則可以應對假期和病假等情況；一個值得參考的經驗法則是：健康的值班輪替制至少應有 6 人。

如果工程師除了主要值班職責外還需擔任備援值班者，那麼一個健康的輪值規模應該有 10-12 人，這樣可以避免成員過於頻繁地值班。

在採用單一值班團隊的公司，通常較容易維持適當的團隊規模。但在每個團隊都需值班的公司，如果團隊人數少於 6 人，成員可能每月需值班超過一次。在這種情況下，由兩個相關領域的小型團隊合併值班，建立更健康的輪班節奏是常見的做法。

值班執行手冊

當警報觸發時，通常是值班工程師接收通知。他們隨即採取行動，評估警報是否指示系統發生故障。

警報執行手冊有助於除錯警報並採取步驟來緩解故障。「值班執行手冊」是警報執行手冊的統稱，或稱為「主版本警報執行手冊」（master alert runbook）。值班執行手冊也可稱為「事件應變執行手冊」（incident response runbook）。

為每個警報配備執行手冊可以大幅提升值班效率。一個實用的警報執行手冊應包含以下資訊：

- **診斷步驟**：值班工程師如何判斷警報是否表示故障？他們應該查看哪些儀表板、指標或其他資源？應該採取哪些步驟來確認是否確實發生故障？理想情況下，執行手冊應直接連結到用於診斷問題的資源。

- **故障緩解指示**：假設警報確實指示故障，解決步驟為何？大多數警報通常表示特定類型的故障，執行手冊應包含相關細節。

- **相關歷史事件**：此警報先前指示了哪些故障？連結到故障文件可以協助回顧診斷步驟和緩解措施，在警報觸發時可能會很有幫助。

警報執行手冊需要持續更新。遺憾的是，無法撰寫一份「完美的」、永遠不需要更新的警報執行手冊！當新事件發生時，需要更新警報執行手冊的內容，包括如何診斷故障的詳細資訊，以及當系統進行變更時。

健全的事件審查流程應將更新值班執行手冊納入每次值班事件的一部分，或至少審視是否需要更新執行手冊。

撰寫程式碼文件和編寫警報執行手冊有相似之處。兩者都對未來參考很有價值（例如當工程師想了解發生了什麼），但在當下很容易降低編寫這些文件的優先順序。這意味著需要那些因缺乏值班執行手冊而吃過虧的工程師來以身作則，主動編寫它們。

作為 Staff+ 工程師，制定一份「主版本值班執行手冊」是提高值班效率的簡單方法。嘗試與工程團隊合作，為常見警報建立執行手冊，並將審查和更新警報執行手冊納入事件應變流程的一部分。

值班津貼

擔任值班是否給予津貼，取決於幾個因素：

- **法規**：在西班牙和巴西等國家，有明確規定值班需給予津貼，軟體工程師也適用。
- **值班是否是唯一工作**：一些公司（主要是傳統公司）僱用專門的 DevOps 或值班工程師，其唯一工作就是值班輪值。在這些組織，不會提供額外的值班津貼。
- **值班是否自願制**：在值班為自願制的公司，通常會提供津貼來鼓勵人們自願參與。

在大型科技公司和其他提供接近市場頂端薪酬的公司（根據第 1 章對於軟體工程師薪酬的分類，屬於第三級或第二級公司），值班往往相當普遍，屬於工作範疇的一環，沒有提供額外津貼。亞馬遜、Meta、Apple 和

微軟等公司都遵循這種模式。例外情況是那些法律規定必須提供值班津貼的國家。

Google 是唯一一家提供值班津貼的大型科技公司[2]，同時也限制值班時間長短。

擁有更「集中化」值班制度的公司，工程師可以自願加入，幾乎總是提供值班津貼。有關支付值班津貼的公司名單及金額，請參閱我的文章〈Oncall compensation for software engineers〉（軟體工程師的值班津貼）[3]。

薪酬接近市場中位數或低於中位數的公司，往往需要為值班支付津貼，因為這是額外的時間付出，也是正常工作時間以外的壓力來源。在薪酬優厚的公司，工程師通常會將額外責任視為優渥薪酬方案的一部分。然而，如果工程師覺得沒有得到足夠的津貼，他們可能會尋找薪酬更高的工作，或薪酬相似但沒有值班壓力的工作。

工程師在值班時應該進行「例行」工作嗎？

對某些團隊而言，值班幾乎等同全職工作，頻繁的故障需要大量時間處理和執行後續動作。但對多數團隊來說，值班並不那麼忙碌，在「順利」的值班週甚至幾乎沒有額外工作。那麼，值班工程師是否應在值班期間進行「例行」工作呢？

歸根結柢，這是團隊主管的決策。以下是幾種常見的值班工程師工作安排方式：

- **整合值班與支援工程**：若是直接面對客戶的團隊，通常會有大量客戶支援需求。許多團隊將值班職責與支援工程結合，讓值班工程師處理湧入的請求，可能包括調查錯誤報告、撰寫和執行資料清理腳本等。值班週期間，工程師會暫停「例行」工作，將值班視為首要任務。在沒有值班工作時，他們會轉而處理支援任務。

- **僅執行值班工作，不處理專案**：對於值班是主要工作內容的團隊，值班工程師僅專注於值班相關任務。在沒有故障處理時，他們致力於改

---

[2] https://blog.pragmaticengineer.com/oncall-compensation

[3] https://blog.pragmaticengineer.com/oncall-compensation

善值班系統，如減少警報干擾、提升系統可靠性或撰寫和優化值班執行手冊。

- **假設值班工程師無法進行專案工作**：一種保守做法是假設值班工程師整週都忙於值班，據此安排工作。實際上，值班工程師可能有額外時間投入專案工作，但僅限於「盡力而為」的基礎上。這種方法很有幫助，除非錯誤地期望工程師會將大部分時間花在原有專案上。
- **假設工程師保有 X% 的工作能力**：部分主管會假設值班工程師有一定比例的時間可用於專案工作。如果值班工作量如預期，這種假設沒問題。但值班的特性就是不可預測！

作為 Staff+ 工程師，你可能有機會影響值班規劃的決策。在選擇最佳方案時，務必考慮值班負荷和團隊動態。

值班過勞

有句流傳已久的說法：「員工離職是因為主管，而非公司。」我有另一個類似的觀察：人們不僅因主管離職，也會因糟糕的值班制度而離開。

「值班過勞」確實存在，我已多次親眼目睹。它通常源於以下兩個或更多因素的組合：

- 工程師每月值班超過一週
- 值班期間警報干擾嚴重，大多數警報無法採取實質行動
- 工程師每次值班週期內，每週深夜被喚醒超過一次
- 頻繁發生故障，需要處理大量緊急狀況
- 工程師被要求在值班時仍須進行「例行」工作

面對值班過勞，人們的反應各不相同。有些人察覺到情況不對，會主動採取行動改變現狀，例如申請調職或離職。其他人則選擇繼續忍耐，但他們的工作表現可能已受到負面影響，甚至他們自己都沒有意識到！在高壓下值班的影響顯而易見：它會耗盡一個人的精力。

作為 Staff+ 工程師，你可能是少數幾個意見能受到管理層重視的個人貢獻者。因此，如果你觀察到某個團隊或個人瀕臨過勞邊緣，就應該主動

提出改善值班機制的建議。雖然維護團隊健康是經理的責任，但如果經理不夠積極，可能就需要你挺身而出，評估值班狀況並提出改進方案。

6. 事件管理

當警報觸發且值班工程師確認發生故障時，事件管理流程就此開始。事件管理的目標是盡快將系統恢復到正常運作，並防止事件再次發生。

各種與事件管理相關的框架，你的組織可能已經在使用其中之一。典型的事件生命週期步驟包括：

1. 檢測事件
2. 修復問題
3. 事件後續跟進

#1：檢測事件

監控和警報是快速檢測事件的關鍵方法，理想情況下應能在數分鐘內完成。警報一旦觸發，值班工程師就需要評估是否確實發生故障。

宣告事件是事件管理流程的首要步驟。通常做法是利用公司的事件管理工具建立新事件。

事件分類及優先順序判定通常在宣告時同步進行。影響少數客戶的故障，與影響全體客戶的系統故障，兩者嚴重程度有著天壤之別。

大多數科技公司在創立初期就建立了事件等級和分類制度。部分公司選擇以不同等級來定義事件。舉例來說，亞馬遜根據嚴重程度定義等級：SEV-0 代表影響最大且最廣泛的事件，SEV-1、SEV-2、SEV-3 的優先順序則依序降低。在 Uber，L5 代表最嚴重的事件，L4、L3、L2 的影響程度和受影響使用者比例則逐級降低。還有些公司從兩個面向定義事件優先級：影響程度（高／中／低）和影響範圍（高／中／低）。

事件分類應有明確的標準，這些標準需以易於量化的指標為依據，例如服務等級指標（SLIs）。若你發現公司對於如何判定事件嚴重程度的標準不夠清晰，這或許正是改進該領域的好機會！

#2：修復問題

宣告事件時，**事件管理的角色分工應該明確**。誰負責協調事件應變？誰負責更新利益相關者？通常「事件指揮官」會擔任應變協調者的角色。這可能不是最初發現事件的人。大多數工程團隊很快就會體認到明確界定這個角色的重要性。

大多數事件管理工具在宣告事件時都要求指派一名事件指揮官。和事件嚴重程度一樣，這個角色可以後續調整。事件指揮官的更換並不少見，尤其是當一個小規模故障演變成更嚴重事件時。

宣告故障後，**問題緩解**是最迫切的步驟。在某些情況下，我們可能能夠迅速排解問題；例如，如果是由最近的程式碼變更引起的，那麼回復該變更可能是個快速的解決方案。

有效的緩解通常包括以下步驟：

- 當已知緩解步驟時，立即執行這些步驟。這就是為何執行手冊如此重要，它們使緩解過程更加順暢。
- 當不清楚緩解步驟時，邀請具備相關專業知識的人員參與並開始緩解。這可能涉及呼叫或聯繫他們。有了值班執行手冊，找到適合的人選會更容易。
- 與利益相關者保持溝通。故障的利益相關者包括對故障情況關切的管理階層人員、業務相關方或客戶。
- 驗證緩解步驟的成效。在採取緩解措施後，確認其有效性。故障可能相當棘手，可能需要多個步驟才能解決。有時，緩解措施反而可能使故障情況惡化。

評估故障的根本原因並非最優先要務。資淺工程師常犯的錯誤是試圖先了解故障發生的原因，只有在知道原因後才開始修復。不想在不了解原因的情況下進行修復雖然合乎邏輯，但這種做法可能會延緩緩解故障的速度。

如果有明顯可執行的緩解步驟，如回復程式碼變更或執行回復計劃，請優先執行這些步驟。一旦故障獲得緩解，就有充裕時間來深入了解其原因。

#3：事件後續跟進

一旦事件獲得排解，就該喘口氣了。若排解發生在非上班時間，請好好休息，待下個工作日再進行後續處理。

事件分析 / 事後檢討通常是事件處理生命週期的下一步。常見的問題包括：事件的起因為何、事件的精確時間線如何，以及未來如何避免類似事件重演？

事件審查會議是由較大群體審視高影響力故障之事件分析文件的會議。有些公司設有專門的事件管理團隊負責此事，有些公司每週或隔週舉行一次有部分主管參與的會議，而其他公司則採取臨時召集的方式。

事件後續行動是團隊認為必要的措施，旨在防止未來發生類似事件。然而，在問題排解後，這些行動容易被降低優先順序，特別是當它們需要大量工程工作時。每個團隊和公司都有不同的方式來追蹤這些項目並確保其執行。作為 Staff+ 工程師，你可以而且有義務協助團隊創造時間來進行這些後續工作，有時甚至需要犧牲其他任務。

無責難事後檢討（blameless reviews）是科技業廣泛採用的方法。進行事件分析時，應避免將其淪為尋找代罪羔羊的獵巫行動。

大多數故障源於某人所做的配置或程式碼變更出錯，通常很容易找出具體是誰造成的。但與其直接或間接地將責任歸咎於某個人，不如深入探討為何系統允許這些變更在缺乏回饋的情況下發生。若導致事件發生的根本條件未獲解決，日後仍容易再次發生。

有些人對無責難事後檢討的概念持保留態度。他們質疑：「這不會導致缺乏擔責精神嗎？」但在我看來，擔責精神和無責難文化是相輔相成的兩個不同概念。「承擔責任」意味著人們對自己的工作負責，當問題不可避免地發生時，他們會扛下修復問題的責任。無責難方法則是讓人們意識到，因為某人做了不知道會導致故障的事而怪罪他們，是適得其反的應對方式，尤其是當他們願意承擔解決問題根源的責任時。

請思考你的事件審查流程是否優先考慮從事件中汲取教訓。 在〈Incident review and postmortem best practices〉（事件審查和事後檢討最佳實踐）[4] 一文中，我與 John Allspaw（Etsy 前 CTO，Adaptive Capacity Labs 創辦人）交談。John 致力於協助公司改善其事件管理流程，並分享了一個有趣的觀察：

> 「多數事件報告是為了歸檔而寫，而非為了閱讀或學習。這是我們反覆遇到的情況。團隊經歷事件，提交報告，自我安慰，認為他們已從中學到教訓。實際上，團隊學習到的教訓屈指可數。
>
> 目前的事件處理方法僅觸及我們可以做的事情的表層。在某些方面，科技業在建構可靠系統的做法上落後於其他幾個產業。」

有許多手冊和工具可用於建立符合大多數科技公司處理事件方式的事件管理流程。但缺乏的是能成功將事件管理作為學習工具來提升團隊和系統韌性的公司。

作為 Staff+ 工程師，你有能力影響工作場所中事件管理流程的演進。在這過程中，請謹記，從事件中學習並在整個組織中應用所得教訓應是任何事件管理系統的終極目標。這正是在市場中領先的企業所採用的方法。

7. 打造韌性系統

如何建立一個可靠運作的系統？設計和撰寫具有韌性的系統是必不可少的。但韌性不僅來自於思考未來的故障和使用案例。以下是設計、建立、測試和營運韌性系統的方法。

規劃階段

韌性系統自然是經過精心設計以展現韌性的。在規劃階段，請特別留意以下幾點：

- **服務等級指標（SLI）**：明確定義系統的運行時間服務等級指標。何謂「健康」的系統？「運行時間」具體指什麼？運行時間的目標為

---

[4] https://blog.pragmaticengineer.com/postmortem-best-practices

何？務必盡可能精確地定義這些概念，因為這些定義將引導架構決策，並影響測試和營運策略的選擇。

- **故障預案**：評估可能出現問題的環節，並制定相應的應對策略。
- **負載規劃**：評估系統預期處理的負載量，預測高峰負載情況，並確定系統需要具備何種容量以應對初始負載。
- **冗餘設計**：確立冗餘需求，規劃資料複製方式以確保適當的冗餘。
- **監控與警報機制**：訂定系統健康的關鍵指標，並決定哪些異常狀況需要通知值班工程師。

程式設計階段

在開發韌性系統時，以下幾個面向值得特別關注：

- **防禦性程式設計**：優先採用明確而非隱含的方式處理邊界條件。盡可能將所有可能的情況都考慮在內，以增強程式的穩定性。
- **錯誤狀態與錯誤對應**：明確定義系統中的錯誤表現形式。這可能包括特定變數值、API 回應或系統狀態。確實記錄並產生這些錯誤的日誌，在適當情況下設置警報機制。特別注意不同系統間的錯誤狀態對應方式。
- **狀態管理**：仔細規劃應用程式內的狀態處理方式。明確哪些部分可以修改狀態，並盡量限制這些部分的數量。可修改狀態的地方越少，出錯的機會就越低。這解釋了為何提供不可變狀態的框架，以及不支援透過變數處理狀態的宣告式語言，通常更容易驗證其正確性。
- **未知狀態處理**：積極識別和處理那些既非明確正確也非明確錯誤的中間狀態，因為這些狀態常常是未來問題的潛在來源。主動搜尋並記錄這些未知狀態和相應的回應，必要時考慮為它們設置警報機制。

模擬故障並測試系統反應

以下是幾種模擬故障並驗證系統是否能按預期處理的方法：

- **優雅降級**：刻意關閉系統的某個依賴服務，並驗證系統是否能依照預期，透過降低部分功能來因應。

- **重試機制**：當外部 API 等依賴服務發生故障時，具韌性的系統應能根據預設策略自動重試請求並實施退避。
- **斷路器模式**：模擬服務進入降級狀態的情境。實作斷路器模式時，系統應在偵測到關鍵依賴服務出現錯誤時，自動切換至「關閉」狀態。待問題解決後，系統應能自動恢復正常運作。
- **資料中心故障轉移**：模擬主要資料中心發生問題的情況，測試應用程式是否能順利切換到備援資料中心繼續運作。
- **災難復原演練**：定期確認資料備份機制的安全性和有效性，並模擬在發生重大故障或災難時的完整服務復原流程。

系統部署到生產環境後，應持續監控其效能表現，並在偵測到異常時即時發出警報。建立明確且可執行的事件管理流程，並不斷調整改進這些機制，因為各種事件終究難以完全避免。

CHAPTER

25 軟體架構

當我們想到一位出色的 Staff+ 工程師的核心職責時，軟體架構和軟體設計總是排在首位。軟體架構是設計複雜系統的基石，而優秀的軟體架構更是建立可靠且易於維護系統的關鍵。

軟體架構對 Staff+ 職級的工程師來說極為重要，這一點從傳統企業仍然使用「軟體架構師」這個頭銜來稱呼他們最資深的軟體工程師可見一斑。雖然新興科技公司已不再使用這個頭銜，轉而採用「專家工程師」、「首席工程師」或「傑出工程師」等職稱，以強調這些角色的工程本質。即使「架構師」這個詞不再常用，業界仍然期望 Staff+ 工程師具備卓越的軟體架構能力。

我見過的最優秀的軟體架構師，都是透過在具挑戰性專案中累積的經驗，以及持續學習，進而精通這項能力並且脫穎而出。本章不會討論如何成為傑出的軟體架構師，我深信這需要長期實踐，實際參與充滿挑戰性的專案。我們將探討在規劃複雜問題解決方案時需要注意的幾個面向。

本章內容將涵蓋：

1. 盡可能保持簡單
2. 了解行話，但不濫用
3. 架構債
4. 單向門 vs. 雙向門決策
5. 決策的「影響範圍」
6. 可擴展架構
7. 架構 vs. 業務優先順序
8. 與實際工作保持
9. 軟體架構師特質

1. 盡可能保持簡單

當我提到在一些我參與過的大型專案中，我們並未使用「標準」軟體架構規劃工具時，人們經常感到咋舌。這些專案包括重建每年處理 600 億美元金流的 Uber 支付系統，以及開發 Xbox One 版的 Skype，後者在上線第一週就擁有百萬使用者。我們本可以使用正式方法和專門的架構框架來繪製架構，例如統一塑模語言（UML）[1]、4+1 視景模型（4+1 view model）[2]、架構決策紀錄（ADR）[3]、C4 模型[4]、依賴關係圖[5] 等。但我們並沒有這麼做。

我們當時使用白板、方框和箭頭將靈感寫下，並用簡單的語言在文件中捕捉這些想法，然後傳閱以徵求意見回饋。我們也沒有使用專業術語。這一切發生的同時，我們的 Staff+ 工程師們都有在 Google、VMWare、PayPal 等大公司工作的多年經驗，並曾設計過大型系統架構。

討論架構時，最好從簡單開始，避免為了炫技而使用複雜的專業術語。這並不是說我們不應該採用更正式的方法，而是強調只有在你**確定**這些方法能夠帶來實質價值，且團隊成員都能理解的情況下，才考慮使用。

保持架構簡單有一個巨大的好處：它能讓所有人，包括剛入行的軟體工程師，都能輕鬆理解討論內容和想法。這是非常有利的，因為當更多人理解架構時，你就能獲得更多有價值的回饋和建議。

值得注意的是，**設計出複雜的架構往往比提出簡單而高效的架構要容易得多**。這讓我想起了一位曾共事的優秀軟體架構師。他曾擔任工程總監，在我們合作前已經建立了一些全球最大規模的支付系統。當我們在設計 Uber 新版支付系統時，他能用簡單的術語和幾張清晰的圖表就解釋清楚了整個提案。我好奇地問他如何把如此複雜的系統表達得這麼簡潔明了。他的回答令人印象深刻：清晰度源於反覆建構類似系統的經驗。

---

[1] https://en.wikipedia.org/wiki/Unified_Modeling_Language
[2] https://en.wikipedia.org/wiki/4%2B1_architectural_view_model
[3] https://github.com/joelparkerhenderson/architecture-decision-record
[4] https://c4model.com
[5] https://herbertograca.com/2019/08/12/documenting-software-architecture

他解釋說，通常是從複雜的版本開始，然後透過不斷改進和優化，最終提煉出更高效的方案。

2. 了解行話，但不濫用

作為 Staff+ 工程師，即使在某些情況下避免使用專業術語可能更好，你仍需要熟悉工作相關的技術詞彙，也就是所謂的「行話」。這包括：

- **軟體工程術語**：如果你開發分散式系統，就需要了解弱 / 強一致性、冪等性（idempotency）、直寫快取模式（write-through-cache）、反向代理等概念。
- **業務用語**：在支付領域工作時，你應該熟悉並能運用發卡銀行、收單銀行、支付閘道、PCI DSS、授權 / 預留等詞彙。
- **公司內部用語**：每家公司都有自己的「黑話」。比如 Uber 使用 Morpheus 指實驗系統，Bankemoji 代表支付系統，「landing a diff」意味合併 PR 請求，「commandeering an L5 outage」則是接管高影響力故障。

要有系統地學習和整理日常工作中的術語。加入新團隊或公司時，你會遇到新的行話。多研究產業和業務用語，也別忘了向同事請教公司內部用語的含義。

學習行話就像學習新語言，越是實踐就越自然。我的方法是整理一份新詞彙清單，在聽見一個新詞語時，將它加入這份清單中，之後再深入了解它的意思。在不同場合使用這些術語，以確保正確理解其含義。

但要注意，過度使用行話可能會讓不熟悉的人感到被排斥。使用新人不懂的術語，很容易讓初級工程師感到自卑，不敢參與討論或分享想法。

不要變成「行話達人」。雖然你應該理解並能使用領域內的專業詞彙，而且在大家都懂的情況下，行話確實能提高溝通效率。但在經驗參差不齊的群體中，盡量使用簡單的詞彙。第一次使用某個術語時，先確認大家是否熟悉。

解釋行話不僅能幫助他人正確使用，也能讓你在專業術語和日常用語之間自如切換。你可能注意到，最優秀的老師總能用簡單的方式解釋複雜的概念。試著用基本詞彙代替技術行話來培養這種能力。下次想用行話時，先停下來，想想如何不用這個術語來表達。養成這個習慣，你就會成為平易近人的工程師，而不是讓人敬而遠之的「行話達人」。

3. 架構債

架構債是技術債的一種形式。它源於過去的軟體架構決策，隨著時間推移，這些決策可能會阻礙軟體或服務的擴展、維護，甚至日常營運。

就像技術債一樣，沒有工程師或團隊會故意製造架構債。但是，當初看似合理的決定，可能會隨著時間而變得不再適用。以下是四個常見的架構債例子。

#1：為求速度而建立獨立服務

想像以下情境：團隊需要開發新功能，最直接的方法是擴展現有的後端服務。但是，這個後端服務屬於另一個團隊，他們對變更提議持謹慎態度。為了快速行動，團隊決定建立一個全新的獨立服務，這樣工程團隊就能迅速推出新功能。

這個做法可能會成為一種慣例，團隊在開發其他新服務時也採取相同策略。短期來看，這種做法確實能加快發布速度，避免了與其他團隊就如何擴展或整合現有服務進行耗時的協商。

然而，隨著時間推移，這種小型獨立服務的弊端逐漸顯現：修改功能變得複雜，因為需要先找到正確的服務，並了解它的運作方式；不同服務可能使用不同的程式語言，增加了開發者切換工作脈絡的難度；每個服務可能有自己的依賴項，使用同一函式庫的不同版本，增加了維護的複雜度。

這種情況下，團隊無意中因為過於注重速度而忽視了系統的可維護性，進而累積了架構債。

#2：不拆分單體應用

與上述例子相反，不拆分單體應用也可能導致架構債。假設一個團隊開發了一個支援所有產品的大型單體應用。起初，這種做法看似明智：它允許團隊快速行動，只需將單一程式碼庫部署到伺服器即可。

但隨著團隊規模擴大，在同一個單體應用上工作變得越來越困難：如果這個單體應用的結構不夠精細，工程師在開發不同功能時可能需要頻繁修改相同的檔案，增加了合併衝突的風險；由於需要將程式碼部署到整體，可能導致部署時間延長，而且當不同團隊對部署時間有不同需求時（例如某個團隊想盡快部署新功能，而另一個團隊還沒準備好），容易引發衝突。

#3：非功能性問題的累積

許多架構決策在系統初建時運作良好。然而，隨著系統負載增加和使用情境增加，系統的非功能性特性可能會開始退化，主要表現在以下幾個方面：

- 效能下降：系統回應時間變得難以接受、CPU 或記憶體使用等資源最佳化逐漸失控、系統吞吐量出現瓶頸等。
- 擴展性受限：隨著負載增加，系統效能明顯降低，甚至影響到使用者體驗。
- 可靠性降低：系統故障或效能劣化的頻率增加，顯示出潛在的問題。

#4：過時的語言或框架

使用過時的程式語言或框架也可能導致架構債，這與技術債相似。繼續使用不再獲得積極支援或維護的語言或框架可能帶來安全風險和相容性問題。在某些情況下，這些舊技術的效能可能明顯落後於現代替代方案。

更換語言或框架是一項重大工程，在這個過程中，重新審視某些架構決策是明智之舉。舉例來說，當知名線上學習平台 Khan Academy 從 Python 2 遷移到 Go 語言時，他們不僅更換了程式語言，還將原本的單體應用拆分成多個小型服務，並將 API 架構從 REST 轉向 GraphQL。

然而，值得注意的是，使用較舊的技術不一定就會自動產生技術債。堅持使用穩定但可能不那麼時髦的語言或框架也有其優勢：它們通常會遇到較少的意外問題和開發阻礙。相比之下，採用最新的框架和語言可能會遇到罕見的問題，這些問題可能很少被其他團隊遇到，或者在語言或框架層面尚未有解決方案。降低風險的一個好方法是使用穩定版本的框架和語言，而不是選擇標記為「alpha」或「beta」的開發版本。

4. 單向門 vs. 雙向門決策

軟體架構涉及許多決策，其中許多是權衡取捨的選擇。但並非所有決策都同等重要，一種常見的思考方式是將它們視為「單向門」或「雙向門」決策。這個概念源自於電商巨頭亞馬遜，是其「Day 1」組織文化的要素之一。

雙向門決策

這些是容易撤銷且影響有限的決策。以下是一些雙向門決策的例子：

- **功能的 A/B 測試**：設計上就容易撤銷的變更，如進行 A/B 測試、執行實驗或使用功能切換開關。
- **命名**：例如，內部使用的類別和變數命名。大多數程式設計環境具備強大的重構能力，名稱很容易更改。只要沒有外部依賴於某個名稱，則可相當直覺地修改某個名稱。
- **是否將一個類別拆分為兩個**：將一個類別重構為兩個，或將兩個類別合併為一個，是另一項相對容易撤銷的任務。
- **選擇 CSS 預處理器**：當在討論是否使用像 SASS（語法酷炫的樣式表）或 LESS（精簡版的 CSS）這樣的階層式樣式表（CSS）預處理器時，由於預處理器之間的相似性，撤銷這個決定並不複雜。當只有一小部分程式碼庫轉移到 CSS 預處理器時，這個決定更容易。
- **選擇測試框架**：在選擇單元測試或其他自動化測試框架時，你可以稍後透過僅為新測試引入新的測試框架來撤銷決定，而無須重寫現有的測試。

- **選擇新的程式碼檢查工具**：這是一次性的變更。工作可能會稍微複雜一些，但只是工具的變更，可能還有一些程式碼的格式調整。

單向門決策

單向門決策與前面討論的情況大不相同。這類決策一旦做出，就非常難以更改，因此應該經過深思熟慮才能做出。明智的做法是，在可能的情況下，先進行原型測試，或在程式碼庫的小範圍內試行，以便在必要時能夠較容易地撤銷。

實際上，真正的單向門決策並不多見，因為軟體本質上具有較高的可逆性。少數例外包括那些發布後難以或無法修改的軟體，這類軟體通常與硬體緊密結合，例如嵌入式系統或燒錄在唯讀記憶體（ROM）中的程式。大多數軟體決策都是可以逆轉的。舉例來說，即使將 20 個微服務整合為單體應用看似不合理，但這個決策日後仍然可以撤銷。

單向門決策是那些（相對於你的工作環境而言）撤銷成本過高的決策。通常，撤銷這類決策所需的工作量至少與最初實施時一樣多。以下是一些可能被視為單向門的決策：

- **架構模式轉換**：從單體架構轉向微服務架構，或反之。一旦選定其中一種模式，轉向另一種的成本往往高得驚人。
- **程式語言選擇**：更換主要程式語言通常意味著需要重寫所有現有程式碼，同時可能還需要訓練工程師或聘請新語言的專家。不過，某些語言的轉換相對容易，例如在 JavaScript 專案中引入 TypeScript。
- **框架選擇**：某些應用程式開發框架具有強烈的特色，選擇後就等於鎖定在該生態系統中。比如在前端開發中，選擇 React、Vue 或 Svelte 後，要轉換到另一個框架可能需要大規模重寫。
- **基礎設施選擇**：在雲端和本地基礎設施之間做選擇。雖然使用容器等技術可以增加靈活性，但切換基礎設施仍是一個耗時且常帶有風險的過程。
- **資料儲存模型**：在關聯式和 NoSQL 資料庫之間選擇。雖然在兩種模型間轉換並非不可能，但通常被視為一個重大決策。

- **原生行動 / 桌面應用程式的強制升級策略**：原生應用程式有趣的地方在於它們可以運行舊版本的客戶端程式碼。決定如何實施「強制升級」策略以禁止運行某些舊版本很難撤銷，因為業務邏輯將在客戶端運行。
- **導致全面回退 / 重寫的變更**：任何需要撤銷所有工作並進行全面重寫的決策通常都被視為單向門決策。

轉變為單向門的雙向門決策

有些決策初看像是可逆的雙向門，但隨著時間推移和客戶期望的形成，實際上可能演變成難以更改的單向門。以下是幾個典型例子：

- **協議選擇**：當決定服務要使用哪種協議時，這個選擇往往難以更改。例如，從 REST 轉換到 GraphQL，或是改用 Protobufs、Thrift 等協議，成本通常極高。這是因為所有客戶端都需要配合遷移到新協議，或者需要開發一個轉接層，以維持對舊協議的支援，確保向後兼容。
- **版本控制策略**：API 或產品的版本號制定策略看似簡單，但一旦確立並為客戶所熟悉，就難以更改。改變版本控制方式可能會打亂客戶的使用習慣、影響自動化系統的運作、損害客戶對產品穩定性的信任。
- **將功能作為公開、穩定的 API 公開**：將某個功能作為穩定的公開 API 發布後，客戶會基於此進行開發。這意味著：客戶期望 API 不會有破壞性變更；如需重大修改，通常需要發布全新的 API 端點，或者發布帶有新主版本號的端點（如果版本控制策略允許）。
- **推出面向客戶的新服務**：推出新的客戶服務類似於發布新 API，一旦推出就需要長期維護和支援。以亞馬遜網路服務（AWS）為例，在宣布新服務進入「一般可用性」階段時設立了很高的門檻，因為一旦服務進入此階段，即使虧損也必須繼續維護，服務的棄用通常需要數年時間，這使得推出新 AWS 服務實質上成為一個單向門決策。

介於兩者之間的決策

在軟體開發中，有些決策雖然可以撤銷，但可能會帶來相當的成本。例如，進行大規模的資料遷移或引入新的開發框架，即使可以回頭，也可能需要付出不小的代價。

面對這類決策時，我建議你先評估它是屬於容易撤銷的「雙向門」，還是撤銷成本高昂的「單向門」決策。對於雙向門決策，不需要過度討論或花太多時間取捨，也無須進行大規模的原型測試。對於單向門決策，你需要深入研究並做好充分準備。建議製作原型或概念驗證，確保決策的可行性。可以試著將工作分階段進行，使初期階段易於調整或撤銷。

辨識一個決策是雙向門還是單向門，這是需要時間和經驗積累的技能。當你對某個決策感到不確定時，先做好全面的研究，然後選擇看似最合理的方向前進，並且在實施過程中保持彈性。

在完成後，花時間反思決策的實際效果。

5. 決策的「影響範圍」

你的決策會影響多少團隊和客戶？某些決策影響有限，例如為了清理程式碼，重構一個只有你的團隊使用的系統。這種決策的影響範圍很小，改動其他團隊或客戶不依賴的系統也屬於此一範疇。

除此之外，有些決策的影響範圍更大。例如，停用公司內 20 個團隊使用的 API 端點，則勢必會影響這些團隊以及依賴這 20 個團隊的所有客戶。如果是 10 萬客戶使用的公開端點，那麼影響範圍就相當龐大。

影響範圍龐大的決策在執行上更加困難，原因如下：

- 需要因變更而進行工作的團隊可能會有抵制：例如，如果所有 20 個團隊都必須更改程式碼並測試功能是否如預期運作，那麼大概會有幾個團隊對你團隊提議的時程表提出異議。
- 對客戶的影響：如果停用 API 意味著付費客戶的功能會中斷，那麼推出這種破壞性變更可能導致客戶流失。

撤銷單向門架構決策的影響範圍通常相當廣泛。然而，我們總能想出一些方法來縮小這個影響範圍。舉例來說，在內部停用某個 API 端點時，我們可以對外保持該端點的可用性，同時設置一個「轉譯器」來銜接新的 API 端點。另一種做法是在新端點提供額外功能來吸引客戶主動轉移，藉此縮小影響範圍。

不過，考慮到實際情況和各種限制，選擇影響範圍較小的決策並非總是最佳選擇。因此，我們應該列出所有可能的選項，仔細權衡每個選項的利弊。往往，那些能有效減少影響範圍的決策是「跳出框架」思考的結果。

優秀的架構決策應該要能限制未來修正時的影響範圍。誠然，我們都希望能有一種方法，可以避開那些不可避免會造成廣泛影響、且不受依賴你軟體的團隊和客戶歡迎的棘手情況。但現實是，這樣的萬全之策並不存在。我們能做的，就是從每次經驗中學習，並在下一次專案中努力設計出更具可持續性的軟體架構。

6. 可擴展架構

Staff+ 工程師常被期望要能設計出具有擴展性的架構，而科技巨頭通常會明確列出這項能力預期。但這究竟意味著什麼？所謂的可擴展性，指的是建立一個能應對持續增長的工作量並適應未來發展的系統。雖然可擴展性是個模糊的概念，但大致可分為兩大類：

- 新業務使用案例的成長
- 資料、使用量和流量負載的成長

因應新業務使用案例成長的擴展

假設你在一家乘車應用程式的支付團隊工作。你的任務是實現顧客使用信用卡支付的功能。你完成了這個支付選項，業務部門對其運作方式感到滿意。隨著時間推移，應用程式成長，業務部門提出更多新功能需求：

1. 使用 PayPal

2. 使用現金
3. 使用 Apple Pay
4. 使用 PayTM（印度的數位錢包）

你當然可以從零開始實現對每種支付類型的支援，但這並非真正可擴展的方法。更具可擴展性的做法是預測可能的請求類型，並建立一個讓新增新的支付方式變得容易的系統。

可擴展的方法始於認識到業務會不斷要求新增支付方式。你意識到透過在後端、網頁和行動端撰寫程式碼來建立新的支付方式約需一個月。因此，你設計了一個有明確架構的框架，雖然可能需要幾個月來建立，但能將新增新支付方式的時間縮短到幾天。恭喜，你已經建立了具可擴展性的架構。

要設計可擴展的業務使用案例，你必須了解兩件事：

1. 業務的運作方式：就支付方式而言，你需要了解支付系統的運作原理。例如，研究全球 20 種最受歡迎的支付方式，並與支付專家討論它們的機制。
2. 公司的路線圖：投資於使新增支付方式更具可擴展性是否值得？如果業務在未來兩年只打算新增 Apple Pay，答案是否定的。但如果公司計劃在 12 個月內新增 10 種支付方式，那麼提前準備就很明智。然而，如果不先了解公司的規劃，你就無法判斷是否應該提升系統的「業務使用情境可擴展性」。

因應資料、使用量和流量負載成長的擴展

當一個影片串流系統儲存的影片量是現在的 100 倍時，它將如何運作？當每日活躍使用者增加 100 倍時，同一系統將如何應對？這些都是典型的可擴展性挑戰。關於如何建立可擴展系統有大量文獻探討，後端系統、網頁系統以及行動或桌面應用程式所需的擴展方法略有出入。大部分可擴展性討論往往集中在後端系統上，包括：

- 水平 vs. 垂直擴展性
- 分片

- 快取
- 訊息傳遞策略
- 資料庫複製
- 內容傳遞網路

我們不會在這裡深入探討可擴展架構的主題，可以參考下列書籍：

- 《資料密集型應用系統設計》（Designing Data-Intensive Applications），作者：Martin Kleppmann，譯者：李健榮，O'reilly 出版
- 《構建可擴展系統的基礎》（Foundations of Scalable Systems），作者：Ian Gorton

7. 架構 vs. 業務優先順序

軟體工程師經驗越豐富，就越能體會架構決策的重要性。架構決策需要時間來驗證其成效，包括你自己做出的決策。許多工程師是透過做出不佳的架構決策或受其影響，逐漸認識到優良架構的重要性。

過分執著於打造出一個系統能自動因應新的業務使用案例和流量模式而擴展的「完美」架構，是人們容易陷入的陷阱。然而，如果不考慮當前的業務需求，就有過度設計系統的風險。

將架構決策與業務目標和成長相配合

架構不應獨立存在；事實上，優秀的架構總是與業務密不可分。我們必須明確業務的目標為何，底層架構才能有效支援這些目標的實現。若現有系統阻礙了這些目標，那麼改變它們就成為一項值得（甚至是必要的）任務。

業務計劃如何成長？架構決策應協助系統按照公司的成長目標進行演進和擴展。然而，花費時間和資源為業務不需要的功能建立可擴展系統，實為資源的浪費。

以重新設計電子商務公司的支付系統為例，假設我們的目標是讓它更具擴展性。這裡的「擴展性」究竟意味著什麼？

如果業務的痛點是無法快速新增支付方式——例如，目前需要 2 個月，但業務需要在未來一年內新增 20 種支付方式以保持競爭力，那麼投資於重新架構以加速新增支付方式是明智之舉。

如果業務的痛點是支付系統故障導致客戶流失，那麼合理的作法是改善系統，提高可靠性。這可能涉及架構變更，但也可能包括改進監控、警報和值班制度。

但如果業務並無與支付相關的明顯痛點，那麼是否真有充分理由進行大規模的架構變更？須謹記，變更需要投入大量心力並承擔風險，因此應該有相應的效益和業務理由。

當然，提升工程生產力和減少工程人員的繁瑣工作也是正當的業務理由。關鍵在於確保這些目標在優先順序中有適當的排序！

將架構變更與業務計畫相結合

你會多次注意到改進系統架構可以幫助減少技術債，提高工程生產力。然而，這種改進可能不足以成為證明這項工作有其必要的正當業務理由。

不妨考慮將一些改進與業務優先事項結合起來，以及與業務關心的功能和產品發布的專案相結合。例如，在建立新功能時，也改進與該功能相關的架構，這可能使其更穩健，或使未來類似的新增更容易、更快速。

足夠好可能優於完美

程式碼和工程流程可以在需要時進行修改或移除，並引入新的元素。架構同樣可以在需要時調整，但架構變更的成本較高，因此在做「單向門」決策時需格外謹慎。

在追求「完美」架構和建立足夠好的結構之間，我們需要取得平衡。「足夠好」的架構能夠讓業務達成目標並支援其成長。值得注意的是，架構很少是固定不變的；它可以隨著業務需求的變化而調整和修改。

當你越能將業務成長和變化視為與架構演進相互關聯，就越能幫助軟體工程更有效地解決業務問題，並善用軟體和軟體架構來實現這一目標。

8. 與實際工作保持足夠接近的距離

當工程師升到專家或以上職等，所面臨的最大挑戰在於，許多事情會將你從程式設計的實務中拉開，比如會議、招募和其他優先事項。你會感受到花更多時間在處理「大局」：了解業務、與非技術利益相關者交談，以及與各種團隊合作。

了解業務和參與策略討論的槓桿效應確實遠高於撰寫程式碼。然而，只有當你具備足夠的技術能力和實務經驗，能夠在這些討論中有效地代表工程觀點時，這些活動才能真正「以小博大」，為你帶來優勢。

在**貼近實際工作**和執行工程師工作之間取得平衡。程式設計肯定不會是你花費最多時間的事，但要避免成為一個典型的理論派軟體架構師。想辦法保持實務參與並貼近程式碼，同時也深入了解業務。

持續參與架構決策，並支持其他工程師成為更好的架構師。優秀的架構不斷演進，而軟體工程師正是推動這種演進的人。作為 Staff+ 工程師，即使你有許多其他優先事項，也要花時間審查和討論其他工程師提出的架構方法和改進建議。

作為一名優秀的架構師，你不應該僅靠一己之力做出所有架構決策，因為這會讓你成為團隊的瓶頸。相反，你應該透過挑戰和指導來幫助其他工程師做出經得起未來考驗的決策；提出問題並建議他們考慮各種權衡取捨。

9. 軟體架構師特質

「Staff+ 軟體工程師」和「軟體架構師」這兩個詞常常可以互換使用。Staff+ 工程師可能是團隊、部門或組織中最具經驗的技術人才。他們自然而然地會深度參與架構設計並領導許多工作。

經過長期觀察，我歸納出幾種不同類型的架構師或資深工程師。對於有經驗的工程師來說，這些不同類型的架構師特質可以作為反思自身軟體工程方法的參考。以下內容總結了各類架構師的原型。

請注意，這些特質描述的是「行為模式」，而行為是可以因應不同情況而改變的。例如，一位架構師可能在某個專案中更加親力親為，而在另一個專案中則較少直接參與。此外，個人的風格也會隨著時間和經驗而演變，所以一個曾經的「象牙塔架構師」可能會逐漸轉變為一個「平易近人的架構師」。

就個人偏好而言，我更傾向於實務導向的特質。因為我反覆觀察到，與程式碼保持密切聯繫的工程師往往比脫離這個工程核心的工程師能做出更切合實際的決策。然而，這並非絕對，不存在單一的「好」或「壞」方法，理論導向的特質在許多情況下也能發揮重要作用。更偏重理論的工程師通常會投入更多時間了解業務和產業動態，這可以為決策帶來必要的深度洞見。

更偏重理論的特質

#1：象牙塔架構師

這種架構師就像坐在高塔上的國王，與第一線的開發團隊脫節。他們給人一種高高在上、難以親近的感覺，很少甚至完全不與實際撰寫程式碼的工程師互動。

他們的決策通常是自上而下的，就像一道聖旨從天而降。因為太少與團隊溝通，他們常常不知道工程師對他們的想法有什麼疑問或反對意見。結果就是，他們制定的架構可能與實際需求完全脫節，卻還渾然不知。

#2：精確主義者

這類工程師非常注重細節，經常對用詞和表達進行糾正。他們堅持使用精確的術語和定義，如果不能準確無誤地表達想法，他們可能就會對其他人的意見嗤之以鼻。

與這種工程師討論問題時，容易偏離主題，陷入對特定用詞或細節的深入討論。這可能會讓一些年輕工程師感到壓力，不敢積極表達自己的想法。

#3：理論派

這類工程師熱衷於學習和研究，經常閱讀技術書籍、論文和案例研究。他們喜歡在討論中引用最新的設計模式或方法論，並以這些學術資源作為決策依據。

理論派的問題在於，他們可能過度依賴書本知識，而忽略了實戰經驗的重要性。在一個有務實導向架構師作為制衡的環境中，理論派可以為團隊帶來創新的想法和替代方案。然而，如果沒有人給予適當的回饋，他們可能會堅持實施一些看似完美但實際上不切實際的架構方案，最終導致專案出現各種問題，甚至造成團隊的混亂。

#4：辯論家

這種工程師在每次架構討論中都能提出各種不同的觀點和反對意見，看似為討論增添了許多價值。但問題在哪裡？只要有他們參與的討論，往往會無止境地持續下去，難以達成共識。

辯論家通常熱衷於深入而全面的討論，喜歡探索每個決策的方方面面。這種做法雖然可以幫助團隊考慮到更多角度，但也可能與那些偏好「快速決策，立即行動」的務實型工程師產生衝突。

#5：術語專家

這類工程師精通技術詞彙，常在討論中使用專業術語。在與初級工程師交流時，他們可能會這樣說：

> 「考慮到系統可能連**弱一致性**都達不到，**冪等性**顯然不是我們的首要之急。我建議我們先討論一下**持久性問題**，不過我不確定現在出席人數是否足以討論這麼高深的話題。」

他們傾向於認為，熟練使用專業術語等同於高水平的技術能力。因此，他們可能會忽視那些表達不夠專業的意見。這種工程師與精確主義者有

些相似，但更注重使用專業術語。他們有時也表現出象牙塔架構師的特徵，因為他們可能低估其他人對技術詞彙的理解能力。

#6：甩手顧問

這種工程師在專案初期提供建議和想法，但在實施階段可能不再積極參與。這可能導致問題，因為當專案真正開始時，他們的建議可能已不適用。團隊可能面臨困境：是否應該堅持可能已過時的建議，還是自行做決定？或者是否應該再次尋求這位顧問的意見，即使他們可能已經不太參與專案？

這類工程師常常表示他們太忙，無法全程參與專案。如果發現自己成為這樣的工程師，可以考慮減少同時進行的項目數量，專注於幾個可以全程參與的專案。

更實務導向的特質

#7：程式碼機器

這類工程師是寫程式高手，大部分時間都投入在撰寫程式碼上。他們不僅工作效率高，而且因為經常與其他工程師並肩作戰，所以很容易與團隊建立良好關係。

Meta 甚至特意打造了一個專門頭銜「程式碼機器」給 Michael Novati[6]，後來他跟我分享了這段故事：

> 「Facebook 很重視公平。我基本上是公司裡程式碼提交量最大的人。但是呢，當公司要評估我和其他 E7 等級的工程師時（這個群體很小，大概就一百多人），管理層覺得我好像整體影響力還不夠。
>
> 我當時努力爭取讓自己的貢獻得到更多認可。不僅寫程式，還面試了 300 多人，工作之餘還處理一堆大事。後來我聽說，我的工程總監靈機一動，發明了『程式碼機器』這個頭銜，提交給評估 E7 的委員會。結果他們居然點頭了，就這樣『程式碼機器』正式成為工程師的一種類型。」

---

[6] https://www.linkedin.com/in/michaelnovati

很多人可能會覺得「程式碼機器」跟「軟體架構師」八竿子打不著。但我覺得，是時候打破「架構師就是不寫程式」的迷思了。連 Meta 這種科技巨頭都認可這種人的存在和重要性，足見他們的價值。

#8：系統整合專家

這類工程師對公司的大多數系統都有深入了解，知道它們如何運作、用途是什麼，以及如何擴展和修改。他們動手能力強，可以靈活地修改各種系統，並能有效地整合新功能或不同系統。

在系統複雜的大型企業中，整合專家的價值尤為突出。憑藉豐富的實務經驗，他們能提供巧妙的解決方案，避免不必要的大規模重寫。

不過，這種人也有他們的隱患。他們可能太習慣了到處修修補補——畢竟他們真的很擅長。將他們與理論導向的工程師搭配，可能是進行大規模重構的理想方式，因為整合專家能夠提供實用的見解。

#9：平易近人的指導者

這種資深軟體工程師特別親切易近，總是樂於提供協助。他們積極參與團隊日常工作，經常出現在工程師的討論中，參與輪值待命，也不吝於在工程師的交流群組中分享見解。

他們在日常的程式碼審查和結對程式設計的過程中，自然而然地指導經驗較淺的同事。有時，他們還會安排定期會面，以更正式的方式與年輕工程師討論工作挑戰和職業發展。

#10：細心的文件撰寫者

這類工程師特別重視文件的價值，致力於透過撰寫清晰的文件來幫助同事理解複雜的架構、重要概念和專業術語。他們積極支持並參與撰寫各種文件，包括 RFC、設計文件、架構決策記錄（ADR）和操作手冊等，以捕捉和傳播重要知識。

值得注意的是，這個特質可能呈現出不同的側重點。有些文件撰寫者更偏重實務經驗的記錄，而另一些則可能更專注於理論架構的闡述。有趣的是，許多被視為「象牙塔」式的架構師也常常是細心的文件撰寫者。

#11：新技術愛好者

這類工程師總是熱衷於採用最新、最酷的框架或方法，通常是他們剛學到的東西。這種做法在資淺的團隊中特別受歡迎，尤其是那些渴望站在技術尖端的成員。

然而，長期下來，盲目追隨最新技術潮流可能會帶來麻煩。因為這些新方法往往缺乏充分的實戰檢驗，可能會引入意料之外的問題。

#12：穩健派

與新技術愛好者相反，穩健派偏好使用那些經年累月證明有效的工具，即使團隊其他人認為這些工具已經過時。

有趣的是，穩健派可能曾經也是新技術愛好者，但因為多次踩坑後，決定轉向更保守的路線。

穩健派在經驗豐富的團隊中往往能發揮重要作用。他們倡導的方法通常能確保軟體開發過程中遇到的意外最少。「平凡但可靠的技術」是他們的工作理念。

不過，穩健派可能會和偏好現代方法的團隊成員有些摩擦。他們的存在也可能讓公司在招募喜歡尖端技術的工程師時面臨一些挑戰。

架構師特質的價值？

你可能會在同事身上發現一個或多個上述原型的特質。了解同事們如何看待你，以及你屬於哪種原型，對你當前的工作可能會有所幫助。

這正是使用原型作為自我反思工具的核心。你在他人眼中是偏向理論還是實務的人？更重要的是，你所呈現的形象是否符合你的期望？

別忘了，這些特質描述的是行為模式，而行為是可以改變的。大多數工程師可能會發現自己是上述幾種原型的綜合體，而且特質組合會隨著專案和團隊動態而變化。

將具有不同特質的工程師搭配在一起常常能產生優秀的成果。為了證明這些特質沒有絕對好壞之分，我想起了曾共事過的最傑出的架構師團

隊。這不是一個人，而是一對搭檔：一位高度側重理論，另一位則非常務實。

這兩人不斷相互挑戰，他們獨特的組合最終導致了既實用又優雅的架構，具有長期的可維護性和可擴展性。在這個過程中，他們似乎逐漸欣賞彼此的方法，理論派的工程師變得更加務實，而務實派的工程師也開始重視研究和深入思考的價值。

在一個足夠長的職業生涯中，你可能會發現自己扮演過幾種不同的角色原型。了解每種特質可以幫助你思考：具有某些特質的人是否適合當前的專案和團隊。

重點整理

「專家工程師」、「首席工程師」等 Staff+ 工程師職稱，在不同公司的意味也許截然不同。有些公司的首席工程師可能相當於其他地方的資深工程師角色，也有公司的 Staff 工程師影響範圍可達 50 至 100 名工程師──這遠高於一般水準。因此，與其只關注職稱，不如弄清楚你目前工作場所和你想加入的公司對這個角色的具體期望。

Staff+ 工程師經常與工程經理（EM）和產品經理（PM）密切合作，並且通常跨團隊工作。他們常常被默默期望能發掘值得解決的新問題，同時也要修復現有系統的問題。

這個角色需要在多重專案之間快速切換工作狀態，因此時間管理變得更具挑戰性。

下圖呈現了軟體工程師、資深工程師和專家工程師在工作任務時間分配之變化：

各角色如何分配時間？

軟體工程師

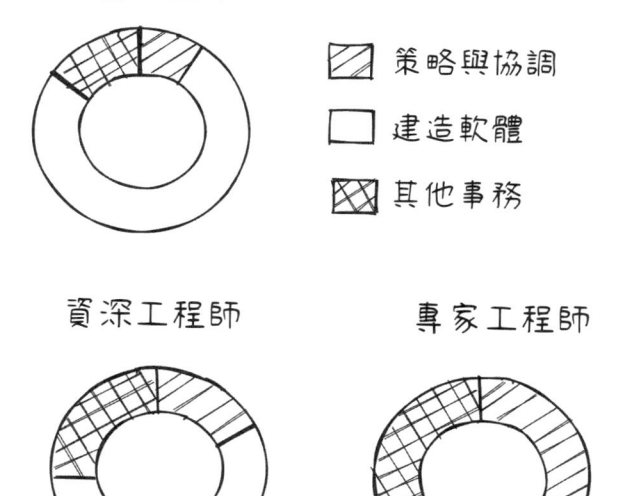

- 策略與協調
- 建造軟體
- 其他事務

資深工程師　　**專家工程師**

隨著工程師升職到更高職位，時間分配如何變化。
專家工程師通常有較少的專門時間用於直接與軟體開發相關的活動。

在 Staff+ 工程師的層級，深入了解業務運作是基本要求。同時，你還需要具備與不同角色順暢合作的能力，包括工程經理、產品經理、業務人員和其他工程師。

在這個職位上，你將被期望在建立可靠且具韌性的軟體系統方面發揮表率作用。這包括運用業界最佳實踐，並建立能提升團隊執行效率的流程。

即使你沒有「軟體架構師」的頭銜，你實際上也會扮演這個角色。別忘了，這不僅是制定長遠決策的機會，更是讓團隊成員參與其中，指導他們培養長期思考能力的良機。

Staff+ 角色最令人振奮的地方在於你能對產品開發、團隊運作以及其他工程師的成長產生深遠的正面影響。持續學習、達成目標，並透過指導和提攜來幫助其他工程師成長。在這個過程中，別忘了享受其中的樂趣！

對 Staff+ 工程師而言，寫作技能變得越來越重要，特別是在大型組織中工作、遠距辦公或與分散團隊合作時。雖然本書沒有深入探討這個主題，但你可以在線上閱讀第五部的補充章節，進一步了解這方面的內容：

Becoming a Better Writer as a Software Engineer

pragmaticurl.com/bonus-5

PART VI 結論

CHAPTER 26 終身學習

是什麼讓頂尖工程師在軟體界中脫穎而出？其中一個關鍵就是他們永不停歇的學習精神。這些高手不僅精通各種新穎的程式語言和技術，還不斷深入研究創新的開發方法。

以 Django 網頁框架的共同創辦人 Simon Willison 為例，Simon 之前在 Eventbrite 擔任架構長，現在是獨立軟體工程師。雖然他已經有超過 20 年的程式設計經驗，始終保持高效率的工作態度，而且持續學習新技術。ChatGPT 推出後沒多久，Simon 就開始記錄他對這個大型語言模型的實驗心得[1]，還分享了如何運用它來提升自己的開發技能。更厲害的是，他在短短幾個月內就變成了研究 LLM 指令注入（prompt injection）技術[2]的專家。

在我看來，Simon 是一個絕佳的例子，展現了優秀軟體工程師在學習的路上永不止息。他用實際行動告訴我們，在這個領域裡總是有新奇有趣的知識等著我們去探索和應用。

無論你是剛入行的新手，還是經驗豐富的資深工程師，持續學習都能助你在職涯中更上一層樓。本章將介紹以下幾種方法：

1. 保持好奇心
2. 持續學習
3. 挑戰自我
4. 緊跟業界趨勢
5. 適時放鬆充電

---

[1] https://simonwillison.net/series/using-chatgpt
[2] https://simonwillison.net/series/prompt-injection

1. 保持好奇心

無論對科技和軟體工程了解有多深厚，總有更多等待你去發掘的知識。體驗這一點的最佳方式就是不斷提問。

勇於提問

始終要了解你所做工作的原因和運作方式。持續問「為什麼？」和「怎麼做？」，直到你獲得答案，並且要勇於深入探究。

以下是一些你可以（也應該！）在工作中提出的問題範例。

「為什麼我們要做這個專案，誰會受益？」 作為軟體工程師，你的工作不僅僅是完成任務和寫程式碼，而是為團隊和企業創造價值。因此，首先要了解你的工作為何重要，誰會從中受益，以及如何受益。

例如，當你開始處理一個「將提交按鈕的邊距加寬 4 像素」的任務時，問問為什麼要這麼做。可能是因為應用程式存在無障礙性問題，年長使用者在操作時遇到困難。在這種情況下，增加邊距可能是一種解決方案，但它是最實際的嗎？是否只有提交按鈕有這個問題，還是所有按鈕都有？你能否透過更聰明的方法解決整個應用程式的一系列無障礙性問題？

「為什麼現在可以運作了？什麼東西改變了？」 有時在嘗試解決錯誤時，問題似乎會「自行修復」。這是好消息，對吧？你可以回到原本的工作，並將這個問題標記為「對我有效」、「無法重現」或「可能已修復」。

然而，具有質疑精神的人不會就此止步。畢竟，你並不了解真正發生了什麼。也許問題仍然存在，但只影響某些使用者、某些配置或某些地區。也許另一個不相關的程式碼變更修復了這個問題？或許這是一個不確定性問題？

戴上你的偵探帽，調查真正發生的事情。沒有所謂的自行修復的錯誤；任何發生的事情總有原因。如果你提出問題並進行調查，你會發現真相，並在這個過程中成為更好的軟體工程師。這是因為你學到了追蹤這

些問題的寶貴經驗，了解了電腦系統的運作方式，以及你之前未意識到的邊緣情況。

「我們可以使用哪些替代方案？」在我職業生涯早期，在一家軟體顧問公司工作時，我被安排到一個專案，要為客戶建立一個相對簡單的 CRUD（建立／更新／刪除）業務應用程式來管理業務記錄。一位指導專案的資深軟體工程師建議我使用公司內部的物件關聯映射工具（ORM）來儲存和檢索此應用程式的資料。

我不確定為什麼要這麼做，但沒有問，而是假設資深工程師最清楚。我使用這個包裝器建立了應用程式。然而，當到了移交專案的時候，我注意到一個令人擔憂的問題；一旦記錄超過 50 條，應用程式就變得非常緩慢。插入或更新一條記錄需要 5 秒，然後 10 秒，甚至更長。問題在於這個自訂 ORM 工具在處理即使是小型資料集時表現也很糟糕。

我詢問資深工程師我們可以使用哪些替代方案，以及這些替代方案意味著什麼。在討論選項時，很明顯，放棄這個 ORM 工具或使用沒有已知效能問題的成熟 ORM 工具會更明智。最後，我重寫了應用程式，在資料層使用了一個流行的開源 ORM 工具。

如果我一開始就質疑初始方法並評估替代方案，我本可以節省很多時間。

其他值得問的問題：

- **「這個解決方案究竟是如何運作的？」**深入挖掘，直到你了解確切的細節。

- **「這個組件在底層是如何運作的？」**在現代軟體工程中，使用函式庫或框架來完成應用程式的大部分工作是很常見的。然而，如果你不了解工具、函式庫或框架在底層是如何運作的，那麼你很可能會錯過一個寶貴的學習機會。

- **「如果我們從頭開始構建自己的解決方案會怎樣？」**在建立專案時，你可以選擇使用現有組件、供應商或自行構建。我認為問問自己構建解決方案意味著什麼很值得，不是因為你一定要這麼做，而是因為這樣做能給你組件或供應商需要做什麼的提示。

保持好奇心並保持謙遜

我觀察到，終身學習者即使越來越資深，仍然保有謙遜及平易近人的特質。他們渴望學習，並且具有彈性，在發現新事實和資訊時能靈活地改變自己的看法。

Kent Beck 就是一個很好的例子。他是「極限程式設計」的創辦人，也是測試驅動開發（TDD）的主要倡導者。2011 年，50 歲的他加入了 Facebook，當時他認為自己在科技領域已經見識過一切。以下是他完成新人訓練後對公司的印象，這份訪談摘自《Software Engineering Daily》[3]：

> 「我看到這個地方，簡直瘋狂。看起來像馬戲團，但事情卻運作得很好。他們並沒有按照我書中所寫的方式做事。（...）
>
> 在我腦海深處，這就像是大黃蜂之謎。理論上，這個流程應該是一場災難。但實際上，它在同時做兩件事時表現得極為出色：擴展和探索。」

加入 Facebook 後，Kent 在一次黑客松活動中主持了一個關於測試驅動開發的課程。由於同事們並不使用 TDD，他預期他們會來學習。然而，沒有人來參加 Kent 的 TDD 課程。與此同時，阿根廷探戈舞蹈課卻額滿了，甚至還有人等著候補。

Kent 在業界備受尊重，TDD 也被廣泛認為是軟體開發的最佳實踐，但 Facebook 並不使用它。換作其他軟體工程師可能會嘗試強制公司採用 TDD，或者離開接受其他橄欖枝。但 Kent Beck 既沒有這樣做，也沒有離開：他選擇保持謙遜與好奇心，去了解 Facebook 如何在不使用 TDD 的情況下維持全球最大的網站之一的日常營運。

這種態度使他意識到 Facebook 如何優先考慮快速行動，同時依賴先進的實驗和回滾系統，以及在 Facebook 的情況下，如何在沒有測試的情況下實現快速行動。Kent Beck 在 Facebook 度過了充實的職業生涯，在工作中受到尊重，並指導了數百名工程師。如果他不是一位謙遜好奇的人，這一切都不會發生。

---

[3] https://softwareengineeringdaily.com/2019/08/28/facebook-engineering-process-with-kent-beck

2. 持續學習

組隊與觀摩

透過結對程式設計或共同構思解決方案來與其他工程師一起解決問題，是一種優秀的問題解決方式，也是向同事學習的絕佳途徑。

結對程式設計是一種只有少數經驗豐富的軟體工程師熱衷的做法，因為他們親身體會到其效率之高。然而，大多數工程師並不這麼做，許多人甚至從未嘗試過。

當你在某個問題上遇到困難時，可以考慮邀請團隊成員與你組隊，共同解決。結對就是這麼簡單！

一旦你熟悉了組隊工作，你可以主動提出與那些你注意到遇到困難的工程師搭檔。

觀摩則涉及體驗你原本不會參與的活動、會議或事件。例如，工作中有許多你沒有被邀請的會議，但如果你感到好奇，你可能會認為參加其中一個會有所收穫。這時，你可以詢問受邀的人是否可以讓你跟隨觀摩。請記住，觀摩意味著觀察而不是參與。

適合觀摩的情境：

- 如果你缺乏面試經驗，可以觀摩一場工作面試，了解其進行方式。
- 軟體工程師不直接參與的會議，如產品經理的策略會議，或主管參加的事件檢討會。
- 其他團隊的例行活動：例如，作為技術主管參加另一個團隊的每週更新會議，觀察其運作方式和團隊動態。

當你聽說有一個你沒有被邀請但認為是學習機會的有趣會議或活動時，可以詢問組織者是否可以讓你觀摩。最壞的情況也不過是被拒絕而已！

導師制

有一個導師指導你學習,以及指導他人,都是持續學習和成長的絕佳方式。導師制是一種雙向關係,導師在分享經驗的同時也從學員身上學習。

第 12 章〈協作與團隊合作〉中對於導師制進行了詳細的討論。

自主學習

在科技領域,自學是一項必備技能,它能讓你更加自主,當遇到不懂的東西時,你可以透過學習來解決問題!

在軟體工程領域中,有大量線上資源可供學習語言、框架和方法,包括:

- **語言、框架和函式庫的參考文件**:這些資源通常比較「枯燥」,但通常是最新的。
- **教育資源**如文章、書籍、影片和課程:這些資源不斷增加,既有免費的也有付費的。越是小眾的領域,付費資源可能越有幫助。這些資源通常能物超所值。此外,你的公司可能有提供學習和教育補助,意味著你不需要花自己的錢。
- **論壇和問答網站**,如 StackOverflow、Reddit、Discord 伺服器和其他程式設計社群,你可以在那裡尋求支援和幫助。
- **人工智慧工具**:大型語言模型(LLM)可以成為一種實用工具,提供理解和解釋程式設計脈絡的指引。但別忘了,這些工具有時會編造內容,所以不要盲目相信它們!
- **邊做邊學**:我把最有效的方法留到最後——使用你想學習的技術或方法來建構某些東西!例如,如果你想學習 Go 這門新語言,可以用這種語言構建一個服務或重寫一個現有的服務。沒有什麼比親自動手寫程式碼和偵錯更有效的了。搭配上述其他資源可以在這個過程中提供幫助。

隨著你在某個領域變得更有經驗,你的學習過程也會改變:

- 作為某個領域（如 TypeScript 程式語言）的**初學者**，指導非常有幫助。這可能來自於有明確觀點的資源，或者來自充當指導者的有經驗工程師。
- **在進階階段**，自行探索一個領域並尋求專家資源更有用。例如，如果你已經有 TypeScript 經驗，你可以嘗試其更進階的功能，如聯合類型、keyof 關鍵字，以及 Required 和 Partial 工具類型。查閱深入探討進階語言功能如何運作及其底層實作的進階資源會很有幫助。
- 當你成為某個領域的**專家**時，教導他人和突破界限是幫助自己更加成長的絕佳方式。以 TypeScript 為例，教導工程師這門語言如何運作，為他們建立書面文件或教學影片等資源是加深自己理解的好方法。承擔諸如為 TypeScript 編寫編譯器這樣的進階專案是一個挑戰，可以推進你對語言的理解以及對編譯器工作原理的理解。參與用該語言編寫的多項專案是另一種值得參考的做法。

分享所學

教授某個主題是深入學習的絕佳方式，因為教學本身會要求你：

- 透徹理解其運作原理
- 將其分解為足夠簡單的概念
- 回答問題，包括你自己沒想到的問題

以我個人而言，當我解釋概念、框架或系統時，我對它們的理解會更加深入。我經常在這個過程中發現自己知識的缺口，意識到需要更好地理解某些方面。當然，幫助他人提升程度是教學的最大好處。而教學相長的過程也能讓你在該領域更加精益求精，這是額外的收穫。

這裡有個實用的技巧：如果你真的想強迫自己深入學習某個東西，就去做一個相關的簡報或舉辦一個講座。我在 Uber 時就這麼做過。當時我想了解公司數十個系統如何協同工作，這些系統由約 10 個團隊負責。於是，我自願為新人準備一個入職簡報，介紹每個系統的功能以及它們如何協同工作。為此，我需要將各個部分結合起來，並深入理解系統的每個部分。

囤積知識

Simon Willison 對知識囤積的價值有一個有趣的觀察。他告訴我：

> 「我認為在科技領域取得成功的一大關鍵，就是不斷囤積你會做的新事物，然後尋找機會將它們結合並應用。」

這就是為什麼多方涉獵與你「主要」專業不太相關的領域很有幫助。例如，如果你是前端工程師，可以深入研究不同的平台，如後端或嵌入式系統。嘗試新技術如大型語言模型或機器學習。學習不同的領域並「囤積」這些知識。現在可能用不上，但將來可能會派上用場！

學習方式隨時間變化

學習方法的有效性會因你是業界新人還是某些領域的專家而有所不同。沒有一種方法適合所有人，但以下是我的一些觀察：

- 當你剛接觸一個新領域時，有人與你一起結對程式設計，或跟隨教學課程的引導式學習通常更有效。
- 當你對某個領域有深厚興趣時，自主學習往往效果很好。
- 想要解決問題的需求是一股很強的動力，能促使你用最有效的方式弄清楚某項技術如何運作（或為何不運作）。

我在學習新事物時偏好的媒介也曾多次改變。我從使用書籍學習新語言和技術，到看影片教學，再到使用參考文件，然後又回到書籍，現在則使用 AI 工具。我想我的偏好會繼續隨時間改變。

不僅是你自己的偏好會改變。團隊氛圍對於向同事學習知識有很大的影響。如果他們樂於幫助你，並在你需要進步的領域有相關經驗，你通常可以學得更快。

接受你的學習偏好和方法會隨時間改變這一事實，不要畏懼嘗試新的學習方法！

3. 持續挑戰自我

在探索和理解新事物（如技術或系統），或是適應新團隊或工作環境時，總會有一條學習曲線。起初，在你吸收和組織大量新資訊時，這條學習曲線會很陡峭。隨著時間推移，當你成為專家時，這條曲線會逐漸平緩。這個過程的視覺化圖示如下：

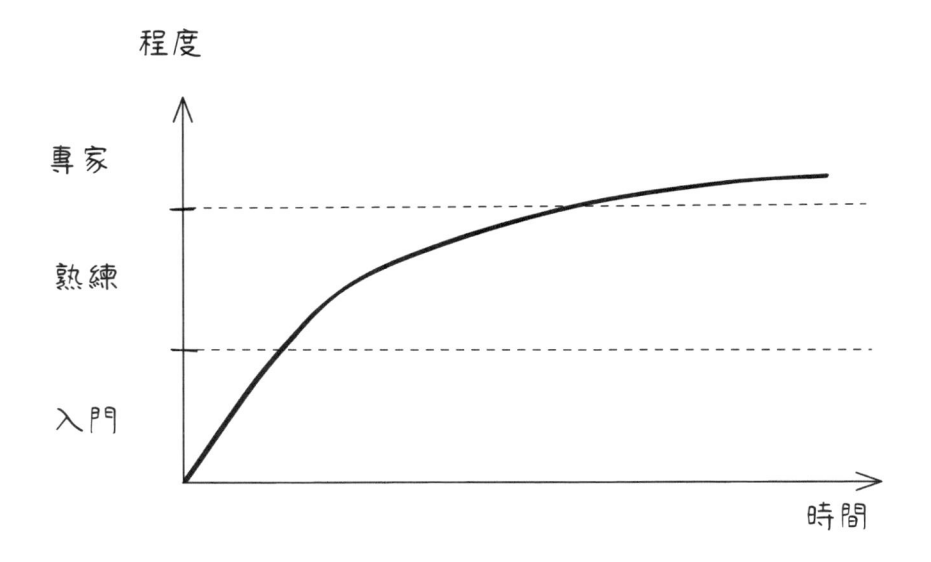

典型的學習曲線

學習過程可分為三個明顯的階段。讓我們以學習使用新框架為例來說明：

1. **入門 / 初學者階段**：你剛開始接觸這個框架，正在閱讀相關程式碼或使用它進行簡單的修改。一開始，你可能會在基礎部分遇到困難，但很快就能跨過這個門檻；至少相較於第二和第三階段來說是快速的。
2. **熟練階段**：你已經掌握了基礎知識，隨著使用和學習這個框架，開始發現並使用更進階的功能。一開始，你的進步速度與之前一樣快，但隨時間推移會慢下來。你開始深入了解框架的內部運作方式，解決棘手的錯誤，慢慢地達到很少有事情能讓你感到意外的程度。

3. **專家階段**：在長期使用這個框架後，你成為了專家。似乎沒有太多東西可以學了。但這只有在框架永不改變的情況下才是真的！當框架發布新版本時，你的程度會再度回到「熟練」階段。

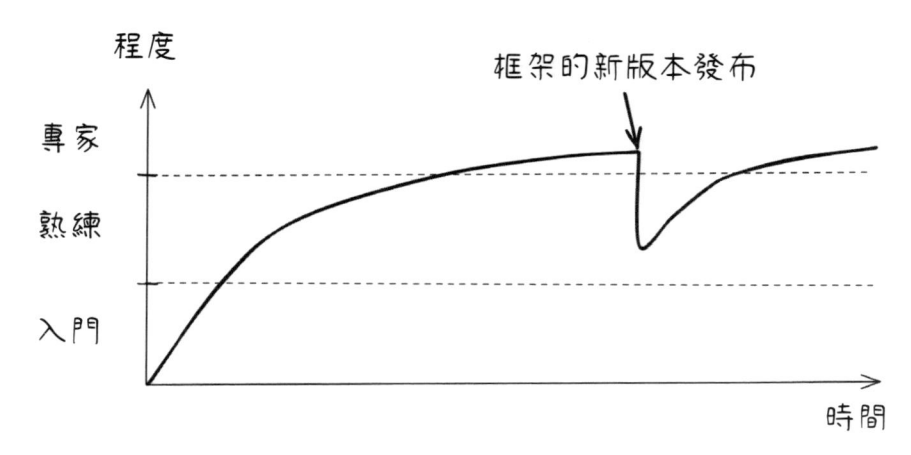

這是框架、函式庫，甚至程式語言的典型學習曲線。當新版本發布時，又會有更多東西需要學習！

在你達到「專家」等級後，學習曲線就會趨於平緩。無論是在任何技術、團隊或公司，你遲早都會到達這個階段。唯一永遠不會讓你感覺自己是專家的地方，就是那些快速變化的環境，例如快速變革的產業前沿，或正經歷高速成長的新創公司。

儘管如此，大多數工程師確實會達到「專家」階段，你會自然而然知道自己已經抵達。那麼，接下來該怎麼辦？以下是一些選擇：

- **維持現狀**：維持你的專家地位，享受成為該技術的權威人士。跟上偶爾的變化，如新版本的發布，並對這些變化有深入的理解。
- **多多教學**：維持你的專家地位，同時幫助他人提升。透過教學相長，你也能持續學習。
- **參與業界交流**：如果你在公司內某個領域是知名專家，你也許能在公司外學到更多。參與業界領先人物的交流和活動，並發表你的學習心得，都是很好的方式。當然，你可能需要經理和公司的支持，而這麼做可能會讓你和你的公司在某項技術上成為業界知名的代表人物。

- **挑戰新技術**：例如，如果你是用 Go 語言建構後端服務的專家，可以考慮學習新的程式語言或使用新的框架。
- **挑戰新領域或平台**：更大膽的做法是不只改變技術，而是改變你的領域或平台。例如，如果你覺得自己是後端工程的專家，可以嘗試前端開發，深入研究機器學習和 AI，或是其他你還是新手的領域。

當你成為專家後，關於該怎麼做才是對的，這個問題沒有標準答案。我的建議是，如果你已經是專家，最好決定你想做什麼，而不是隨波逐流。你是否滿足於維持專家地位？想要多教學？還是是時候接受新挑戰，感受學習新事物的刺激了？

4. 緊跟業界趨勢

瞬息萬變是科技界唯一不變的事實。技術始終在變化，新的程式語言和框架不斷推陳出新，現有的東西也在不斷改進；方法和平台也是如此。有時變化需要數年，有時卻只需幾個月。

大型語言模型就是一個在幾個月內迅速普及的例子。ChatGPT 於 2022 年 11 月公開發布，僅 3 個月就擁有 1 億月活躍使用者，其中包括許多利用它來提高寫程式效率的軟體工程師。

以下是幾種跟上變化的方法：

- **透過工作**：在使用尖端技術的「現代」公司工作，你只要上班就能與時俱進！如果你的團隊使用最新版本的現代程式語言和流行框架的最新穩定版，那麼你就能透過工作來保持更新。這也是擁有現代技術棧的公司對開發者很有吸引力的原因之一。
- **關注科技新聞**：閱讀電子報和網站、收聽 Podcast、觀看影片，了解科技界和你所在領域的最新動態。例如，如果你是在工作中使用 Go 和 Rust 的後端工程師，就找這些領域的資源。有很多刊物可以幫助工程師持續進修。你也可以使用像 Feedly 這類工具，訂閱幾個涵蓋有趣主題的網站，不時閱讀相關文章。

- **做業餘專案**：善用個人時間的業餘專案，以及在工作中進行原型開發，是避免落後的兩個最可靠方法。如果你在工作中沒有這樣的機會，可以考慮在工作之外花時間建立概念驗證專案。找時間嘗試新的框架、語言、平台和方法。
- **在工作中也可以玩玩新科技**：找理由嘗試新技術或有趣的方法，即使它與你的日常工作沒有直接關係。你可以用一直想嘗試的框架，為自己或團隊製作一個簡單的工具原型。或者你可以玩玩某項技術，然後在團隊的午餐學習會上分享你學到的東西。

5. 適時放鬆充電

本章的建議可能會給你一種在清醒的每分每秒都必須學習的印象。然而事實絕非如此！

定期學習新事物固然很好，但在工作過程中，難免會有無法學習的時候，或是你缺乏意願或機會。

你需要給自己一個喘息的機會，就像運動員不可能天天訓練，或每天都保持最佳狀態一樣。顯然，科技產業發展迅速，所以如果跟不上時代，出現害怕錯過的情緒也是可以理解的。然而，我的看法是，為了不落人後而拼了命學習，反而可能導致職業倦怠。

有時候，你就是需要給自己一個全然放鬆的機會。千萬不要為此感到愧疚！

CHAPTER

27 延伸閱讀

恭喜你讀完本書！以下是一些延伸閱讀清單。

額外章節

本書還有更多線上章節。總共有 10 個額外章節，增加了 100 頁的內容。你可以在這裡存取：

線上章節

pragmaticurl.com/bonus

掌握業界發展趨勢

所有書籍都難免會隨著時間而有些過時。要掌握業界變化，建議關注更加即時的資源：

《The Pragmatic Engineer 電子報》是我用來探討軟體工程業如何變化的平台：涵蓋產業趨勢、深度剖析，以及來自一些炙手可熱的公司之軟體工程師和工程主管的見解。如果你喜歡這本書，很可能也會喜歡這份電子報，畢竟都是出自我手！電子報的主題更加即時，案例也非常貼近當前情況。這是一份週刊，免費訂閱——你隨時可以升級到付費方案獲得更多內容。訂閱連結在此：

The Pragmatic Engineer 電子報

pragmaticurl.com/newsletter

軟體工程相關的電子報是讓軟體工程師緊跟最新產業動態的好方法。以下是我個人閱讀並推薦的幾份電子報：

pragmaticurl.com/newsletters

推薦書單

雖然在軟體工程領域，框架變化快速，程式語言也在不斷進化，但仍有許多核心概念變化較慢。軟體系統運作的基本原理，以及人們如何合作（或合作中遇到的問題）就是這樣的例子。以下是幫助我成長為更好的軟體工程師和工程主管的書籍，我推薦你也讀讀看。請在此瀏覽完整書單：

pragmaticurl.com/recommended-books

本書勘誤

儘管我們盡力避免錯誤，但在多輪編輯和內容審查後，難免還是有一些疏漏。你可以在下面查看已知的錯誤。如果你發現了尚未被回報的新錯誤，非常感謝你願意分享：

https://pragmaticurl.com/typos-and-errors

致謝

許多人直接或間接地協助了本書的完成：

我要特別感謝之前有幸共事過的開發者同事、主管和導師們。雖然軟體工程可以獨立完成，但我總是覺得與團隊一起工作更有趣、更令人興奮。我學到最多的時候，就是和其他人並肩解決具有挑戰性的專案的時候。如果我曾經和你共事過：謝謝你。我們的一次或多次互動可能直接或間接地影響了這本書的內容！

特別感謝我在 Sense/Net、Scott Logic、JP Morgan 的 TEXAS 團隊、Skype London（Durango / Xbox One、Outlook.com 和 Skype for Web 團隊）、Skyscanner（TripGun 和 TravelPro 團隊）以及 Uber（PPP、Helix、RP、Payments 和 Money 團隊）長期共事的夥伴們。

感謝本書的早期審訂者：Anton Zaides、Basit Parkar、Bruno Oliveira、Cecilia Szenes、Chris Seaton、Giovanni Zotta、Harsha Vardhan、Jasmine Teh、John Gallagher、Katja Lotz、Luca Canducci、Ludovic Galibert、Martijn van der Veen、Michael Bailey、Modestas Šaulys、Nielet Dmello、Oussama Hafferssas、Radhika Morabia、Rodrigo Pimentel、Simon Topchyan、Stan Amsellem 和 Yujie Li。

特別感謝我的編輯 Dominic Gover，他不辭勞苦地致力使這本書更加引人入勝。

最後，感謝我的家人支持我寫這本書，包容我長時間工作和犧牲週末的時光。也感謝我的父母一直以來的支持和建議，儘管他們勸我不要花太多時間寫這本書——但我最終還是這麼做了。

索引

A

abstractions（抽象層），133
academia（學術界），8
accessibility testing（無障礙測試），227
adapting your style（適應團隊的風格），351
ADR（架構決策記錄），233
AI coding assistants (AI 程式輔助工具)，153
AI coding tools (AI 程式設計工具)，365
AI hallucination (AI 幻覺)，204
AI helpers (AI 輔助工具)，204
Airbnb，4
alert precision（警報精確度），377
alert recall（警報召回率），377
alerting（警報系統），377
allowlists（白名單），135
Amazon，397
Angie Jones，126
anomaly detection（異常檢測），379
Anton Chuvakin，373
API documentation (API 文件)，212
application size testing（應用程式大小測試），226
Arc42，234
architecture（架構），231, 393
architecture debt（架構債），395
architecture documents（架構文件），231
asking questions（提問），338, 418
Atlassian，245
attrition（離職率），303, 306
auditing（審計），368
automated rollbacks（自動回滾），228, 275
automated rollouts（自動部署），275

automated testing（自動化測試），148, 217

B

Backstage，363
behavioral interview（行為面試），92
Ben Kuhn，140
biases in performance reviews（績效評估中的偏見），50
Big Tech（科技巨頭、大型科技公司），3, 57, 78, 245, 269, 279, 383
blameless reviews（無責難回顧），388
blast radius of decisions（決策影響範圍），401
blocking out time（預留時間），168
blocklists（黑名單），135
blub studies（「blub 學習」），140
brag document（自我推銷文件），27
breaking down work（工作分解），114
brilliant jerk（聰明混蛋），301
build or buy?（自建或購買？），367
business goals（業務目標），404
business metrics（業務指標），376
business stakeholders（業務利害關係人），329

C

C4 model (C4 模型)，233
canary deployments（金絲雀部署），227
canarying（金絲雀發布），273
career paths: a long-term view（職涯路徑：長期視角），64
career paths: common ones（職涯路徑：常見類型），12

career paths: dual-track（職涯路徑：雙軌制），10
career paths: single-track（職涯路徑：單軌制），8
celebrating（慶祝），263
chaos monkey（混沌猴子），225
chaos testing（混沌測試），225
churn percentage（流失率），316
CI/CD（持續整合／持續部署），357
CI/CD: debugging (CI/CD 偵錯)，155
Cindy Sridharan, 353
circuit breaker（斷路器），390
cloud development environments（雲端開發環境），363
coasting（滑行），36
code formatting（程式碼格式化），151
code map（程式碼地圖），155
code review tone（程式碼審查語氣），182
code reviews（程式碼審查），126, 143, 158, 181, 353
code reviews: cross-timezone（跨時區程式碼審查），183
code search（程式碼搜尋），361
coding（程式碼），125, 349
coding challenge（程式碼挑戰），91
coding challenges（程式碼挑戰），128
coding defensively（防禦性程式設計），390
coding interviews（程式碼面試），92
coding machine（程式碼機器），409
coding style guidelines（程式碼風格指南），353
coding: learning the fundamentals（程式碼：學習基礎），137
coding: reading code（程式碼：閱讀程式碼），143
coding: small changes（程式碼：小改動），157
collaborating with engineers（與工程師協作），343

collaborating with managers（與經理協作），341
collaboration（協作），181, 333
color scheme for development（開發工具的色彩配置），151
command-line terminal（命令列終端），152
communicating your work（溝通你的工作），166
compatibility testing（相容性測試），227
compensation（薪酬），14, 382
compliance（合規性），367
configuration management（配置管理），277
conflict（衝突），304
contracting（約聘），17
cost centers（成本中心），19, 322
cross-functional projects（跨部門專案），198, 327
cross-team projects（跨團隊專案），198
customer focus（客戶導向），320
customer support（客戶服務、客戶支援），320
CV（履歷），89

D

dashboards（儀表板），155, 206, 357
data science（資料科學），324
DAU（每日活躍使用者），316
deadlines（截止日期），246
debugging（除錯；偵錯），113, 141, 204
debugging the CI/CD system（偵錯 CI/CD 系統），155
declarative language（宣告式語言），201
definition of done（定義「完成」），352
delays（延遲），261
dependencies（依賴關係），112, 257
deployment environments（部署環境），271

design docs（設計文件）, 231
design document（設計文件）, 212
developer agencies（開發代理商）, 7
developer portals（開發者入口網站）, 363
development environment（開發環境）, 149
disaster recovery（災難復原）, 390
distrust（不信任）, 335
documentation（說明文件）, 177, 211
domain-driven design（領域驅動設計）, 235
DORA metrics (DORA 指標), 279
down-leveling（降級）, 94
downstream dependency（下游依賴）, 283
DRI（直接負責人）, 245
DRY principle (DRY 原則), 131

E

edge cases（邊緣案例）, 147
edit, compile, output cycle（編輯、編譯、輸出循環）, 150
email updates（電子郵件更新）, 286
engaged teams（積極參與的團隊）, 300
engineering dependencies（工程依賴關係）, 258
engineering kickoff（工程啟動會議）, 249
engineering productivity processes（工程生產力流程）, 294
error handling（錯誤處理）, 134
error messages（錯誤訊息）, 111
error rates（錯誤率）, 375
escalating（上報問題）, 109
estimating work（工作估算）, 115, 173, 246
experiment hygiene（實驗衛生）, 356
experimentation（實驗）, 26

F

failover（故障轉移）, 390
failure（故障）, 263
feature flags（功能開關、功能標記）, 227, 273, 359
feedback: asking for it（回饋：主動尋求）, 29, 44, 158
feedback: giving it（回饋：給予）, 30, 194, 336
feedback: when it's negative（回饋：當它是負面的）, 50
feedback: when it's poorly delivered（回饋：當傳達不當時）, 31
focus（專注）, 105
freelancing（自由接案）, 17
full stack engineering（全端工程）, 203
functional language（函數式語言）, 201

G

GDPR（一般資料保護規範）, 277, 367
getting things done（完成任務）, 26, 42, 76, 105, 165, 196, 340
git, 152
GitHub, 245
GitHub Copilot, 204
giving feedback（給予回饋）, 30
goal setting（目標設定）, 41
going broad vs going deep（廣度 vs. 深度發展）, 140
goodwill balance（善意餘額）, 120
Google, 72, 383
graceful degradation（優雅降級）, 390
greenfield work（全新開發工作）, 117

H

healthy teams（健康的團隊）, 299
helping others（協助他人）, 44, 63, 345

highly regulated industries（高度管制的產業），267
hiring manager interview（用人經理面試），92
HTTP status codes（HTTP 狀態碼），375

I

IDE（整合開發環境），146, 149
imperative language（命令式語言），201
inbound requests（湧入的請求），168
incident analysis（事件分析），388
incident management（事件管理），386
influencing others（影響他人），336
infosec（資訊安全），324
infrastructure（基礎架構），207
integration testing（整合測試），157, 219
intern（實習生），138
internal politics（內部政治），54, 333
internal training（內部訓練），344
internal transfer（內部調動），19
interviewing（面試），88
interviewing: onsite（現場面試），92
interviews: hiring manager（用人經理面試），92
interviews: screening（初步篩選面試），89
interviews: technical screening（技術篩選面試），90
iterating quickly（快速迭代），357

J

jargon（專業術語；行話），394
job security（工作保障），21
junior-heavy teams（初級工程師為主的團隊），303

K

Kanban（看板），255

Kent Beck, 419
Kent C. Dodds, 222
kicking off mentoring（啟動指導），189
KPI（關鍵績效指標），316
KTLO (keep the lights on)（維持運作），302

L

large codebases（大型程式碼庫），206
latency（延遲），371
leading projects（領導專案），245
learning another programming language（學習另一種程式語言），201
Leonard Welter, 199
linting（程式碼靜態檢查工具），151
load testing（負載測試），224
logging（日誌記錄），142, 206, 367, 372
long stretches of work（長週期的工作），175
looking for a job（找工作），83

M

maintenance processes（維護流程），293
manager: making them your ally（把主管變成你的盟友），33
manager: understand their goals（了解主管的目標），34
manual testing（手動測試），226
map of teams（團隊地圖），195
Mark Tsimelzon, 12
MAU（每月活躍使用者數），316
mentoring（指導），188, 344, 421
mentoring: informal（非正式指導），188
mentoring: seeking mentors（尋找導師），119
merge conflict（合併衝突），113
Meta, 269, 409
microservices（微服務），360

Microsoft, 273
migration plan（遷移計畫）, 212
milestones（里程碑）, 247
monitoring（監控）, 271, 374
monoliths（單體架構）, 360, 396
monorepos（單一儲存庫）, 359
multi-tenancy（多租戶）, 228

N

networking（建立人脈）, 199, 344
new joiners（新加入成員）, 303
Nicky Wrightson, 12
Nielet D'mello, 120
nitpick（吹毛求疵）, 183
nonprofits（非營利組織）, 7
North Star（北極星）, 316
NPS（淨推薦值）, 317

O

OKR（目標與關鍵成果）, 317
onboarding documentation（入職文件）, 213
onboarding to a new job（融入、熟悉新工作）, 97
oncall（值班）, 271, 380
oncall burnout（值班倦怠）, 384
one-way door decisions（單向門決策）, 397
onsite interviews（現場面試）, 92
outages（系統中斷、故障）, 112, 207

P

pacing yourself（調整節奏）, 35
pair programming（結對程式設計）, 184, 203, 350
pairing（結對、組隊）, 177, 184, 420
paper debugging（紙上偵錯）, 142

PCI DSS（支付卡產業資料安全標準）, 277, 367
peacetime（承平時期）, 72
penetration testing（滲透測試）, 370
percentiles（百分位數）, 374
perception（觀感）, 334
performance（效能）, 396
performance review processes（績效評估流程）, 40
performance reviews（績效評估）, 19, 39
performance testing（效能測試）, 224
personal brand（個人品牌）, 199
PII（個人識別資訊）, 367
planning（規劃）, 215
planning processes（規劃流程）, 293
platform teams（平台團隊）, 69
platforms（平台）, 201
politics（辦公室政治）, 333
post-commit code reviews（提交後程式碼審查）, 215, 353
postmortem（事後檢討）, 388
PRD（產品需求文件）, 248, 328
prioritizing work: urgent vs important（工作優先順序：緊急 vs. 重要）, 170
privacy（隱私）, 367
problematic perceptions（有問題的觀感）, 334
problematic stakeholders（棘手的利害關係人）, 287
product managers（產品經理）, 319, 324
product specification（產品規格）, 172
product teams（產品團隊）, 67
product-minded engineers（產品思維型工程師）, 68
production logs（生產環境日誌）, 155
productivity cheat sheet（生產力快捷指南）, 154
profit centers（利潤中心）, 19, 321
project delays（專案延遲）, 261
project dependencies（專案依賴）, 257

project kickoff（專案啟動），247
project lead（專案負責人），292
project management（專案管理），245
project milestones（專案里程碑），247
project risks（專案風險），257
project scope（專案範圍），252
project timeline changing（專案時程變動），254
promotion processes（升職流程），54
promotion-driven development（升職導向開發），58
promotions（升職），19, 53
promotions: advice（升職建議），59
promotions: Big Tech（升職：科技巨頭），57
promotions: staff-and-above（專家及以上職等的升遷），62
promotions: waiting vs switching jobs（等待升職 vs. 換工作），85
proof of concept（概念驗證），234
prototyping（原型開發），232, 234
public sector（公部門），6
publicly traded companies（上市公司），329

Q

quality assurance（品質保證），174, 269, 272
quality work（高品質工作），172

R

readable code（可讀的程式碼），129
recording your wins（記錄你的成就），42
refactoring（重構），117, 143
refactoring tests（重構測試），146
regular expressions（正規表達式），153
regulation（法規），277
regulations（法規），367

relationships with other teams（與其他團隊的關係），308
release notes（發布說明），213
release processes（發布流程），293
reliability（可靠性），371, 396
replication（複製），403
resume（履歷），89
reversing architecture decisions（推翻架構決策），240
reviewing design docs（審查設計文件），233
RFC (request for comments)（意見徵求），212, 231
risks（風險），257
roadblocks（障礙），167
roles vs titles（角色 vs. 職稱），291
rollback plan（回滾計劃），240
rollbacks（回滾），275
rolling out changes（推出變更），240
rollout plan（推出計劃），212, 240
rollouts（推出），356
runbooks（執行手冊），382

S

say no（說不），106
scaffolding（鷹架、骨架），356
scalability（可擴展性），396
scalable architecture（可擴展架構），402
scaleups（成長階段公司），4, 79
scaling best practices（擴展最佳實踐），214
Scrum（敏捷開發方法），255
secure coding（安全程式設計），368
security engineers（安全工程師），370
security practices（安全實踐），277
self-review（自我評估），47
senior-heavy teams（資深工程師為主的團隊），306
shadowing（觀摩），420
sharding（分片），403

shell, 152
ship every day（每日交付）, 174
shipping great work（交付優質工作）, 196
shipping to production（發布到生產環境）, 265
Shopify, 245, 360
short iterations（短迭代工作）, 174
Simon Willison, 417
simple architecture（簡單架構）, 393
single responsibility（單一職責）, 131
SLI（服務水準指標）, 389, 277
SLO（服務水準目標）, 277
smoke testing（冒煙測試）, 226
snapshot testing（快照測試）, 225
software architect traits（軟體架構師特質）, 406
software architecture（軟體架構）, 231, 393
software design（軟體設計）, 231, 393
software project physics（軟體專案物理學）, 251
SOX compliance（沙賓法案合規）, 277
sponsoring others（提攜他人）, 345
SQL（結構化查詢語言）, 153
staged rollout（分階段推出）, 274
staging environment（暫存環境）, 269
stakeholder management（利害關係人管理）, 281
startups（新創公司）, 4, 79, 268, 279, 331
state management（狀態管理）, 135, 390
static alert thresholds（靜態警報閾值）, 379
strategy discussions（策略討論）, 326
support engineering（支援工程）, 383
switching jobs（換工作）, 83
switching jobs: the risks（換工作：風險）, 85
SWOT analysis（SWOT 分析）, 322
system design interviews（系統設計面試）, 92
systems health（系統健康狀況）, 357

T

take-home interview（回家作業面試）, 91
taking sides（選邊站）, 340
taking the initiative（主動出擊）, 122
taking the lead（領導）, 340
talking face-to-face（面對面交談）, 287
Tanya Reilly, 11
team dynamics（團隊動態）, 299
team focus（團隊焦點）, 294
team handbook（團隊手冊）, 213
team health（團隊健康）, 294
team structure（團隊結構）, 291
teamwork（團隊合作）, 181, 333
tech debt（技術債）, 208, 303
tech interviews（技術面試）, 88
tech-first companies（技術優先公司）, 4
technical screening（技術篩選）, 90
tenure（任期）, 85
terminal（終端機）, 152
terminal level（最終職等）, 56
test environments（測試環境）, 266
test plan（測試計劃）, 212
test-driven development (TDD)（測試驅動開發）, 215
testing（測試）, 147, 217, 270
testing environments（測試環境）, 215, 272
testing in production（生產環境測試）, 227
testing plan（測試計劃）, 173
testing pyramid（測試金字塔）, 222
testing trophy（測試獎杯）, 222
testing: benefits and drawbacks（測試：優缺點）, 228
thinking outside the box（跳出框架思考）, 178
throughput（吞吐量）, 371
Tier 1: local market（第一級：當地市場）, 16

Tier 2（第二級）, 1, 383
Tier 2: top of the local market（第二級：當地市場頂端）, 16
Tier 3（第三級）, 1, 383
Tier 3: top of the regional market（第三級：區域市場頂端）, 16
time constraints（時間限制）, 352
timeboxing（限定時間段）, 169
titles vs roles（職稱 vs. 角色）, 291
TPM（技術產品經理）, 324
tradeoffs（取捨）, 167
traditional companies（傳統公司）, 269
traditional, non-tech companies（傳統非科技公司）, 5
treading water（原地踏步）, 302
trimodal nature of software engineering compensation（軟體工程薪酬水準呈三峰分佈）, 14
trunk-based development（基於主幹的開發）, 358
trust capital（信任資本）, 337
two-way door decisions（雙向門決策）, 397
types of stakeholders（利害關係人類型）, 282

U

UAT（使用者驗收測試）, 269
Uber, 72, 86, 211, 228, 271, 361
UI testing（使用者介面測試）, 219
unblocking others（為他人排除障礙）, 178
unblocking yourself（為自己排除障礙）, 107
under-promise, over-deliver（保守承諾、超額交付）, 167
understanding the business（了解業務）, 315

understanding the codebase（理解程式碼庫）, 206
unhealthy teams（不健康的團隊）, 300
unit testing（單元測試）, 143, 157, 217
unknown states（未知狀態）, 135
up-leveling（升等）, 96
upstream dependency（上游依賴）, 283
uptime（正常運行時間）, 316, 375

V

validating inputs（驗證輸入）, 134

W

wartime（戰爭時期）, 72
whiteboarding（白板討論）, 249
work log（工作日誌）, 27
working alone（獨立工作）, 122
working remotely（遠距工作）, 290
working with other engineering teams（與其他工程團隊合作）, 194
wrapping up projects（專案結案）, 262
writing（寫作）, 341
written communication（書面溝通）, 286

Y

YOLO shipping（「一次到位」部署）, 265
your work: get it recognized（讓你的工作得到認可）, 34
your work: over-communicating it（過度溝通你的工作）, 167

軟體工程師的晉升之路｜全方位升遷攻略，揭示工程師職涯成長的核心策略！

作　　　者：Gergely Orosz
譯　　　者：沈佩誼
企劃編輯：江佳慧
文字編輯：江雅鈴
設計裝幀：張寶莉
發　行　人：廖文良

發　行　所：碁峯資訊股份有限公司
地　　　址：台北市南港區三重路 66 號 7 樓之 6
電　　　話：(02)2788-2408
傳　　　真：(02)8192-4433
網　　　站：www.gotop.com.tw
書　　　號：ACL070800
版　　　次：2025 年 08 月初版
建議售價：NT$700

國家圖書館出版品預行編目資料

軟體工程師的晉升之路：全方位升遷攻略，揭示工程師職涯成長的核心策略！/ Gergely Orosz 原著；沈佩誼譯. -- 初版. -- 臺北市：碁峯資訊, 2025.08
　面；　公分
ISBN 978-626-425-128-0(平裝)

1.CST：資訊軟體業　2.CST：職場成功法

484.67　　　　　　　　　　　　　　114009887

商標聲明：本書所引用之國內外公司各商標、商品名稱、網站畫面，其權利分屬合法註冊公司所有，絕無侵權之意，特此聲明。

版權聲明：本著作物內容僅授權合法持有本書之讀者學習所用，非經本書作者或碁峯資訊股份有限公司正式授權，不得以任何形式複製、抄襲、轉載或透過網路散佈其內容。
版權所有‧翻印必究

本書是根據寫作當時的資料撰寫而成，日後若因資料更新導致與書籍內容有所差異，敬請見諒。若是軟、硬體問題，請您直接與軟、硬體廠商聯絡。